高等学校智能科学与技术/人工智能专业教材

智能机器人原理与应用

陈雯柏 刘学君 吴培良 编著

清华大学出版社

北京

内 容 简 介

本书主要介绍智能机器人的运动、感知与通信系统,视觉、语音合成与识别,自主导航与路径规划,ROS机器人操作系统,多机器人系统,前沿 AI 技术,家庭智能空间服务机器人系统、环境功能区认知、日常工具功用性认知、杂乱场景下服务机器人推抓技能学习和室内环境自适应智能商用服务机器人系统等内容。在此基础上,本书融入本学科的最新成果和发展,特别将基于物联网家庭服务机器人系统的科研成果转化为课程案例,读者可以更深入系统地掌握智能机器人的基本原理,提高实际应用技能。

本书从创新能力较强的应用型人才培养角度出发,重视理论与实践的结合。全书力求深入浅出,并将系统性、全面性和前沿性知识结合起来,可作为高等院校人工智能专业、智能科学与技术专业、机器人工程、智能感知工程、自动化、电子信息与机械电子工程等专业本科生和硕士生的教材或参考书,也可作为工科学生机器人创新实践活动、相关学科竞赛的培训教材,还可供相关工程技术人员参考。

本书封面贴有清华大学出版社防伪标签,无标签者不得销售。

版权所有,侵权必究。举报:010-62782989,beiqinquan@tup.tsinghua.edu.cn。

图书在版编目(CIP)数据

智能机器人原理与应用/陈雯柏,刘学君,吴培良编著. —北京:清华大学出版社,2024.6
高等学校智能科学与技术. 人工智能专业教材
ISBN 978-7-302-66318-8

Ⅰ. ①智… Ⅱ. ①陈… ②刘… ③吴… Ⅲ. ①智能机器人－高等学校－教材 Ⅳ. ①TP242.6

中国国家版本馆 CIP 数据核字(2024)第 104855 号

责任编辑:张 玥
封面设计:常雪影
责任校对:王勤勤
责任印制:杨 艳

出版发行:清华大学出版社
    网　　址:https://www.tup.com.cn,https://www.wqxuetang.com
    地　　址:北京清华大学学研大厦 A 座　　　　邮　　编:100084
    社 总 机:010-83470000　　　　　　　　　邮　　购:010-62786544
    投稿与读者服务:010-62776969,c-service@tup.tsinghua.edu.cn
    质量反馈:010-62772015,zhiliang@tup.tsinghua.edu.cn
    课件下载:https://www.tup.com.cn,010-83470236
印 装 者:三河市龙大印装有限公司
经　　销:全国新华书店
开　　本:185mm×260mm　　印　　张:19.75　　　　字　　数:465 千字
版　　次:2024 年 6 月第 1 版　　　　　　　　印　　次:2024 年 6 月第 1 次印刷
定　　价:66.00 元

产品编号:091738-01

高等学校智能科学与技术/人工智能专业教材

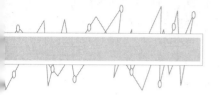

编审委员会

主　任：

陆建华　清华大学电子工程系　　　　　　　　　　　　教授
　　　　　　　　　　　　　　　　　　　　　　　　　中国科学院院士

副主任：（按照姓氏拼音排序）

邓志鸿　北京大学信息学院智能科学系　　　　　　　　副主任/教授
黄河燕　北京理工大学人工智能研究院　　　　　　　　院长/特聘教授
焦李成　西安电子科技大学计算机科学与技术学部　　　主任/华山领军教授
卢先和　清华大学出版社　　　　　　　　　　　　　　常务副总编辑、副社长/编审
孙茂松　清华大学人工智能研究院　　　　　　　　　　常务副院长/教授
王海峰　百度公司　　　　　　　　　　　　　　　　　首席技术官
王巨宏　腾讯公司　　　　　　　　　　　　　　　　　副总裁
曾伟胜　华为云与计算 BG 高校科研与人才发展部　　　部长
周志华　南京大学人工智能学院　　　　　　　　　　　院长/教授
庄越挺　浙江大学计算机学院　　　　　　　　　　　　教授

委　员：（按照姓氏拼音排序）

曹治国　华中科技大学人工智能与自动化学院学术委员会　主任/教授
陈恩红　中国科学技术大学大数据学院　　　　　　　　执行院长/教授
陈雯柏　北京信息科技大学自动化学院　　　　　　　　副院长/教授
陈竹敏　山东大学计算机科学与技术学院　　　　　　　院长助理/教授
程　洪　电子科技大学机器人研究中心　　　　　　　　主任/教授
杜　博　武汉大学计算机学院　　　　　　　　　　　　副院长/教授
杜彦辉　中国人民公安大学信息网络安全学院　　　　　教授
方勇纯　南开大学研究生院　　　　　　　　　　　　　常务副院长/教授
韩　韬　上海交通大学电子信息与电气工程学院　　　　副院长/教授
侯　彪　西安电子科技大学人工智能学院　　　　　　　执行院长/教授
侯宏旭　内蒙古大学计算机学院　　　　　　　　　　　副院长/教授
胡　斌　北京理工大学　　　　　　　　　　　　　　　教授
胡清华　天津大学人工智能学院　　　　　　　　　　　院长/教授
李　波　北京航空航天大学人工智能研究院　　　　　　常务副院长/教授
李绍滋　厦门大学信息学院　　　　　　　　　　　　　教授
李晓东　中山大学智能工程学院　　　　　　　　　　　教授

李轩涯	百度公司	高校合作部总监
李智勇	湖南大学机器人学院	常务副院长/教授
梁吉业	山西大学	副校长/教授
刘冀伟	北京科技大学智能科学与技术系	副教授
刘振丙	桂林电子科技大学计算机与信息安全学院	副院长/教授
孙海峰	华为技术有限公司	高校生态合作高级经理
唐琎	中南大学自动化学院智能科学与技术专业	专业负责人/教授
汪卫	复旦大学计算机科学技术学院	教授
王国胤	重庆邮电大学	副校长/教授
王科俊	哈尔滨工程大学智能科学与工程学院	教授
王瑞	首都师范大学人工智能系	教授
王挺	国防科技大学计算机学院	教授
王万良	浙江工业大学计算机科学与技术学院	教授
王文庆	西安邮电大学自动化学院	院长/教授
王小捷	北京邮电大学智能科学与技术中心	主任/教授
王玉皞	南昌大学信息工程学院	院长/教授
文继荣	中国人民大学高瓴人工智能学院	执行院长/教授
文俊浩	重庆大学大数据与软件学院	党委书记/教授
辛景民	西安交通大学人工智能学院	常务副院长/教授
杨金柱	东北大学计算机科学与工程学院	常务副院长/教授
于剑	北京交通大学人工智能研究院	院长/教授
余正涛	昆明理工大学信息工程与自动化学院	院长/教授
俞祝良	华南理工大学自动化科学与工程学院	副院长/教授
岳昆	云南大学信息学院	副院长/教授
张博锋	上海大学计算机工程与科学学院智能科学系	副院长/研究员
张俊	大连海事大学信息科学技术学院	副院长/教授
张磊	河北工业大学人工智能与数据科学学院	教授
张盛兵	西北工业大学网络空间安全学院	常务副院长/教授
张伟	同济大学电信学院控制科学与工程系	副系主任/副教授
张文生	中国科学院大学人工智能学院	首席教授
	海南大学人工智能与大数据研究院	院长
张彦铎	武汉工程大学	副校长/教授
张永刚	吉林大学计算机科学与技术学院	副院长/教授
章毅	四川大学计算机学院	学术院长/教授
庄雷	郑州大学信息工程学院、计算机与人工智能学院	教授

秘书长:

朱军	清华大学人工智能研究院基础研究中心	主任/教授

秘书处:

陶晓明	清华大学电子工程系	教授
张玥	清华大学出版社	副编审

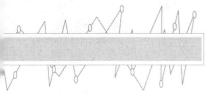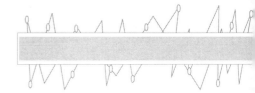

出 版 说 明

当今时代,以互联网、云计算、大数据、物联网、新一代器件、超级计算机等,特别是新一代人工智能为代表的信息技术飞速发展,正深刻地影响着我们的工作、学习与生活。

随着人工智能成为引领新一轮科技革命和产业变革的战略性技术,世界主要发达国家纷纷制定了人工智能国家发展计划。2017年7月,国务院正式发布《新一代人工智能发展规划》(以下简称《规划》),将人工智能技术与产业的发展上升为国家重大发展战略。《规划》要求"牢牢把握人工智能发展的重大历史机遇,带动国家竞争力整体跃升和跨越式发展",提出要"开展跨学科探索性研究",并强调"完善人工智能领域学科布局,设立人工智能专业,推动人工智能领域一级学科建设"。

为贯彻落实《规划》,2018年4月,教育部印发了《高等学校人工智能创新行动计划》,强调了"优化高校人工智能领域科技创新体系,完善人工智能领域人才培养体系"的重点任务,提出高校要不断推动人工智能与实体经济(产业)深度融合,鼓励建立人工智能学院/研究院,开展高层次人才培养。早在2004年,北京大学就率先设立了智能科学与技术本科专业。为了加快人工智能高层次人才培养,教育部又于2018年增设了"人工智能"本科专业。2020年2月,教育部、国家发展改革委、财政部联合印发了《关于"双一流"建设高校促进学科融合,加快人工智能领域研究生培养的若干意见》的通知,提出依托"双一流"建设,深化人工智能内涵,构建基础理论人才与"人工智能+X"复合型人才并重的培养体系,探索深度融合的学科建设和人才培养新模式,着力提升人工智能领域研究生培养水平,为我国抢占世界科技前沿,实现引领性原创成果的重大突破提供更加充分的人才支撑。至今,全国共有超过400所高校获批智能科学与技术或人工智能本科专业,我国正在建立人工智能类本科和研究生层次人才培养体系。

教材建设是人才培养体系工作的重要基础环节。近年来,为了满足智能专业的人才培养和教学需要,国内一些学者或高校教师在总结科研和教学成果的基础上编写了一系列教材,其中有些教材已成为该专业必选的优秀教材,在一定程度上缓解了专业人才培养对教材的需求,如由南京大学周志华教授编写、我社出版的《机器学习》就是其中的佼佼者。同时,我们应该看到,目前市场上的教材还不能完全满足智能专业的教学需要,突出的问题主要表现在内容比较陈旧,不能反映理论前沿、技术热点和产业应用与趋势等;缺乏系统性,基础教材多、专业教材少,理论教材多、技术或实践教材少。

为了满足智能专业人才培养和教学需要,编写反映最新理论与技术且系统化、系列化的教材势在必行。早在2013年,北京邮电大学钟义信教授就受邀担任第一届"全国高等学校智能科学与技术/人工智能专业规划教材编委会"主任,组织和指导教材的编写工作。2019年,第二届编委会成立,清华大学陆建华院士受邀担任编委会主任,全国各省市开设智能科学与技术/人工智能专业的院系负责人担任编委会成员,在第一届编委会的工作基础上继续开展工作。

编委会认真研讨了国内外高等院校智能科学与技术专业的教学体系和课程设置,制定了编委会工作简章、编写规则和注意事项,规划了核心课程和自选课程。经过编委会全体委员及专家的推荐和审定,本套丛书的作者应运而生,他们大多是在本专业领域有深厚造诣的骨干教师,同时从事一线教学工作,有丰富的教学经验和研究功底。

本套教材是我社针对智能科学与技术/人工智能专业策划的第一套规划教材,遵循以下编写原则:

(1)智能科学技术/人工智能既具有十分深刻的基础科学特性(智能科学),又具有极其广泛的应用技术特性(智能技术)。因此,本专业教材面向理科或工科,鼓励理工融通。

(2)处理好本学科与其他学科的共生关系。要考虑智能科学与技术/人工智能与计算机、自动控制、电子信息等相关学科的关系问题,考虑把"互联网+"与智能科学联系起来,体现新理念和新内容。

(3)处理好国外和国内的关系。在教材的内容、案例、实验等方面,除了体现国外先进的研究成果,一定要体现我国科研人员在智能领域的创新和成果,优先出版具有自己特色的教材。

(4)处理好理论学习与技能培养的关系。对理科学生,注重对思维方式的培养;对工科学生,注重对实践能力的培养。各有侧重。鼓励各校根据本校的智能专业特色编写教材。

(5)根据新时代教学和学习的需要,在纸质教材的基础上融合多种形式的教学辅助材料。鼓励包括纸质教材、微课视频、案例库、试题库等教学资源的多形态、多媒质、多层次的立体化教材建设。

(6)鉴于智能专业的特点和学科建设需求,鼓励高校教师联合编写,促进优质教材共建共享。鼓励校企合作教材编写,加速产学研深度融合。

本套教材具有以下出版特色:

(1)体系结构完整,内容具有开放性和先进性,结构合理。

(2)除满足智能科学与技术/人工智能专业的教学要求外,还能够满足计算机、自动化等相关专业对智能领域课程的教材需求。

(3)既引进国外优秀教材,也鼓励我国作者编写原创教材,内容丰富,特点突出。

(4)既有理论类教材,也有实践类教材,注重理论与实践相结合。

(5)根据学科建设和教学需要,优先出版多媒体、融媒体的新形态教材。

(6)紧跟科学技术的新发展,及时更新版本。

为了保证出版质量,满足教学需要,我们坚持成熟一本,出版一本的出版原则。在每本书的编写过程中,除作者积累的大量素材,还力求将智能科学与技术/人工智能领域的最新成果和成熟经验反映到教材中,本专业专家学者也反复提出宝贵意见和建议,进行审核定稿,以提高本套丛书的含金量。热切期望广大教师和科研工作者加入我们的队伍,并欢迎广大读者对本系列教材提出宝贵意见,以便我们不断改进策划、组织、编写与出版工作,为我国智能科学与技术/人工智能专业人才的培养做出更多的贡献。

联系人:张玥

联系电话:010-83470175

电子邮件:jsjjc_zhangy@126.com

清华大学出版社

2020 年夏

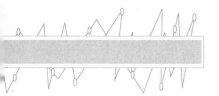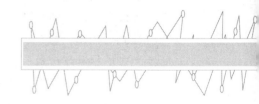

总　　序

　　以智慧地球、智能驾驶、智慧城市为代表的人工智能技术与应用迎来了新的发展热潮,世界主要发达国家和我国都制定了人工智能国家发展计划,人工智能现已成为世界科技竞争新的制高点。然而,智能科技/人工智能的发展也面临新的挑战,首先是其理论基础有待进一步夯实,其次是其技术体系有待进一步完善。抓基础、抓教材、抓人才,稳妥推进智能科技的发展,已成为教育界、科技界的广泛共识。我国高校也积极行动、快速响应,陆续开设了智能科学与技术、人工智能、大数据等专业方向。截至 2020 年年底,全国共有超过 400 所高校获批智能科学与技术或人工智能本科专业,面向人工智能的本、硕、博人才培养体系正在形成。

　　教材乃基础之基础。2013 年 10 月,"全国高等学校智能科学与技术/人工智能专业规划教材"第一届编委会成立。编委会在深入分析我国智能科学与技术专业的教学计划和课程设置的基础上,重点规划了《机器智能》等核心课程教材。南京大学、西安电子科技大学、西安交通大学等高校陆续出版了人工智能专业教育培养体系、本科专业知识体系与课程设置等专著,为相关高校开展全方位、立体化的智能科技人才培养起到了示范作用。

　　2019 年 10 月,第二届(本届)编委会成立。在第一届编委会教材规划工作的基础上,编委会通过对斯坦福大学、麻省理工学院、加州大学伯克利分校、卡内基·梅隆大学、牛津大学、剑桥大学、东京大学等国外高校和国内相关高校人工智能相关的课程和教材的跟踪调研,进一步丰富和完善了本套专业规划教材。同时,本届编委会继续推进专业知识结构和课程体系的研究及教材的出版工作,期望编写出更具创新性和专业性的系列教材。

　　智能科学技术正处在迅速发展和不断创新的阶段,其综合性和交叉性特征鲜明,因而其人才培养宜分层次、分类型,且要与时俱进。本套教材的规划既注重学科的交叉融合,又兼顾不同学校、不同类型人才培养的需要,既有强化理论基础的,也有强化应用实践的。编委会为此将系列教材分为基础理论、实验实践和创新应用三大类,并按照课程体系将其分为数学与物理基础课程、计算机与电子信息基础课程、专业基础课程、专业实验课程、专业选修课程和"智能+"课程。该规划得到了相关专业的院校骨干教师的共识和积极响应,不少教师/学者也开始组织编写各具特色的专业课程教材。

　　编委会希望,本套教材的编写,在取材范围上要符合人才培养定位和课程要求,体现学科交叉融合;在内容上要强调体系性、开放性和前瞻性,并注重理论和实践的结合;在章节安排上要遵循知识体系逻辑及其认知规律;在叙述方式上要能激发读者兴趣,引导读者积极思考;在文字风格上要规范严谨,语言格调要力求亲和、清新、简练。

编委会相信,通过广大教师/学者的共同努力,编写好本套专业规划教材,可以更好地满足智能科学与技术/人工智能专业的教学需要,更高质量地培养智能科技专门人才。

饮水思源。在全国高校智能科学与技术/人工智能专业规划教材陆续出版之际,我们对为此做出贡献的有关单位、学术团体、老师/专家表示崇高的敬意和衷心的感谢。

感谢中国人工智能学会及其教育工作委员会对推动设立我国高校智能科学与技术本科专业所做的积极努力;感谢清华大学、北京大学、南京大学、西安电子科技大学、北京邮电大学、南开大学等高校,以及华为、百度、腾讯等企业为发展智能科学与技术/人工智能专业所做出的实实在在的贡献。

特别感谢清华大学出版社对本系列教材的编辑、出版、发行给予高度重视和大力支持。清华大学出版社主动与中国人工智能学会教育工作委员会开展合作,并组织和支持了该套专业规划教材的策划、编审委员会的组建和日常工作。

编委会真诚希望,本套规划教材的出版不仅对我国高校智能科学与技术/人工智能专业的学科建设和人才培养发挥积极的作用,还将对世界智能科学与技术的研究与教育做出积极的贡献。

由于编委会对智能科学与技术的认识、认知的局限,本套系列教材难免存在错误和不足,恳切希望广大读者对本套教材存在的问题提出意见和建议,帮助我们不断改进,不断完善。

高等学校智能科学与技术/人工智能专业教材编委会主任

2021 年元月

前　言

FOREWORD

　　智能科学技术既是信息科学技术的核心、前沿和制高点，又是生命和认知科学技术最精彩的篇章。机器人被誉为"制造业皇冠顶端的明珠"。当前，具备基本服务能力的机器人产品已进入日常家庭，极大地方便和改善了人们的生活。2021年12月，工业和信息化部等十五个部门联合印发的《"十四五"机器人产业发展规划》指出未来五年的发展目标：到2025年，我国将成为全球机器人技术创新策源地、高端制造集聚地和集成应用新高地。

　　本书基于智能科学与技术、人工智能专业的知识结构和课程体系，着眼智能时代智能科技专门人才培养需要，是作者多年来在智能科学与技术专业教学实践的基础上，结合在家庭服务机器人智能化领域的科研积累及当前最新技术发展编写形成的。

　　本书主要介绍智能机器人的运动、感知与通信系统，视觉、语音合成与识别，自主导航与路径规划，ROS机器人操作系统，多机器人系统，前沿AI技术，家庭智能空间服务机器人系统、环境功能区认知、日常工具功用性认知，杂乱场景下服务机器人推抓技能学习和室内环境自适应智能商用服务机器人系统等内容。在此基础上，本书融入本学科的最新成果和发展，特别将基于物联网家庭服务机器人系统的科研成果转化为课程案例，有利于读者更深入系统地掌握智能机器人的基本原理和实际操作技能。本书力求深入浅出，并将系统性、全面性和前沿性内容结合起来，可作为高等院校人工智能、智能科学与技术、机器人工程、智能感知工程、自动化、电子信息与机械电子工程等专业本科生和硕士生的教材或参考书，也可作为工科学生机器人创新实践活动、相关学科竞赛的培训教材，还可供相关工程技术人员参考。

　　本书篇章安排上为先理论后实践，全书共15章。第1～7章和第15章由陈雯柏编写，第8～10章由刘学君编写，第11～14章由吴培良编写。全书由陈雯柏负责整理和统稿。权家璐、赵薇和张佳琪硕士研究生参与编写和修改工作。

　　感谢北京高等教育本科教学改革创新项目"人工智能领域相关专业创新创业社会实践系列课程建设"、国家自然科学基金项目"面向复杂环境的多智能体自适应精准视觉作业方法研究"（项目编号：62276028）和"大面积穿戴式柔性触觉传感器关键问题研究"（项目编号：U20A201584）、北京市自然科学基金项目"家庭服务机器人语义认知与图谱构建理论与方法研究"（项目编号：4202026）、河北省自然科学基金项目"融入功用性认知的家庭服务机器人工具操作模仿学习方法研究"（项目编号：F2021203079）、教育部人文社科项目"人工智能领域工程技术人才培养的创新创业教育模式研究"（项目编号：17JDGC016）、河北省创新能力提升计划项目（项目编号：22567626H）、河北省高等教育教学改革研究与实践项目"基于视觉机器人平台的计算机软硬件系统集成创新能力培养

FOREWORD 前　言

探索与实践"(项目编号：2023GJJG091)以及北京信息科技大学"勤信学者"培育计划项目(项目编号：QXTCPA202102)的资助。

　　由于编者水平有限,书中难免有不足之处,诚恳欢迎各位读者提出批评指正,编者将不胜感激。

陈雯柏

2023 年 8 月于北京

目 录

C O N T E N T S

第 1 章　概论 ……………………………………………………… 1

1.1　机器人的定义 ………………………………………………… 1

　　1.1.1　机器人三定律 …………………………………………… 1

　　1.1.2　机器人的各种定义 ……………………………………… 1

1.2　机器人的产生与发展 ………………………………………… 2

1.3　智能机器人的体系架构 ……………………………………… 3

　　1.3.1　程控架构 ………………………………………………… 4

　　1.3.2　分层递阶架构 …………………………………………… 4

　　1.3.3　包容式架构 ……………………………………………… 4

　　1.3.4　混合式架构 ……………………………………………… 5

　　1.3.5　分布式架构 ……………………………………………… 6

　　1.3.6　进化控制架构 …………………………………………… 6

　　1.3.7　社会机器人架构 ………………………………………… 6

第 2 章　智能机器人的运动系统 ………………………………… 8

2.1　机器人的移动机构 …………………………………………… 8

　　2.1.1　轮式移动机构 …………………………………………… 9

　　2.1.2　履带式移动机构 ………………………………………… 14

　　2.1.3　腿式移动机构 …………………………………………… 16

2.2　机器人的运动控制 …………………………………………… 24

　　2.2.1　运动控制任务 …………………………………………… 24

　　2.2.2　速度控制 ………………………………………………… 25

　　2.2.3　位置控制 ………………………………………………… 25

　　2.2.4　航向角控制 ……………………………………………… 26

2.3　机器人的控制策略 …………………………………………… 26

　　2.3.1　PID 控制 ………………………………………………… 26

　　2.3.2　自适应控制 ……………………………………………… 27

　　2.3.3　变结构控制 ……………………………………………… 27

　　2.3.4　神经网络控制 …………………………………………… 28

　　2.3.5　模糊控制 ………………………………………………… 30

2.4　机器人的驱动技术 …………………………………………… 31

CONTENTS

2.4.1　直流伺服电动机 ……………………………… 31
2.4.2　交流伺服电动机 ……………………………… 33
2.4.3　无刷直流电动机 ……………………………… 33
2.4.4　直线电动机 …………………………………… 34
2.4.5　空心杯直流电动机 …………………………… 34
2.4.6　步进电动机驱动系统 ………………………… 35
2.4.7　舵机 …………………………………………… 35
2.5　机器人的电源技术 ………………………………… 36
2.5.1　机器人的常见电源类型 ……………………… 36
2.5.2　常见电池特性比较 …………………………… 38

第3章　智能机器人的感知系统 ……………………………… 40
3.1　感知系统体系结构 ………………………………… 40
3.1.1　感知系统的组成 ……………………………… 40
3.1.2　感知系统的分布 ……………………………… 42
3.2　距离/位置测量 …………………………………… 43
3.2.1　声呐测距 ……………………………………… 44
3.2.2　红外测距 ……………………………………… 45
3.2.3　激光扫描测距 ………………………………… 46
3.2.4　旋转编码器 …………………………………… 48
3.2.5　旋转电位计 …………………………………… 50
3.3　触觉测量 …………………………………………… 50
3.4　压觉测量 …………………………………………… 51
3.5　姿态测量 …………………………………………… 53
3.5.1　磁罗盘 ………………………………………… 53
3.5.2　角速度陀螺仪 ………………………………… 55
3.5.3　加速度计 ……………………………………… 58
3.5.4　姿态/航向测量单元 ………………………… 60
3.6　视觉测量 …………………………………………… 60
3.6.1　被动视觉测量 ………………………………… 60

目 录

CONTENTS

3.6.2　主动视觉测量 ･･････････････････････････････ 61

3.6.3　视觉传感器 ････････････････････････････････ 62

3.7　其他传感器 ････････････････････････････････････ 63

3.7.1　温度传感器 ････････････････････････････････ 63

3.7.2　听觉传感器 ････････････････････････････････ 63

3.7.3　颜色传感器 ････････････････････････････････ 63

3.7.4　气体传感器 ････････････････････････････････ 64

3.7.5　味觉传感器 ････････････････････････････････ 64

3.7.6　全球定位系统 ･･････････････････････････････ 64

3.8　智能机器人多传感器融合 ････････････････････････ 66

3.8.1　多传感器信息融合过程 ････････････････････････ 66

3.8.2　多传感器融合在机器人领域的应用 ･･････････････ 68

第4章　智能机器人的通信系统 ･･････････････････････････ 71

4.1　现代通信技术 ･･････････････････････････････････ 71

4.1.1　基本概念 ･･････････････････････････････････ 71

4.1.2　相关技术简介 ･･････････････････････････････ 74

4.2　机器人通信系统 ････････････････････････････････ 76

4.2.1　智能机器人通信系统的评价指标 ････････････････ 76

4.2.2　智能机器人通信的特点 ････････････････････････ 76

4.2.3　智能机器人通信系统设计 ･･････････････････････ 77

4.3　多机器人通信 ･･････････････････････････････････ 77

4.3.1　多机器人通信模式 ････････････････････････････ 77

4.3.2　多机器人通信模型 ････････････････････････････ 79

4.4　智能机器人的通信系统实例 ･･････････････････････ 79

4.4.1　基于计算机网络的机器人通信 ･･････････････････ 79

4.4.2　集控式机器人足球通信系统 ････････････････････ 80

4.4.3　基于 Ad Hoc 的无人机集群 ････････････････････ 81

4.4.4　基于 LoRa 的物联网机器人系统 ････････････････ 82

4.4.5　基于 5G 的"云—边—端"一体化交通指挥系统 ･･･ 83

CONTENTS

目 录

第5章　智能机器人的视觉 ·· 85

5.1　机器视觉基础理论 ··· 85

　　5.1.1　理论体系 ··· 85

　　5.1.2　关键问题 ··· 86

5.2　成像几何基础 ·· 87

　　5.2.1　基本术语 ··· 87

　　5.2.2　透视投影 ··· 88

　　5.2.3　平行投影 ··· 90

　　5.2.4　视觉系统坐标变换 ·· 90

　　5.2.5　射影变换 ··· 92

5.3　图像的获取和处理 ··· 93

　　5.3.1　成像模型 ··· 93

　　5.3.2　图像处理 ··· 97

5.4　智能机器人的视觉传感器 ··· 99

　　5.4.1　照明系统 ·· 100

　　5.4.2　光学镜头 ·· 100

　　5.4.3　摄像机 ··· 101

　　5.4.4　图像处理器 ··· 102

5.5　智能机器人视觉系统 ·· 103

　　5.5.1　智能机器人视觉系统构成 ·· 103

　　5.5.2　单目视觉 ·· 104

　　5.5.3　立体视觉 ·· 105

　　5.5.4　智能机器人视觉系统实例 ·· 108

5.6　视觉跟踪 ··· 109

　　5.6.1　视觉跟踪系统 ··· 110

　　5.6.2　基于对比度分析的目标追踪 ··· 111

　　5.6.3　光流法 ··· 112

　　5.6.4　基于匹配的目标跟踪 ·· 113

　　5.6.5　Mean Shift 目标跟踪 ··· 114

目　录

CONTENTS

5.7　主动视觉 ·· 117

 5.7.1　主动视觉与被动视觉 ······································ 117

 5.7.2　主动视觉的控制机构 ······································ 117

 5.7.3　主动视觉与传感器融合 ···································· 118

 5.7.4　主动视觉的实时性 ··· 118

5.8　视觉伺服 ·· 118

 5.8.1　视觉伺服系统的分类 ······································ 119

 5.8.2　视觉伺服的技术问题 ······································ 121

5.9　深度学习在机器视觉领域的应用 ································ 121

 5.9.1　图像分类 ·· 121

 5.9.2　目标检测 ·· 122

 5.9.3　图像分割 ·· 123

第6章　智能机器人的语音合成与识别 ····························· 124

6.1　语音合成的基础理论 ·· 124

 6.1.1　语音合成分类 ·· 125

 6.1.2　常用语音合成技术 ··· 125

6.2　语音识别的基础理论 ·· 129

 6.2.1　语音识别的基本原理 ······································ 129

 6.2.2　语音识别的预处理 ··· 130

 6.2.3　语音识别的特征参数提取 ································· 131

 6.2.4　模型训练和模式匹配 ······································ 134

 6.2.5　视听语音分离模型 ··· 136

6.3　智能机器人的语音定向与导航 ··································· 137

 6.3.1　基于麦克风阵列的声源定位系统 ······················ 138

 6.3.2　基于人耳听觉机理的声源定位系统 ···················· 138

6.4　智能机器人的语音系统实例 ····································· 139

 6.4.1　Inter Phonic 6.5语音合成系统 ······················· 139

 6.4.2　Translatotron 2 ·· 140

 6.4.3　百度深度语音识别系统 ··································· 141

C O N T E N T S

目　录

6.5　自然语言处理 ………………………………………………………………… 142

　　6.5.1　定义 …………………………………………………………………… 142

　　6.5.2　发展历程 ……………………………………………………………… 143

　　6.5.3　NLP 的分类 …………………………………………………………… 144

　　6.5.4　基本技术 ……………………………………………………………… 145

　　6.5.5　常用算法举例 ………………………………………………………… 146

　　6.5.6　终极目标 ……………………………………………………………… 146

　　6.5.7　研究难点 ……………………………………………………………… 146

　　6.5.8　社会影响 ……………………………………………………………… 147

6.6　人机对话 ……………………………………………………………………… 148

　　6.6.1　概述 …………………………………………………………………… 148

　　6.6.2　人机对话研究领域 …………………………………………………… 149

　　6.6.3　人机对话技术 ………………………………………………………… 149

　　6.6.4　人机对话的发展阶段 ………………………………………………… 151

　　6.6.5　人机对话展望 ………………………………………………………… 151

第 7 章　智能机器人自主导航与路径规划 …………………………………………… 153

7.1　导航 …………………………………………………………………………… 153

　　7.1.1　导航系统分类 ………………………………………………………… 153

　　7.1.2　导航系统体系结构 …………………………………………………… 154

　　7.1.3　视觉导航 ……………………………………………………………… 155

7.2　环境地图的表示 ……………………………………………………………… 157

　　7.2.1　拓扑图 ………………………………………………………………… 157

　　7.2.2　特征图 ………………………………………………………………… 157

　　7.2.3　网格图 ………………………………………………………………… 158

　　7.2.4　直接表征法 …………………………………………………………… 158

7.3　定位 …………………………………………………………………………… 158

　　7.3.1　相对定位 ……………………………………………………………… 158

　　7.3.2　绝对定位 ……………………………………………………………… 160

　　7.3.3　基于概率的绝对定位 ………………………………………………… 161

目　录

CONTENTS

7.4　路径规划 ……………………………………………………………… 164
　7.4.1　路径规划分类 …………………………………………………… 164
　7.4.2　路径规划方法 …………………………………………………… 165
7.5　人工势场法 …………………………………………………………… 169
　7.5.1　人工势场法的基本思想 ………………………………………… 169
　7.5.2　势场函数的构建 ………………………………………………… 169
　7.5.3　人工势场法的特点 ……………………………………………… 171
　7.5.4　人工势场法的改进 ……………………………………………… 171
　7.5.5　仿真分析 ………………………………………………………… 172
7.6　栅格法 ………………………………………………………………… 173
　7.6.1　用栅格表示环境 ………………………………………………… 174
　7.6.2　基于栅格地图的路径搜索 ……………………………………… 174
　7.6.3　栅格法的特点 …………………………………………………… 175
7.7　智能机器人的同步定位与地图构建 ………………………………… 175
　7.7.1　SLAM 的基本问题 ……………………………………………… 175
　7.7.2　智能机器人 SLAM 系统模型 …………………………………… 176
　7.7.3　智能机器人 SLAM 解决方法 …………………………………… 177
　7.7.4　SLAM 的难点和技术关键 ……………………………………… 179
　7.7.5　SLAM 的未来展望 ……………………………………………… 180

第 8 章　ROS 机器人操作系统 …………………………………………… 181
8.1　ROS 框架 ……………………………………………………………… 181
　8.1.1　ROS 简介 ………………………………………………………… 181
　8.1.2　ROS 整体架构分析 ……………………………………………… 183
　8.1.3　ROS 名称系统 …………………………………………………… 190
8.2　ROS 通信机制 ………………………………………………………… 190
　8.2.1　ROS 通信机制概述 ……………………………………………… 190
　8.2.2　主题异步数据流通信原理简介 ………………………………… 191
　8.2.3　同步远程过程调用服务通信 …………………………………… 192
　8.2.4　参数服务器数据传输简介 ……………………………………… 193

CONTENTS

8.3　ROS 开发实例——基于 ROS 的室内智能机器人导航与控制 ………… 194
　　8.3.1　搭建 ROS 开发环境 ……………………………………………… 194
　　8.3.2　室内智能服务机器人的系统结构 ………………………………… 195
　　8.3.3　系统实现 ……………………………………………………………… 196
　　8.3.4　送餐服务测试 ………………………………………………………… 200

第 9 章　多机器人系统 ……………………………………………………………… 202
　9.1　智能体与多智能体系统 ……………………………………………………… 202
　　9.1.1　Agent 的体系结构 …………………………………………………… 202
　　9.1.2　MAS 的相关概念 …………………………………………………… 203
　　9.1.3　MAS 的体系结构 …………………………………………………… 204
　9.2　多机器人系统综述 …………………………………………………………… 205
　　9.2.1　多机器人系统简介 …………………………………………………… 205
　　9.2.2　多机器人系统的研究内容 …………………………………………… 207
　　9.2.3　多机器人系统的应用领域及发展趋势 …………………………… 210
　9.3　多机器人系统实例：多机器人编队导航 ………………………………… 211
　　9.3.1　多机器人编队导航简介 …………………………………………… 211
　　9.3.2　多机器人编队导航模型 …………………………………………… 212
　　9.3.3　多机器人编队导航的应用 ………………………………………… 213
　　9.3.4　多机器人编队导航的发展趋势 …………………………………… 215

第 10 章　智能机器人的前沿 AI 技术 …………………………………………… 217
　10.1　新一代人工智能技术 ……………………………………………………… 217
　10.2　机器人智能化 ………………………………………………………………… 218
　　10.2.1　机器人是人工智能的实体化 ……………………………………… 218
　　10.2.2　机器人智能化三要素 ……………………………………………… 218
　10.3　机器学习 ……………………………………………………………………… 219
　　10.3.1　深度学习 …………………………………………………………… 219
　　10.3.2　生成式对抗网络 GAN ……………………………………………… 223
　　10.3.3　强化学习 …………………………………………………………… 223

目　录

C O N T E N T S

　　　10.3.4　迁移学习 ……………………………………… 225
　10.4　智能交互技术 …………………………………………… 226
　　　10.4.1　语音交互 ……………………………………… 226
　　　10.4.2　姿势交互 ……………………………………… 227
　　　10.4.3　触摸交互 ……………………………………… 227
　　　10.4.4　视线跟踪与输入 …………………………… 228
　　　10.4.5　脑机交互 ……………………………………… 229
　　　10.4.6　肌电交互 ……………………………………… 230
　　　10.4.7　表情交互 ……………………………………… 230
　　　10.4.8　虚拟现实和增强现实 …………………… 231
　　　10.4.9　多通道交互 ………………………………… 232

第 11 章　家庭智能空间服务机器人系统 …………………… 234
　11.1　家庭智能空间服务机器人系统介绍 …………… 234
　　　11.1.1　家庭服务机器人 …………………………… 234
　　　11.1.2　智能空间 ……………………………………… 235
　　　11.1.3　家庭智能空间服务机器人系统构建背景 … 235
　11.2　机器人同步定位、传感器网络标定与环境建图 … 236
　　　11.2.1　问题简化 ……………………………………… 237
　　　11.2.2　模型求解 ……………………………………… 237
　　　11.2.3　算法描述 ……………………………………… 237
　　　11.2.4　实验测试 ……………………………………… 238

第 12 章　家庭智能空间服务机器人环境功能区认知 …… 242
　12.1　功能区认知的系统框架 …………………………… 242
　12.2　功能区图像模型构建 ………………………………… 243
　　　12.2.1　提取图像特征描述符 …………………… 243
　　　12.2.2　分类器的选择 ……………………………… 243
　　　12.2.3　室内功能区建模算法描述 ……………… 244
　12.3　在线检测算法 …………………………………………… 244

CONTENTS

目　录

12.4　实验 …………………………………………………………… 244

　　12.4.1　实验数据集 …………………………………………… 244

　　12.4.2　实验结果及分析 ……………………………………… 245

第13章　家庭智能空间服务机器人日常工具功用性认知 ……………… 247

13.1　家庭日常工具的功用性部件检测的系统框架 ……………… 247

13.2　功用性部件检测模型离线训练 ……………………………… 248

　　13.2.1　功用性部件边缘检测器构建 ………………………… 248

　　13.2.2　功用性部件内部检测器构建 ………………………… 250

　　13.2.3　coarse-to-fine 阈值选取 …………………………… 250

13.3　工具功用性部件在线检测 …………………………………… 251

13.4　工具功用性部件实验 ………………………………………… 252

　　13.4.1　实验数据集 …………………………………………… 252

　　13.4.2　评价方法 ……………………………………………… 252

　　13.4.3　实验结果分析 ………………………………………… 253

第14章　杂乱场景下智能空间服务机器人推抓技能学习 ……………… 255

14.1　系统框架 ……………………………………………………… 255

14.2　推动与抓取任务描述与建模 ………………………………… 256

　　14.2.1　GARL-DQN 泛化模型建模 ………………………… 257

　　14.2.2　GARL-DQN 抓取网络建模 ………………………… 258

　　14.2.3　GARL-DQN 推动网络建模 ………………………… 259

　　14.2.4　GARL-DQN 生成对抗网络建模 …………………… 260

14.3　实验 …………………………………………………………… 262

　　14.3.1　实验环境搭建 ………………………………………… 262

　　14.3.2　训练实验 ……………………………………………… 263

　　14.3.3　测试实验 ……………………………………………… 264

　　14.3.4　日常工具场景下的模型泛化能力验证 ……………… 266

目　录

C O N T E N T S

第 15 章　室内环境自适应智能商用服务机器人系统 ·················· 267

15.1　服务机器人研究概况 ····················· 267

15.1.1　服务机器人的核心技术 ··············· 267

15.1.2　服务机器人的运行流程 ··············· 268

15.1.3　服务机器人的系统构成 ··············· 269

15.1.4　服务机器人的发展 ··················· 271

15.2　室内环境自适应智能服务机器人的技术需求 ········ 272

15.3　云迹室内环境自适应智能服务机器人关键技术及实现 ··· 273

15.3.1　高精度定位导航 ····················· 274

15.3.2　机器视觉与动态避障 ················· 277

15.3.3　伺服驱动控制 ······················· 278

15.3.4　模块化与轻量化 ····················· 279

15.3.5　智能物联与协同调度 ················· 280

15.3.6　人机交互 ··························· 281

15.4　云迹室内环境自适应智能服务机器人案例与智慧化服务系统 ·· 283

15.4.1　智能服务机器人应用案例 ············· 283

15.4.2　智慧化服务系统 ····················· 285

15.4.3　智慧化服务系统场景应用 ············· 286

参考文献 ····················· 288

第1章 概　论

"robot"一词源于捷克语"robota"，意思为"强迫劳动"。1920年，捷克作家恰佩克在《罗萨姆的万能机器人》剧本中把在罗萨姆万能机器人公司生产劳动的那些家伙取名为"Robot"（捷克语意为"奴隶"）。

机器人技术涉及机械、电子、计算机、材料、传感器、控制技术、人工智能、仿生学等多门科学，机器人的发展是目前科技发展最活跃的领域之一。发展应用机器人的目的如下。

(1) 提高生产效率，降低人的劳动强度。

(2) 机器人做人不愿意做或做不好的事。

(3) 机器人做人做不了的事情。

1.1　机器人的定义

1.1.1　机器人三定律

1950年，美国科幻巨匠阿西莫夫提出的"机器人三定律"虽然只是科幻小说里的创造，但已成为学术界默认的研发原则，内容如下。

(1)机器人不得伤害人，也不得见人受到伤害而袖手旁观。

(2)机器人应服从人的一切命令，但不得违反第一条定律。

(3)机器人应保护自身的安全，但不得违反第一条、第二条定律。

1.1.2　机器人的各种定义

(1)美国机器人工业协会曾把机器人定义为一种用于移动各种材料、零件、工具或专用装置的，通过可编程序动作来执行种种任务的，并具有编程能力的多功能机械手。

(2)日本工业机器人协会把工业机器人定义为一种装备有记忆装置和末端执行器(end effector)的，能够转动并通过自动完成各种移动来代替人类劳动的通用机器。

(3)美国国家标准局定义机器人是一种能够进行编程，并在自动控制下执行某些操作和移动作业任务的机械装置。

(4) 国际标准化组织把机器人定义为：机器人是一种自动的、位置可控的、具有编程能力的多功能机械手，这种机械手具有几个轴，能够借助可编程序操作来处理各种材料、零件、工具和专用装置，以执行种种任务。

(5) 蒋新松院士言简意赅地把机器人定义为一种拟人功能的机械电子装置。

1.2 机器人的产生与发展

1948 年,罗伯特·维纳出版了《控制论》,阐述了机器中的通信和控制机能与人的神经、感觉机能的共同规律,率先提出以计算机为核心的自动化工厂。1980 年以后,各种用途的机器人广泛应用到工业生产当中。1990 年开始,机器人开始面向服务业,并走向家庭。现代机器人技术发展大事年表可总结如下。

(1) 1948 年,美国原子能委员会的阿尔贡研究所开发了机械式的主从机械手。

(2) 1952 年,第一台数控机床诞生,为机器人的开发奠定了基础。

(3) 1954 年,美国的德沃尔最早提出了工业机器人的概念,并申请了专利。

(4) 1956 年,在达特茅斯会议上,马文·明斯基提出了对智能机器的看法:智能机器"能够创建周围环境的抽象模型,如果遇到问题,能够从抽象模型中寻找解决方法"。这个定义影响到以后 30 年智能机器人的研究方向。

(5) 1959 年,德沃尔和恩格尔伯格联手制造出第一台工业机器人。随后,他们成立了世界上第一家机器人制造公司——Unimation 公司。由于恩格尔伯格对工业机器人的研发和宣传有很大贡献,他也被称为"工业机器人之父"。

(6) 1962 年,美国 AMF 公司生产出 Verstran(万能搬运),与 Unimation 公司生产的 Unimate 一样成为真正商业化的工业机器人,并出口到世界各国,掀起了全世界对机器人和机器人研究的热潮。

(7) 1962—1964 年,传感器的应用提高了机器人的可操作性。人们试着在机器人上安装各种各样的传感器,包括 1961 年恩斯特采用的触觉传感器,托莫维奇和博尼于 1962 年在世界上最早的"灵巧手"上用到了压力传感器,而麦卡锡于 1963 年开始在机器人中加入视觉传感系统,并在 1965 年帮助 MIT 推出了世界上第一个带有视觉传感器、能识别并定位积木的机器人系统。

(8) 1965 年,约翰·霍普金斯大学应用物理实验室研制出 Beast 机器人。Beast 已经能使用声呐系统、光电管等装置,根据环境校正自己的位置。20 世纪 60 年代中期,美国麻省理工学院、斯坦福大学,英国爱丁堡大学等陆续成立了机器人实验室。美国兴起研究第二代带传感器、"有感觉"的机器人,并向人工智能领域进发。

(9) 1968 年,美国斯坦福研究所公布他们研发成功的机器人 Shakey。该机器人带有视觉传感器,能根据人的指令发现并抓取积木,不过控制它的计算机有一个房间那么大。Shakey 可以算是世界第一台智能机器人,拉开了第三代机器人研发的序幕。

(10) 1969 年,日本早稻田大学加藤一郎实验室研发出第一台以双脚走路的机器人。加藤一郎长期致力于研究仿人机器人,被誉为"仿人机器人之父"。日本专家一向以研发仿人机器人和娱乐机器人技术见长,后来更进一步催生出本田公司的 ASIMO 和索尼公司的 QRIO。

(11) 1973 年,世界上机器人和小型计算机第一次携手合作,诞生了美国 Cincinnati Milacron 公司的机器人 T3。

(12) 1978 年,Unimation 公司推出通用工业机器人 PUMA,标志着工业机器人技术已经完全成熟。PUMA 至今仍然工作在工厂第一线。

（13）1984 年，恩格尔伯格推出机器人 HelpMate，这种机器人能在医院里为病人送饭、送药、送邮件。同年，他还预言：我要让机器人擦地板，做饭，出去帮我洗车，检查安全。

（14）1998 年，丹麦乐高公司推出头脑风暴套件，这套相对简单又能任意拼装的套件也可以制作一些简单的机器人，机器人开始走入个人世界。

（15）1999 年，日本索尼公司推出犬型机器人爱宝（AIBO），推出后即销售一空，从此娱乐机器人成为机器人迈进普通家庭的途径之一。

（16）2002 年，美国 iRobot 公司推出了吸尘器机器人 Roomba。它能避开障碍，自动设计行进路线，还能在电量不足时自动驶向充电座。Roomba 是目前世界上销量最大、最商业化的家用机器人。

（17）2006 年 6 月，微软公司推出 Microsoft Robotics Studio，机器人模块化、平台统一化的趋势越来越明显。比尔·盖茨预言，家用机器人很快将席卷全球。

（18）2012 年，"发现号"航天飞机的最后一项太空任务是将首台人形机器人送入国际空间站。这位机器宇航员被命名为 R2，它的活动范围接近人类，可以执行那些对人类宇航员来说太过危险的任务。

（19）2015 年，日本大阪大学和京都大学等研究团队开发出可使用人工智能流畅对话的美女机器人 ERICA。

（20）2016 年，谷歌人工智能系统 AlphaGo 击败围棋冠军李世石。

（21）2018 年，首个商业化机器人诞生，波士顿动力公司（Boston Dynamics）凭借其炫技又吸睛的机器人产品，在 2018 年为世界带来了惊喜。无论是 Atlas 做跑酷，还是 SpotMini 开门，马克·莱伯特和他这家公司再次展示了强大的工程师实力。

1.3　智能机器人的体系架构

机器人现在已被广泛用于生产和生活的许多领域，按其拥有智能的水平，可以分为以下 3 个层次。

（1）示教再现型。示教再现型机器人只能死板地按照人给它规定的程序工作，不管外界条件如何变化，它都不能对程序进行相应的调整。如果要改变机器人所做的工作，必须由人对程序进行相应的改变，因此它是毫无智能的。

（2）感觉型。感觉型机器人可以根据外界条件的变化，在一定范围内自行修改程序，也就是它能适应外界条件变化，对自己怎样做进行相应调整。不过，修改程序的原则是由人预先规定的。感觉型机器人拥有初级智能水平，但没有自动规划能力，目前已走向成熟，达到实用水平。

（3）智能型。智能型机器人已拥有一定的自动规划能力，能够自己安排工作。这种机器人可以不要人的照料，完全独立工作，故称为高级自律机器人。

智能机器人体系架构是机器人智能的逻辑载体，是指智能机器人系统中智能、行为、信息、控制的时空分布模式。选择合适的体系架构是机器人研究中最基础且非常关键的一个环节，它要求把感知、建模、规划、决策、行动等多种模块有机地结合起来，从而在动态环境中完成目标任务。

1.3.1 程控架构

程控架构,又称为规划式架构。它根据给定初始状态和目标状态给出一个行为动作的序列,按部就班地执行。程序序列中可采用"条件判断+跳转"的方法,根据传感器的反馈情况调整控制策略。

集中式程控架构的优点是系统结构简单明了,所有逻辑决策和计算均在集中式控制器中完成。这种架构清晰,显然控制器是大脑,其他部分不需要有处理能力。设计者在机器人工作前预先设计好最优策略,让机器人开始工作,工作过程中只需要处理一些可以预料的异常事件。

但是,对于设计一个在房间里漫游的智能机器人来说,若房间的大小未知,无法准确得到机器人在房间中的相对位置时,程控式控制架构就很难适应了。

1.3.2 分层递阶架构

分层递阶架构,又称为慎思式架构,它是随着分布式控制理论和技术的发展而发展起来的。分布式控制通常由一个或多个主控制器和多个节点组成,主控制器和节点均具有处理能力。主控制器可以比较弱,大部分非符号化信息在其各自的节点被处理、符号化后,再传递给主控制器来决策判断。

1979年,萨里迪斯提出智能控制系统必然是分层递阶架构。这种架构基于认知的人工智能模型,因此也称为基于知识的架构。

1. 分层递阶架构的信息流程

信息流程是从低层传感器开始,经过内外状态的形势评估、归纳,逐层向上,且在高层进行总体决策;高层接受总体任务,根据信息系统提供的信息规划,确定总体策略,形成宏观命令,再经协调级的规划设计形成若干子命令和工作序列,分配给各个执行器执行,如图1.1所示。

图 1.1 传感器信息流程图

2. 分层递阶架构的特点

(1)遵循"感知—思维—行动"的基本规律,较好地解决了智能和控制精度的问题。层次向上,智能增加,精度降低;层次向下,智能降低,精度增加。

(2)输入环境的信息通过信息流程的所有模块,往往是将简单问题复杂化,影响了机器人对环境变化的响应速度。

(3)各模块串行连接,其中任何一个模块的故障直接影响整个系统的功能。

1.3.3 包容式架构

包容式架构,又称为基于行为、基于情境的结构,是一种典型的反应式结构。1986年,美国麻省理工学院的布鲁克斯以智能机器人为背景提出了这种依据行为来划分层次和构造模块的反应式架构。布鲁克斯认为机器人行为的复杂性反映了其所处环境的复杂性,而非因为机器人内部结构的复杂性。

1. 包容式架构的信息流程

如前所述,分层式体系架构把系统分解成功能模块,是一种按照感知—规划—行动(sense-planning-action,SPA)过程进行构造的串行结构,如图 1.2 所示。

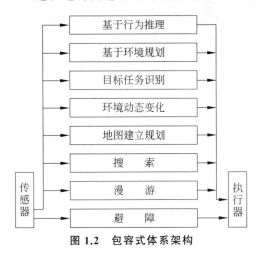

图 1.2　包容式体系架构

包容式架构是一种完全的反应式体系架构,是基于感知与行为(sense-action,SA)之间映射关系的并行结构。包容式架构中的每个控制层直接基于传感器的输入决策,在其内部不维护外界环境模型,可以在完全陌生的环境中操作。

2. 包容式架构的特点

(1)包容式架构中没有环境模型,模块之间信息流的表示也很简单,反应性非常好,其灵活的反应行为体现了一定的智能特征。包容式架构不存在中心控制,各层间的通信量极小,可扩充性好。多传感信息各层独自处理,增加了系统的鲁棒性,同时起到了稳定可靠的作用。

(2)包容式架构过分强调单元的独立、平行工作,缺少全局的指导和协调。虽然在局部行动上可以显示出很灵活的反应能力和鲁棒性,但是对于长远的全局性目标跟踪则缺少主动性,目的性较差,而且人的经验、启发性知识难于加入,限制了人的知识和应用。

1.3.4　混合式架构

包容式架构机器人提供了一个高鲁棒性、高适应能力和对外界信息依赖更少的控制方法。但它的致命问题是效率低。因此对于一些复杂的情况,需要融合应用程控架构、分层递阶架构和包容式架构。

盖特提出了一种混合式的三层体系架构,分别是:反应式的反馈控制层(controller)、反应式的规划—执行层(sequencer)和规划层(deliberator)。混合式架构在较高级的决策层面采用程控架构,以获得较好的目的性和效率;在较低级的反应层面采用包容式架构,以获得较好的环境适应能力、鲁棒性和实时性。

1.3.5　分布式架构

1998 年,比亚乔提出一种 HEIR (hybrid experts in intelligent robots)的非层次分布式架构。

1. 分布式架构的信息流程

分布式架构由符号组件(S)、图解组件(D)和反应组件(R)三部分组成,如图 1.3 所示。每个组件处理不同类型的知识,是一个由多个具有特定认知功能、可以并发执行的 Agent 构成的专家组。各组件相互间通过信息交换进行协调,没有层次高低之分,自主地、并发地工作。

2. 分布式架构的特点

(1) 突破了以往智能机器人体系架构中层次框架的分布模式,各个 Agent 具有极大的自主性和良好的交互性,使得智能、行为、信息和控制的分布表现出极大的灵活性和并行性。

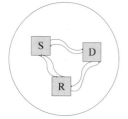

(2) 对于系统任务,每个 Agent 拥有不全面的信息或能力,应保证 Agent 成员之间以及与系统的目标、意愿和行为的一致性,建立必要的集中机制,解决分散资源的有效共享、冲突的检测和协调等问题。

图 1.3　分布式架构　(3) 更多地适用于多机器人群体。

1.3.6　进化控制架构

将进化计算理论与反馈控制理论相结合,形成了一个新的智能控制方法——进化控制。它能很好地解决智能机器人的学习与适应能力方面的问题。2000 年,蔡自兴提出了基于功能/行为集成的自主式智能机器人进化控制体系架构。

如图 1.4 所示,整个体系架构包括进化规划与基于行为的控制两大模块。这种综合体系架构的优点是既具有基于行为的系统的实时性,又保持了基于功能的系统的目标可控性。同时该体系架构具有自学习功能,能够根据先验知识、历史经验、对当前环境情况的判断和自身的状况调整自己的目标、行为以及相应的协调机制,以达到适应环境、完成任务的目的。

1.3.7　社会机器人架构

1999 年,鲁尼等根据社会智能假说提出了一种由物理层、反应层、慎思层和社会层构成的社会机器人体系架构,如图 1.5 所示。

1. 社会机器人体系架构的信息流程

社会机器人体系架构,总体上看是一个混合式体系架构。反应层为基于行为、基于情境的反应式架构;慎思层基于 BDI 模型,赋予了机器人心智状态;社会层应用基于 Agent 通信语言 Teanga,赋予了机器人社会交互能力。

2. 社会机器人体系架构的特点

(1) 社会机器人架构采用 Agent 对机器人建模,体现了 Agent 的自主性、反应性、社会

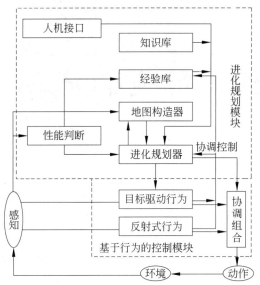

图 1.4　进化控制架构

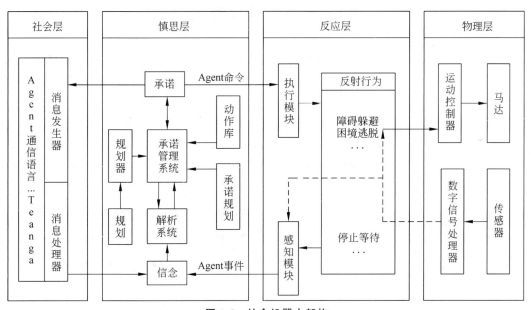

图 1.5　社会机器人架构

性、自发性、自适应性和规划、推理、学习能力等一系列良好的智能特性,能够对机器人的智能本质(心智)进行更细致的刻画。

（2）社会机器人架构对机器人的社会特性进行了很好的封装,对机器人内在的感性、理性和外在的交互性、协作性实现了物理上和逻辑上的统一,能够最大限度地模拟人类的社会智能。

（3）社会机器人架构理论体现了从智能体到多智能体、从单机器人到多机器人、从人工生命到人工社会的从个体智能到群体智能的发展过程。

第2章 智能机器人的运动系统

机器人的移动取决于其运动系统。高性能的运动系统是实现机器人各种复杂行为的重要保障,机器人动作的稳定性、灵活性、准确性、可操作性将直接影响智能机器人的整体性能。

通常,运动系统由移动机构和驱动系统组成,它们在控制系统的控制下完成各种运动。因此,合理选择和设计运动系统是智能机器人设计中一项基本而重要的工作。

2.1 机器人的移动机构

移动机构往往是各种自主系统最基本和最关键的环节。为适应不同的环境和场合,智能机器人的移动机构主要有轮式移动机构、履带式移动机构、腿式移动机构、蛇行式移动机构、推进式移动机构、混合式移动机构等。

1. 移动机构的形式

机器人移动机构的形式层出不穷,爬行、滑行、奔跑、跳跃、行走等不少复杂奇特的三维移动机构已经进入实用化和商业化阶段。如表2.1所示,机器人移动机构的设计往往来自自然界生物运动的启示。

表 2.1　常见自然界生物运动形式与智能机器人移动机构的运动学基本模型对比

自然界生物运动形式		智能机器人移动机构的运动学基本模型	
爬行		纵向振动	
滑行		横向振动	
奔跑		多极摆振荡运动	

续表

自然界生物运动形式		智能机器人移动机构的运动学基本模型
跳跃		多极摆振荡运动
行走		多边形滚动

2. 移动机构的选择

移动机构的选择通常基于以下原则。

（1）轮式移动机构的效率最高，但其适应能力、通行能力相对较差。

（2）履带式移动机构对于崎岖地形的适应能力较好，越障能力较强。

（3）腿式移动机构的适应能力最强，但效率一般不高。为了适应野外环境，室外智能机器人多采用履带式移动机构。

（4）一些仿生机器人则是通过模仿某种生物的运动方式而采用相应的移动机构，如机器蛇采用蛇行式移动机构，机器鱼则采用尾鳍推进式移动机构。

（5）在软硬路面相间、平坦与崎岖地形特征并存的复杂环境下，几何形状可变的履带式和混合式（包括轮—履式、轮—腿式、轮—履—腿式等）移动机构能根据地面环境的变化而灵活地改变机器人的运动姿态和运动模式，同时也可以改变移动机构与地面之间的接触面积，具有较好的机动灵活性和环境适应性。图 2.1（a）给出了一种轮—腿混合式移动机构，在崎岖地形环境下具有强大的移动能力。图 2.1（b）给出了一种爬壁式机器人移动机构，可在垂直的墙壁上攀爬并完成作业。

(a) 轮—腿混合式移动机构　　　　　　(b) 爬壁式机器人移动机构

图 2.1　移动机构

2.1.1　轮式移动机构

在相对平坦的地面上，轮式移动机构十分优越。车轮的形状或结构取决于地面的性质

和车辆的承载能力。在轨道上运行时多采用实心钢轮,在室内路面行驶时多采用充气轮胎。

轮式移动机构根据车轮的多少分为1轮、2轮、3轮、4轮和多轮机构。1轮及2轮移动机构具有不稳定的问题,所以实际应用的轮式移动机构多采用3轮和4轮。3轮移动机构一般是1个前轮、2个后轮。4轮移动机构的应用最为广泛,可采用不同的方式实现驱动和转向。

驱动轮的选择通常基于以下因素考虑。

(1)驱动轮直径:在不降低机器人加速特性的前提下尽量选取大轮径,以获得更高的运行速度。

(2)轮子材料:橡胶或人造橡胶最佳,因为橡胶轮有更好的抓地摩擦力和减震特性,在绝大多数场合都可以使用。

(3)轮子宽度:宽度较大,可以取得较好的驱动摩擦力,防止打滑。

(4)空心/实心:轮径大时,尽量选取空心轮,以减小轮子重量。

物体在平面上的移动存在前后、左右和转动3个自由度的运动。根据移动特性,可将轮式机器人分为非全向和全向两种。

(1)若所具有的自由度少于3个,则为非全向智能机器人。汽车便是非全向移动的典型应用。

(2)若具有完全的3个自由度,则称为全向智能机器人。全向智能机器人非常适合工作在空间狭窄有限、对机器人机动性要求高的场合,具体有1轮、2轮、3轮、4轮等形式。

1. 2轮差动移动机构

图2.2所示的扫地机器人就是一个典型的2轮差速移动机构。

基于如下假设建立机器人的运动学模型:路面为光滑平面;机器人纵向做纯滚动运动,没有侧向滑移;机器人的左右轮半径 R、两个驱动轮轮心间的距离 $2L$ 等其他有关参数在机器人负载与空载情况下是相同的。

机器人运动学模型如图2.3所示。在笛卡儿坐标系下,考虑两驱动轮的轮轴中心 C 点坐标 (x,y) 为参考点,θ 为机器人的姿态角(前进方向相对于 X 轴的方位角),v 是机器人的前进速度,而 v_L、v_R 分别为左、右轮的线速度;ω 是机器人的转动角速度,而 ω_L、ω_R 分别为左、右轮的转动角速度。

图2.2 扫地机器人

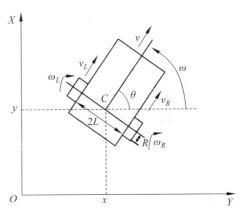

图2.3 2轮差动式智能机器人运动学模型

基于此,机器人的位姿可以表示为

$$\boldsymbol{q} = [x, y, \theta]^{\mathrm{T}} \tag{2.1}$$

由于是在纯滚动、无侧滑的假设条件下分析,因此轮子垂直于轮平面的速度分量为 0,系统运动约束条件可表示为

$$\dot{x}\sin\theta - \dot{y}\cos\theta = 0 \tag{2.2}$$

非完整约束是指运动约束方程不可能积分为有限形式。现假设式(2.2)是一个完整约束,即可以把它积分成以下有限形式

$$f(x, y, \theta) = C \tag{2.3}$$

其中,C 为常量,对式(2.2)求导可得

$$f_x(x, y, \theta) = \sin\theta, f_y(x, y, \theta) = -\cos\theta, f_\theta(x, y, \theta) = 0 \tag{2.4}$$

$f_\theta(x, y, \theta) = 0$ 说明 $f_\theta(x, y, \theta)$ 必是一个与 θ 无关的函数,而这与 $f_x(x, y, \theta) = \sin\theta$、$f_y(x, y, \theta) = -\cos\theta$ 相矛盾。因此式(2.2)不可积,说明机器人系统运动约束条件是一个非完整约束。因此可建立机器人的质心运动方程为

$$\dot{x} = v \times \cos\theta, \quad \dot{y} = v \times \sin\theta, \quad \dot{\theta} = w \tag{2.5}$$

即

$$\begin{bmatrix} \dot{x} \\ \dot{y} \\ \dot{\theta} \end{bmatrix} = \begin{bmatrix} \cos\theta & 0 \\ \sin\theta & 0 \\ 0 & 1 \end{bmatrix} \begin{bmatrix} v \\ \omega \end{bmatrix} \tag{2.6}$$

根据刚体运动规律,可得下列运动方程

$$v_L = \omega_L R, \quad v_R = \omega_R R \tag{2.7}$$

$$\omega = \frac{\omega_R - \omega_L}{2}, \quad v = \frac{v_L + v_R}{2} \tag{2.8}$$

由式(2.8)可知:若 $\omega_L = \omega_R$,质心的角速度为 0,机器人将沿直线运动;若 $v_L = -v_R$,质心的线速度为 0,则机器人将原地转身,即机器人以 0 为半径转弯。在其他情况下,机器人将围绕圆心,以 0 到无穷大的转弯半径做圆周运动。

将式(2.7)和式(2.8)代入式(2.6),得

$$\begin{bmatrix} \dot{x} \\ \dot{y} \\ \dot{\theta} \end{bmatrix} = \begin{bmatrix} \dfrac{R}{2}\cos\theta & \dfrac{R}{2}\cos\theta \\ \dfrac{R}{2}\sin\theta & \dfrac{R}{2}\sin\theta \\ -\dfrac{R}{2L} & \dfrac{R}{2L} \end{bmatrix} \begin{bmatrix} \omega_L \\ \omega_R \end{bmatrix} \tag{2.9}$$

由式(2.9)可以看出,如果知道 ω_L 和 ω_R,即可确定机器人的位姿。

机器人的左、右轮驱动电动机角速度与转速之间的关系可表示为

$$\omega = \frac{2\pi n}{60} \tag{2.10}$$

通过控制左、右轮电动机的转速 n_L 和 n_R,即可完成对机器人的直线、旋转和转弯等各种运动的控制。

2.3 轮移动机构

3 轮移动机构有以下 3 种情况。

如图 2.4(a)所示,前轮由操舵结构和驱动结构合并而成。由于操舵和驱动的驱动器都集中在前轮,所以该结构比较复杂。该结构旋转半径可以从 0 到无限大连续变化,但是由于轮子和地面之间存在滑动,绝对的 0 转弯半径很难实现。

如图 2.4(b)所示,前轮为操舵轮,后两轮由差动齿轮装置驱动,但该方法在智能机器人机构中也不多见。

如图 2.4(c)所示,前轮为万向轮,仅起支撑作用,后两轮分别由两个电动机独立驱动,结构简单,而且旋转半径可以从 0 到无限大任意设定。其旋转中心是在连接两驱动轴的直线上,所以旋转半径即使是 0,旋转中心也与车体的中心一致。

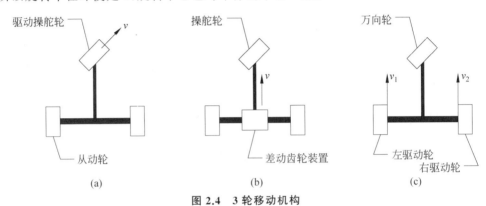

图 2.4　3 轮移动机构

3. 全向移动机构

全向移动机构,是指不改变机器人姿态的同时可以向任意方向移动,且可以原地旋转任意角度,运动非常灵活。全向运动机构包括全向轮、电动机、驱动轴系以及运动控制器几部分。全向轮是整个运动机构的核心,它的轮缘斜向分布着许多小滚子,故轮子可以横向滑移。根据荷载的不同,应考虑全向轮的大小、面积等因素。图 2.5(a)给出了几种不同的全向轮结构,图 2.5(b)阐明了全向轮的转动特点。3 个或 4 个全向轮可以组成轮系,在电动机驱

(a) 不同的全向轮结构

(b) 全向轮的转动特点

图 2.5　各种全向轮

动下,可以完成平面内 360°任意方向上的运动。全向移动机构在自动导引车、足球机器人比赛等需要高度移动灵活性的机器人项目中比较常见。

1) 3 轮全向移动机构

由于全向轮机构特点的限制,驱动轮数要大于或等于 3,才能实现水平面内的全向移动,并且行驶的平稳性、效率和全向轮的结构形式有很大关系。图 2.6 所示为 3 轮全向移动底盘。

3 轮全向底盘的驱动轮一般由 3 个完全相同的全向轮组成,并由性能相同的电动机驱动。各轮径向对称安装,夹角为 120°。如图 2.7 所示为建立的世界坐标系 x_aOy_a 和机器人坐标系。

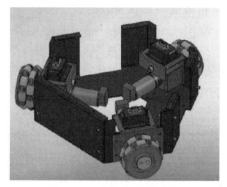

图 2.6　3 轮全向移动底盘

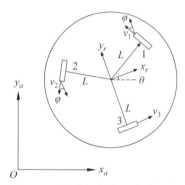

图 2.7　3 轮全向底盘运动学分析

3 轮全向智能机器人坐标系的原点与其中心重合,L 为机器人中心与轮子中心的距离,θ 为 x_r 与 x_a 的夹角,v_i 为第 i 个轮子转动的线速度,φ 为轮子与 y_r 的夹角。

系统的运动学方程如下:

$$
\left.
\begin{aligned}
v_1 &= -\dot{x}_a\sin(\varphi+\dot{\theta})+\dot{y}\cos(\varphi+\dot{\theta})+L\dot{\theta} \\
v_2 &= -\dot{x}_a\sin(\varphi-\dot{\theta})-\dot{y}\cos(\varphi-\dot{\theta})+L\dot{\theta} \\
v_3 &= \dot{x}_a\cos\dot{\theta}+\dot{y}_a\sin\theta+L\dot{\theta}
\end{aligned}
\right\}
\tag{2.11}
$$

考虑机器人的实际结构以及所设立的坐标系的客观情况可知:$\varphi=30°$,将其代入式(2.11),并写成矩阵形式,可以得到 3 轮全向底盘运动学模型如下:

$$
\begin{bmatrix} v_1 \\ v_2 \\ v_3 \end{bmatrix}=
\begin{bmatrix}
-\sin(30°+\theta) & \cos(30°+\theta) & L \\
-\sin(30°-\theta) & -\cos(30°+\theta) & L \\
\cos\theta & \sin\theta & L
\end{bmatrix}
\begin{bmatrix} \dot{x}_a \\ \dot{y}_a \\ \dot{\theta} \end{bmatrix}
\tag{2.12}
$$

式(2.12)描述了 3 轮全向智能机器人在地面坐标系中的运动速度与驱动轮线速度之间的关系。

2) 4 轮 Mecanum 轮全向移动机构

图 2.8 为 4 轮 Mecanum 轮全向移动底盘的一种布置方式。通过使用特殊设计的 Mecanum 轮,4 轮 Mecanum 轮全向移动底盘可以在轮子直列布置的时候依然拥有全向移动的能力,与 3 轮全向移动机构相比,具有以下优点。

图 2.8　4 轮 Mecanum 轮全向移动底盘

（1）比 3 轮全向移动底盘具有更大的驱动力、荷载能力以及更好的通过性。

（2）在 4 个轮子分别安装电动机的情况下，4 轮 Mecanum 轮全向移动底盘能拥有冗余，在一个轮子产生故障的情况下依然能够运行。

但 4 轮 Mecanum 轮全向移动底盘的成本更高，不易于维护。由于增加了 1 个轮子，其在不平整的地面上行进时极有可能出现 1 个轮子悬空的情况，这将导致机器人计算轮速时产生较大误差。

2.1.2　履带式移动机构

履带式移动机构因通行能力强，速度快，常用于灾难救援、抢险、科考、排爆、军事侦察等高危险场合，作业环境可能为比较规则的结构化环境，也有可能为地面软硬相间、平坦与崎岖并存、地形比较复杂且难以预测的非结构化环境（图 2.9）。

图 2.9　履带式移动机构

履带式移动机构的特征是将圆环状的无限轨道履带卷绕在多个车轮上，使车轮不直接同地面接触，缓和地面的凹凸不平状况。它具有稳定性好、越野能力和地面适应能力强、牵引力大等优点。但其结构复杂，重量大，能量消耗大，减震性能差，零件易损坏。

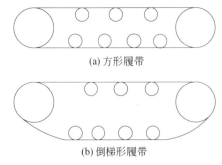

(a) 方形履带

(b) 倒梯形履带

图 2.10　履带式移动机构

常用履带通常为方形或倒梯形（图 2.10），履带式移动机构主要由履带板、主动轮、从动轮、支撑轮、托带轮和伺服驱动电动机组成。方形履带的驱动轮和导向轮兼作支撑轮，因此增大了与地面的接触面积，稳定性较好。倒梯形履带的驱动轮和导向轮高于地面，同方形履带相比，具有更高的障碍穿越能力。

为了进一步改善对地面环境的适应能力和越障能力，履带式移动机构衍生出很多派生机构。图 2.11

给出了一种典型的带前摆臂的关节式履带移动机构。

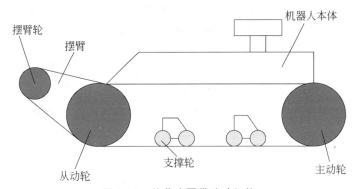

图 2.11 关节式履带移动机构

1. 同步带/齿形带

同步带/齿形带传动具有带传动、链传动和齿轮传动的优点。在同步带传动中,由于带与带轮是靠啮合传递运动和动力的,故带与带轮间无相对滑动,能保证准确的传动比。

同步带通常以钢丝绳或玻璃纤维绳为抗拉体,氯丁橡胶或聚氨酯为基体,这种带薄且轻,故可用于较高速度的环境下。传动时的线速度可达 50m/s,传动比可达 10,效率可达98%。传动噪声比带传动、链传动和齿轮传动小,耐磨性好,不需要油润滑,寿命比摩擦带长。主要缺点是制造和安装精度要求较高,中心距要求较严格。所以同步带广泛应用于要求传动比准确的中、小功率传动机械中,如家用电器、计算机、仪器及机床等。

几种常见的同步带和带轮如图 2.12 所示。

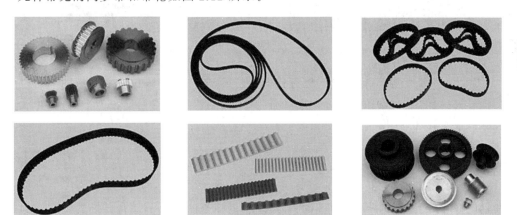

图 2.12 常见的同步带和带轮

1) 同步带作为履带的优点

(1)效率高,最高效率能达到 90% 以上。

(2)设计简单,只需根据标准同步带规格选择节距、齿数、长度、宽度。

2) 同步带作为履带的缺点

同步带一旦选定,长度、宽度就是固定的,因此基本上属于定制。设计不同的履带式平台就需要不同的同步带,这限制了同步带作为履带应用的灵活性。

2. 活节履带

活节履带是将履带分解为单独的履块,通过轴对各个履块进行连接,类似金属表带或自行车链条的连接方式。一种典型的活节履带如图 2.13 所示。

1)活节履带的优点

单独的履块简单,可以用注塑成型的方法制造,可以以单节履块为单位任意增减,因此具有较好的灵活性。单节履块上可以装配各种类型的履带齿,适应不同地形,而且活节履带的履块中部可以设计侧向限位块,带轮无须挡边就可以防止履带从带轮侧面脱出。

2)活节履带的缺点

由于各履块之间靠连杆连接,因此连杆处受力较大,整个履带的承载能力弱于同步带式履带,并且由于活节履带的履块为刚性结构,理论效率较同步带式履带低,运行噪声也会较大。

3. 一体式履带

同步履带的最大缺点是缺乏侧向定位,带轮上需要附加挡边来防止履带脱出;活节履带的最大缺点是效率较低,且荷载能力有限。对于一些较大型的履带机构,例如 100kg 以上的机器人或履带车,必须采用结合两者优点的履带,以克服履带意外脱出的问题。一体式专用履带的基本结构采用同步带的形式,具备侧向定位,因此能很好地避免以上缺点。一种典型的一体式履带如图 2.14 所示。

图 2.13　活节履带　　　　　　　　　图 2.14　一体式履带

一体式专用履带效率高,履带内侧有较大的内齿(兼作侧向限位块),履带内部通过编制钢丝网或尼龙丝网得到较高的拉伸强度,一体式柔性结构也使得运动较为平稳,但是履带设计较复杂,成本较高,多用于大型机器人。

2.1.3　腿式移动机构

履带式移动机构虽然可以在高低不平的地面上运动,但是适应性不强,行走时晃动较大,在软地面上行驶时效率低。调查说明,地球上近一半的地面不适合传统的轮式或履带式车辆行走。

如图 2.15 所示,腿式机器人,顾名思义就是使用腿系统作为主要行进方式的机器人。

1. 腿式移动机构的优势

(1)腿式移动机构对崎岖路面具有很好的适应能力,可自主选择离散的立足点,在可能到达的地面上选择最优的支撑点,而轮式和履带式移动机构必须面临最坏地形上的几乎所有的点。

(2)腿式运动机构还具有主动隔震能力,尽管地面高低不平,机身的运动仍然可以相当平稳。

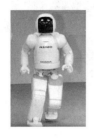  

图 2.15　各种腿式机器人

（3）多自由度系统有利于保持稳定，并在失去稳定的条件下进行自恢复。

（4）腿式移动机构在不平地面和松软地面上的运动速度较高，能耗较少。已有的类人机器人步行研究显示，被动式机构可以在没有主动能量输入的情况下，完全采用重力作为驱动力完成下坡等动作。

2. 腿式移动机构的设计

腿式机器人的构思来源于对腿式生物的模仿。所以，设计腿式机器人时需要回归自然，对自然界的各种腿式系统进行初步研究。研究腿式机器人的特征时，主要考虑以下几个因素。

1）腿的数目

不同腿的数目，维持平衡的难度是不一样的。蜘蛛出生就能行走，4 条腿的动物刚出生还不能立刻行走，需要用几分钟甚至几个小时来尝试。2 条腿的人类则需要花上几个月的时间才能学会站立，保持平衡，需要花上 1 年的时间才能行走，需要更长的时间才能跳跃、跑步、单腿站立。在腿式机器人研究领域，世界各国已经展示了各种各样的双足机器人，最出名的是日本本田公司出品的 ASIMO。最成功的四腿机器人是美国军方的 BigDog（大狗）。六腿机器人行走期间具有静态稳定性特性，让机器人的平衡控制不是问题，所以六腿机器人在智能机器人领域也非常流行。

2）腿的自由度

腿作为生物躯体最重要的部分之一，构造也各式各样。毛毛虫的腿只有 1 个自由度，利用液压，通过构建体腔和增加压力可以使腿伸展，通过释放液压可以使腿回收。而在另一个极端方向上，人的腿有 7 个以上的主自由度、15 个以上的肌肉群，如果算上脚趾头的自由度和肌肉群，数量更多。

机器人需要多少自由度呢？这是没有定论的。就像不同生物在不同生活环境和生活方式的刺激下进化出了不同构造的腿一样。由于机器人运用的场合不同，对自由度的要求也不一样。

如图 2.16 所示，腿式机器人的每一条腿通常需要两个关节，从而实现提起腿、摆动向前、着地后蹬的一系列动作。如果需要面对更复杂的任务要求，则需要增加 1 个自由度，让腿更加灵活。而仿人机器人的腿的自由度则更加复杂，ASIMO 的每条腿都有 6 个自由度。

3）稳定性

（1）静平衡。在机器人研究中，将不需要依靠运动过程中产生的惯性力实现的平衡叫作静平衡。比如 2 轮自平衡机器人就没办法实现静平衡。

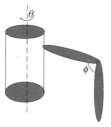
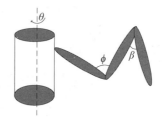

2个自由度的腿　　　　　　　　　　　3个自由度的腿

图 2.16　腿式机器人的自由度

（2）动平衡。机器人运动过程中，如果重力、向心力等让机器人处于一个可持续的稳定状态，这种稳定状态就称为动平衡状态。

根据上述分析可以知道，腿越多的机器人，稳定性越好，当腿的数量超过 6 条，机器人在稳定性上就有天然的优势。

3. 典型腿式移动机构

1）四腿移动机构

2006 年，美国的波士顿动力公司研制出了第一代机械狗 BigDog 它拥有 16 个主动自由度，4 个被动自由度。随后该公司又在 2008 年推出了第二代 BigDog，其整体尺寸为 1.1m×0.3m×1.0m，重 109kg，可负载 150kg，对角小跑速度大约为 1.6m/s，最快奔跑速度能达到3.1m/s。如图 2.17（a）所示，BigDog 采用液压驱动，全身拥有陀螺仪加速度计、关节传感器和力传感器等 50 个传感器，被认为是当前最先进的四腿机器人。

如图 2.17（b）所示，宇树科技公司的四腿机器人整机重量仅为 12kg，最大行走速度可达3.3m/s，具有卓越的运动性能和稳定性能，自带多目智能深度相机，能实时进行高清视频传输。具有人物跟随、动态避障、视觉 SLAM、手势识别等多种功能。

(a) BigDog机器人　　　　　　　　　　(b) 宇树四腿机器人

图 2.17　四腿移动机构

四腿机器人的常见控制方法可分为以下 3 类：

（1）基于模型的控制方法。采用"建模—规划—控制"的控制思路，即首先对机器人及环境进行建模，然后通过规划得到机器人的理想运动轨迹，再利用反馈控制使机器人的运动趋近理想轨迹。在此方面，卡什曾通过将四腿机器人当作一个带有反应轮的倒立摆模型来研究机器人的姿态控制。美国麻省理工学院的雷佰特等提出应用虚拟腿模型来对四腿机器人的动步态进行控制,并取得了较好的效果。

（2）基于行为的控制方法。"感知—反射"的控制思路能够较好地应用于非结构化环境中的机器人控制。布鲁克斯于 1985 年提出这种控制方法,并将其应用于六腿和八腿机器人的运动控制中。随后,胡贝又将这种控制方法应用到四腿机器人的运动控制中。

（3）生物控制方法是一种融合生物科学和工程技术的新型控制方法。1994 年起,木村一直从事动物运动系统模型的研究,并将建立的生物神经模型应用于复杂地形下的四腿机器人控制,实现了机器人的自适应动态行走。稻垣新吉通过模拟生物神经系统控制四腿机器人的运动,实现了四腿机器人行走、小跑和奔跑三种步态。

2）两腿步行移动机构

人类的关节运动是靠肌肉收缩实现的。人类的上肢有 52 对肌肉,下肢有 62 对肌肉,背部有 112 对肌肉,胸部有 52 对肌肉,腰部有 8 对肌肉,颈部有 16 对肌肉,头部有 25 对肌肉。要控制好这个有近 400 个具有双作用促动器的多变量系统,目前几乎是不可能的。设计步行机构必须简化,只考虑其基本的运动功能。图 2.18 是一个具有 16 个关节点（三维特征点）的三维人体骨架模型。

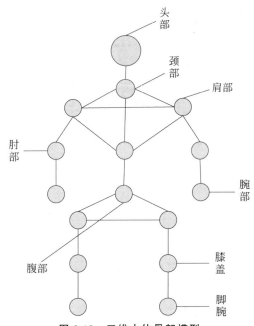

图 2.18　三维人体骨架模型

（1）类人机器人稳定性判断依据。

类人机器人与轮式或者其他智能机器人最大的不同在于其用双腿支撑,这一特点也是类人的表现特征之一。多年来,大量研究人员对类人机器人的稳定性判断依据进行了研究,提出了各种不同的判断依据。主要有基于零力矩点（ZMP）、脚板转动指示法（FRI）和压力中心（COP）等。

ZMP稳定性判断标准,是过机器人水平方向零力矩点的铅垂线与地面交点必须一直落在支撑突多边形内部。通常来说,稳定性可以分为静态稳定和动态稳定。

① 静态稳定,是指机器人的全身质心COM(center of mass)在运动的整个过程中始终落在双脚支撑域内,如果机器人在运动过程中的任何时刻停止,必将保持稳定,不会摔倒。

② 动态稳定,是指在运动过程中质心可以偏离双脚支撑域外,但是ZMP点必须落在支撑域内。

在ZMP的基础上,国内外很多学者根据ZMP稳定性判断标准在类人机器人的运动控制方面进行了很多研究。不同的机器人结构(是否具有相应的传感器设备)需要根据不同的控制方法来有条件地选择最适合机器人的稳定性控制方式。

(2)类人机器人行走方式。

从行走方式来讲,两腿步行的行走方式主要有以下3种。

① 静态步行:两腿步行机器人靠地面反作用力和摩擦力来支撑,绕此合力作用点力矩为零的点称为零力矩点。在行走过程中,始终保持ZMP在脚的支撑面或支撑区域内。

② 准动态步行:把维持机器人的行走分为单脚支撑期和双脚支撑期,在单脚支撑期采用静态步行控制方式,将双脚支撑期视为倒立摆,控制重心由后脚支撑面滑到前脚支撑面。

③ 动态步行:这是一种类人型的行走方式。在行走过程中,将整个躯体视为多连杆倒立摆,控制其姿态稳定性,并巧妙利用重力、蹬脚和摆动推动重心前移,实现两腿步行。

(3)类人机器人运动规划。

从广义的角度考虑,类人机器人的运动规划包括动作规划、复杂运动规划、路径规划和任务规划。

① 动作规划的结果是指类人机器人实现某个动作需要的各个关节自由度的运动轨迹,以及实现该轨迹需要输入的力矩的变化。

② 复杂运动规划则是在基本动作规划之上主要考虑规划那些使机器人能够适合人类环境的复杂运动,规划的结果除了考虑运动的稳定性外,还可以结合运动消耗的能量、时间等性能指标和运动的可行性方面进行研究。

③ 路径规划是指动态环境中的避障问题,任务规划是指上升到任务级的终端决策规划。

从狭义的角度考虑,类人机器人的运动规划只是考虑输入给定的参数和运动指令,再根据当前的环境信息生成那些可以保证机器人全身动态稳定的运动轨迹,包括足部轨迹、躯干轨迹和手臂轨迹等。

4. 类人机器人运动规划关键技术

1)基于仿生学的步态规划

最早系统地研究人类和动物运动原理的是迈布里奇,他发明了一种独特的摄像机,即电动式触发照相机,并在1877年成功地拍摄了许多四腿动物步行和奔跑的连续照片。后来这种采用摄像机进行运动研究的方法又被德梅尼用来研究人类的步行运动。1960年,苏联学者顿斯科依发表了著作《运动生物学》,从生物力学的角度详细论述了人体运动学、动力学、能量特征和力学特征。

基于仿生学的步态规划就是用传感器记录下人类步行时的各个数据轨迹(human

motion capture data，HMCD），经过修正处理之后直接用于类人机器人上。基于 HMCD 的仿人机器人的运动规划流程如图 2.19 所示。

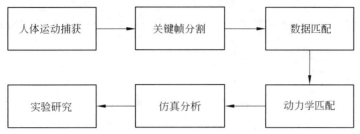

图 2.19　基于 HMCD 的仿人机器人的运动规划流程

该方法可避开复杂动力学计算，通过对人类运动数据进行分析与修正，可得到各主要关节角度变化轨迹。根据力学相似性原理，这些函数关系可进一步推广到关节变化来规划步态，从而实现机器人的仿人运动。由于类人机器人与人体结构之间的差异，需要对人类运动的数据作进一步分析才能应用于类人机器人上，使其更加自然地进行模拟人类的运动。

2）基于动力学模型的步态规划

基于动力学模型的规划方法是根据类人机器人的简化动力学模型直接计算出重心的运动轨迹，然后利用逆运动学方程得到关节角的轨迹。

（1）倒立摆模型。

马克·雷伯特在 1978 年把双腿机器人全身的质量假设成一点，并且假设机器人与地面的接触可以通过一个可以转动的支点实现。简单的倒立摆模型如图 2.20 所示。

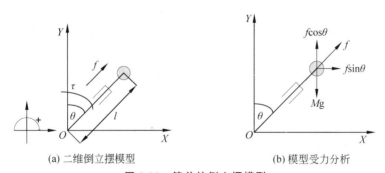

(a) 二维倒立摆模型　　　　　　　　　　　(b) 模型受力分析

图 2.20　简单的倒立摆模型

倒立摆的输入包括作用于质点的力矩 τ 和沿腿连杆方向伸缩关节上的伸缩力 f。倒立摆模型将机器人的全部质量集中在机器人的质心点，机器人的腿由无质量的连杆组成，机器人与脚底接触点不存在任何力矩，倒立摆随重力特性移动。

从质心受力分析可知腿部伸缩力的铅垂直分力平衡重力之后，水平分力还存在。这一分力使质心沿水平方向加速运动，相应的运动方程为

$$M\ddot{x} = f\sin\theta \tag{2.13}$$

在伸缩力的方向上有

$$Mg = f\cos\theta \tag{2.14}$$

联立上述两式可得

$$M\ddot{x} = \frac{Mg}{\cos\theta}\sin\theta = Mg\tan\theta = Mg\frac{x}{z}$$

其中，x 和 z 为倒立摆质心位置的坐标，整理以上方程，得到描述质心水平运动的微分方程

$$\ddot{x} = \frac{g}{z}x \tag{2.15}$$

式中，$\ddot{x}$ 为质心在 x 方向的重力加速度，g 为重力加速度。

对于单个该系统，倒立摆是不稳定的，其相轨线呈发散状态。因此，需要对倒立摆模型进行切换，选取其中靠近支撑点的低速区间作为倒立摆模型的工作区间。通过切换，每次进入该系统，机器人质心的速度降低，势能增加，当越过势能最高点后，速度反而增长，势能减少，系统趋向发散，此时再次切换系统。这样，倒立摆每次都运行在设定的重心轨线上。由于考虑了机器人自身的动力学特性，因此生成的步态具有较高的稳定性和较强的可控性。

在倒立摆模型的基础上又进一步发展出了桌子—小车模型。该模型是指一质量为 M 的小车放在一质量可以忽略不计的桌子水平面上行走。虽然桌子支撑脚相对于小车的行走范围很小，当小车走向边沿时，整个系统会倒，但是当小车以某个适当的加速度运动时，桌子可以维持瞬时平衡而不倒。

香吉 2003 年对线性倒立摆模型和桌子—小车模型进行比较发现：在线性倒立摆模型中，质心的运动由 ZMP 产生，而在桌子—小车模型中，ZMP 由质心运动生成。

（2）连杆模型。

单自由度的倒立摆模型看起来太简单，但无法完成描述类人机器人运动的特性。一些研究者对其进行了进一步假设，将摆动腿看作振摆，支撑腿看作倒立摆——这就建立了双连杆的双倒立摆模型。三浦和下山等研究和设计了 3 连杆类人机器人。如果机器人的模型大于 5 个连杆，对运动的描述将变得更精确，但同时增加了系统的复杂性。

典型的 5 连杆模型由 1 个躯干和 2 条腿组成，其中每条腿又是由 1 条大腿和 1 条小腿构成的，该模型最大的好处是非常简单，同时又可以进行有效的类人运动描述。

图 2.21 给出了一个 7 连杆类人机器人模型。机器人身体的各个部分（先不考虑双臂和头部）由刚性的连杆组成，连杆与连杆之间由关节连接。通过控制关节的转动可以带动连杆的运动。7 个连杆分别表示两个脚部、两个小腿部、两个大腿部和一个上身部。

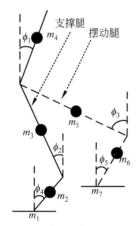

图 2.21 7 连杆类人机器人模型

3）基于智能算法的步态规划

由于类人机器人具有多自由度的复杂模型，因此不进行精确建模将制约其控制的发展。而智能控制算法的优点在于不需要精确的建模，同时可以改进算法的适应性和鲁棒性。在类人机器人上使用最多的智能算法有神经网络、模糊控制、遗传算法、强化学习以及它们结合构成的混合进化算法。

（1）神经网络：神经网络具有模糊性、容错性、自适应性和自学习能力，相比于依靠推导数学模型、参数寻优的传统控制方法具有一定优越性，在机器人运动控制中的应用日益广泛。郑元芳等在 1990 年就提出运用神经网络的双腿步行机器人步态综合方法。其基本思想是：类人机器人逆动力学模型可以由神经网络代替，可以用神经网络学习机器人逆动力学模型，根据已有的知识及传感器信息产生类人机器人运动中各关节所需的控制力矩。

（2）模糊逻辑：模糊逻辑控制利用人类的专家控制经验来弥补机器人动态特性中的非线性和不确定因素的不利影响，具有较强的鲁棒性。它可应用于控制系统的执行层，如 PID 参数的产生和调节。然后由于模糊控制的综合定量知识的能力差，单独使用模糊逻辑控制机器人的步态较少，一般都是结合神经网络构成模糊神经网络，或者与强化学习等学习算法结合构成混合控制模型，进行机器人的运动控制。

（3）遗传算法：遗传算法最早是由美国密歇根大学的霍兰德提出的。使用遗传算法时，首先设计一个带有反馈补偿的前馈控制系统，根据这个特定的控制系统实现各个关节的力矩控制。因为实现遗传算法需要把所求的问题参数化求解，所以只能先假设某个关节的运动曲线，再用多次函数插值实现问题的参数化，最后利用遗传算法，根据稳定性条件或其他寻优条件确定问题的各个参数，达到步态规划的目的。

（4）强化学习：强化学习的特点是试错法和延时奖励，因此其非常适合步态学习，也符合人类学习行走的过程特征。萨拉蒂安等利用传感器输入，使用强化学习方式对双足机器人的斜坡步行进行控制。由于类人机器人具有多自由度的特点，完全应用强化学习进行步态生成非常耗时，因此，强化学习基本被用来进行局部参数的调整。例如，Toddler 应用强制学习获得控制器参数，而哈米德应用强化学习调整 CMAC 生成的步态。

4）基于被动动力学的步态规划

传统的仿人双腿机器人大多采用跟踪预设关节轨迹的控制方法。虽然可以实现类人行走和跑步，但控制机理与人类不同，且能耗很高。美国康奈尔大学的史提夫等于 2005 年在《科学》杂志上发表了基于被动动力学理论的步行机器人的论文之后，被动动力学模型成了研究类人机器人步行的又一重要分支，并且近年来越来越受到各国研究人员的青睐。

被动动态行走被认为是一种有效且简单的行走方法。20 世纪初，一种完全被动步行的装置就已经制造出来了。早在 1989 年，麦克吉尔从生物机械研究和该行走玩具中得到启发，声称通过合理的机械设计，被动动态腿部运动（无驱）将生成很自然的行走方式。如果把机器人放在一个朝下的光滑斜坡上，这种行走运动将稳定并且能够一直保持下去。用这种方法设计的机器人，行走的效率要比使用参考轨迹控制方法的机器人效率高 10 倍以上。

麦克吉尔认为，飞机发展的历史对两腿机器人研究很有启示意义，人们从设计无动力的滑翔机到有动力飞机，类似地，对无动力步行的研究可以揭示步行的机理，有助于开发高效步行的两腿机器人。他设计了无驱动、二维运动的无膝关节两腿机器人，机器人可以自动走下斜坡，实现了类人的步态，而且小的外界干扰对其稳定步行没有影响。

受到麦克吉尔方法的启发，美国康奈尔大学的史提夫和安迪、麻省理工学院的拉斯和荷兰代夫特大学的马丁分别开发了基于被动动力学法的两腿机器人。它们的部分关节有电动机驱动，实现了平面步行，而且能量效率和人类步行效率相当。这是目前可以平面步行的两腿机器人达到的最高效率。2011 年 5 月，该团队研制的一款新机器人"漫步者"创造了新的

世界纪录：在没有更换电池的情况下持续行走了 40.5mi(约 65km)。

"漫步者"机器人(图 2.22)项目受到了美国自然科学基金会的资金支持。科学家们在"漫步者"身上装了 6 个小型计算机,可以执行 1 万行的计算机代码。它的总重约 10kg,其中锂离子电池重约 2.7kg。它身上装有 4 个电动机,其中一个控制外侧两条腿上的踝关节,一个操控内侧两条腿上的踝关节,还有一个掌控双腿的摆动。剩下的一个则是控制内腿的弯曲,以把握方向。与大多数机器人不同的是,"漫步者"行走时保持平衡的方式更接近真人。此外,它还更加节能。研制这款机器人的项目负责人称:我们已经实现了用 5 美分(约 0.32 元)的电让机器人行走 186076 步,而且没有跌倒。

图 2.22 "漫步者"机器人

2.2 机器人的运动控制

2.2.1 运动控制任务

在二维平面上运动的智能机器人主要有以下 3 种控制任务:姿态稳定控制、路径跟踪控制、轨迹跟踪控制。下面以 3 轮智能机器人为例说明这 3 种控制任务。

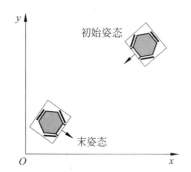

图 2.23 智能机器人姿态稳定控制示意图

1. 姿态稳定控制

如图 2.23 所示,从任意初始姿态 $\boldsymbol{\xi}=(x_0,y_0,\theta_0)^{\mathrm{T}}$ 自由运动到末姿态 $\boldsymbol{\xi}_f=(x_f,y_f,\theta_f)^{\mathrm{T}}$ 是智能机器人姿态控制的主要目标,其在运动过程中没有预定轨迹限制,也不考虑障碍的存在。

2. 路径跟踪控制

如图 2.24 所示,路径跟踪控制是控制机器人以恒定的前向速度跟踪给定的几何路径,并不存在时间约束条件。路径跟踪忽略了对运动时间的要求,而偏重对跟踪精度的要求。通过对路径跟踪的研究,可以验证部分针对机器人的运动控制算法,因而具有较好的理论研究价值。但因没有时间约束,而不易预测机器人在某一时刻的位置,所以相对于轨迹跟踪控制使用得较少。

3. 轨迹跟踪控制

如图 2.25 所示,相对于路径跟踪控制,轨迹跟踪控制要求在跟踪给定几何路径的公式中加入时间约束,即控制 3 轮全向智能机器人上的某一参考点跟踪一条连续的几何轨迹。一般地,用一个以时间为变量的参数方程表示跟踪的轨迹是普遍的做法。对于 3 轮全向智能机器人来说,可以用表达式(2.16)描述轨迹:

$$\zeta(t) = \left[x_d(t), y_d(t), \theta_d(t) \right], \quad t \in [0, T] \tag{2.16}$$

对于存在运动约束的双轮差动智能机器人来说,其轨迹跟踪中没有 $\theta_d(t)$ 这一项。

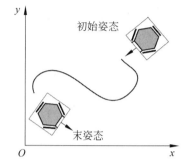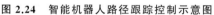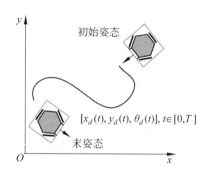

图 2.24 智能机器人路径跟踪控制示意图   图 2.25 智能机器人轨迹跟踪控制示意图

机器人运动时需要及时躲避这些可能的障碍物。对此,要求机器人可以事先规划出一条运动轨迹,从当前位置出发,让机器人跟踪这条轨迹,以躲避障碍物。因此,轨迹控制对于智能机器人运动控制来说是一项重要任务。

无论智能机器人采用何种移动机构,执行何种控制任务,其底层控制通常可以分为速度控制、位置控制以及航向角控制等几种基本模式,而运动控制的实现最终都将转化为电动机的控制问题。

2.2.2 速度控制

为简化问题的复杂性,通常不对机器人直接进行转矩控制,而将机器人近似看成恒转矩负载,则机器人的速度可以转化为带负载的直流电动机转速控制。机器人速度控制结构如图 2.26 所示。

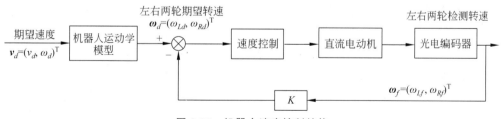

图 2.26 机器人速度控制结构

2.2.3 位置控制

机器人位置控制结构如图 2.27 所示。期望位置和感知位置之间的位置偏差通过位置控制器和一个位置前馈环节转化成速度给定信号,借助图 2.27 所示结构的速度内环,将位置控制问题转化成了电动机的转速控制问题,实现智能机器人的位置控制。

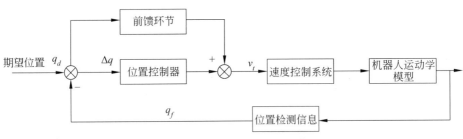

图 2.27　机器人位置控制结构

2.2.4　航向角控制

航向控制是路径跟踪的基础,其控制结构如图 2.28 所示。智能机器人的位置偏差和航向偏差最终都转化成转速偏差的控制。这就需要根据机器人的当前状态规划航向控制,航向控制借助两轮之间的位移差实现。

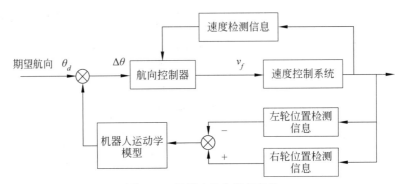

图 2.28　机器人航向控制结构

2.3　机器人的控制策略

常用的控制策略主要包括 PID 控制、自适应控制、变结构控制、神经网络控制、模糊控制等。

2.3.1　PID 控制

如图 2.29 所示,PID 控制的结构简单、易于实现,并具有较强的鲁棒性,被广泛应用于机器人控制及其他各种工业过程控制中。当被控对象的结构和参数不能完全掌握,或得不到精确的数学模型时,应用 PID 控制技术最方便,系统控制器的结构和参数可以依靠经验和现场调试来确定。PID 控制的参数整定是否合适,是其能否在实用中得到好的控制效果的前提。

PID 控制策略参数的整定就是选择 PID 算法中的 K_p、K_i、K_d 几个参数,使相应的计算机控制系统输出的动态响应满足某种性能要求。

参数的整定有两种可用方法:理论设计法和实验确定法。用理论设计法确定 PID 控制

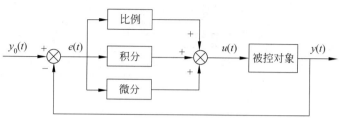

图 2.29 PID 控制结构

参数的前提是要有被控对象准确的数学模型,这在一般工业上很难做到。因此,用实验确定法来选择 PID 控制参数的方法便成为经常采用而行之有效的方法。它通过仿真和实际运行观察系统对典型输入作用的响应曲线,根据各控制参数对系统的影响反复调节实验,直到满意为止,从而确定 PID 参数。

2.3.2 自适应控制

从应用角度,自适应控制大体可以归纳为两类:模型参考自适应控制和自校正控制。如图 2.30 所示,模型参考自适应控制的基本思想是在控制器—控制对象组成的闭环回路外再建立一个由参考模型和自适应机构组成的附加调节回路。参考模型的输出(状态)就是系统的理想输出(状态)。

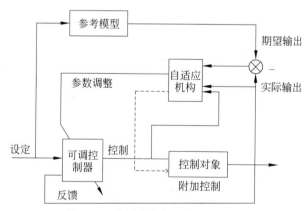

图 2.30 模型参考自适应控制结构

当运行过程中对象的参数或特性变化时,误差进入自适应机构,经过由自适应规律所决定的运算产生适当的调整作用,改变控制器的参数,或者产生等效的附加控制作用,力图使实际输出与参考模型输出一致。

2.3.3 变结构控制

变结构控制本质上是一类特殊的非线性控制,其非线性表现为控制的不连续性,如图 2.31所示。这种控制策略与其他控制的不同之处在于系统的"结构"并不固定,而是可以在动态过程中,根据系统当时的状态(如偏差及各阶导数等),以跃变的方式、有目的地不断变化,迫使系统按预定的"滑动模态"状态轨迹运动。它在非线性控制和数控机床、机器人等伺服系统以及电动机转速控制等领域获得了许多成功的应用。

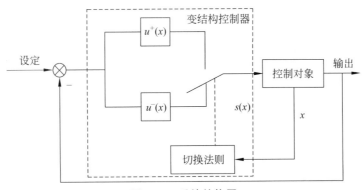

图 2.31　系统结构图

2.3.4　神经网络控制

由于固有的任意非线性函数逼近优势,人工神经网络广泛应用于各种非线性工程领域。神经网络控制即是其中一个重要方面,这是由于其非线性映射能力、实时处理能力和容错能力使然。在神经网络控制应用领域,目前应用得较多的神经网络结构为多层前向网络和径向基函数网络。其中,多层前向网络中的典型代表为反向传播(back propagation,BP)神经网络,其结构优化了传统方法在处理复杂问题时的局限性。BP 神经网络结构如图 2.32 所示。

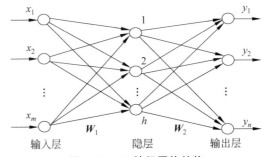

图 2.32　BP 神经网络结构

为简单起见,该网络模型表示为单隐层。假设多层神经网络由 m 个输入层节点、h 个隐层节点、n 个输出层节点组成。输入层与隐层的权值矩阵为 $\boldsymbol{W}_1$,隐层和输出层的权值矩阵为 $\boldsymbol{W}_2$。隐层与输出层的阈值水平分别是 B_1 和 B_2。那么神经网络输出与输入的向量映射关系可表示如下:

$$Y = F_2(\boldsymbol{W}_2 \times F_1(\boldsymbol{W}_1 \times X + B_1) + B_2) \tag{2.17}$$

这里,F_1 表示隐层非线性转移函数,F_2 表示输出层非线性转移函数。显然,神经网络隐含的知识便分布于网络的权重 $\boldsymbol{W}_1$ 与 $\boldsymbol{W}_2$ 中。神经网络为完成某项工作,必须经过训练。它利用对象的输入输出数据对,经过误差校正反馈调整网络权值和阈值,从而得到输出与输入的对应关系。误差校正反馈的目标函数通常是基于最小均方误差的,即 $E = \dfrac{1}{2}\sum\limits_{p=1}^{N}(\boldsymbol{D}_p - \boldsymbol{Y}_p)^2$。BP 算法按照误差函数的负梯度方向来修改权参数 $\boldsymbol{W}_1$ 与 $\boldsymbol{W}_2$。

神经网络控制常用的基本策略如下。

1. 神经网络监督控制

神经网络对其他控制器进行学习,然后逐渐取代原有控制器的方法,称为神经网络监督控制。神经网络学习一组含系统操作策略的训练样本,掌握从传感器输入执行器控制行为间的映射关系。

神经网络监督控制的结构如图 2.33 所示。神经网络控制器建立的是被控对象的逆模型,实际上是一个前馈控制器。神经网络控制器通过对原有控制器的输出进行学习,在线调整网络的权值,使反馈控制输入 $u_p(t)$ 趋近于 0,从而使神经网络控制器逐渐在控制作用中占据主导地位,最终取消反馈控制器的作用。一旦系统出现干扰,反馈控制器重新起作用。因此,这种前馈加反馈的监督控制方法不仅可以确保控制系统的稳定性和鲁棒性,而且可以有效地提高系统的精度和自适应能力。

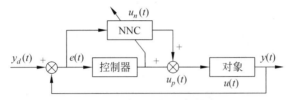

图 2.33　神经网络监督控制

2. 神经网络直接逆控制

神经网络直接逆控制就是将被控对象的神经网络逆模型直接与被控对象串联起来,以便使期望输出(即网络输入)与对象实际输出之间的传递函数等于 1,从而在将此网络作为前馈控制器后,使被控对象的输出为期望输出。

该方法的可用性在相当程度上取决于逆模型的准确程度。由于缺乏反馈,简单连接的直接逆控制将缺乏鲁棒性。因此,一般应使其具有在线学习能力,即逆模型的连接权必须能够在线修正。

图 2.34 给出了神经网络直接逆控制的两种结构方案。在图 2.34(a)中,NN1 和 NN2 具有完全相同的网络结构(逆模型),并且采用相同的学习算法,分别实现对象的逆。在图 2.34(b)中,神经网络 NN 通过评价函数进行学习,实现对象的逆控制。

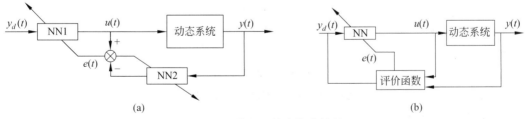

(a)　　　　　　　　　　　　　　　　　　(b)

图 2.34　神经网络直接逆控制

3. 神经网络自适应控制

神经网络自适应控制主要是利用神经网络作为自适应控制中的参考模型。从应用角度看,自适应控制大体可以归纳成两类:模型参考自适应控制和自校正控制。

2.3.5 模糊控制

1. 基本模糊控制

模糊控制的核心部分是模糊控制器,基本结构如图 2.35 所示,主要包括输入量的模糊化、模糊推理和逆模糊化(或称模糊判决)3 部分。

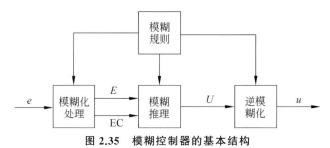

图 2.35 模糊控制器的基本结构

模糊控制器的实现可由模糊控制通用芯片实现,或由计算机(或微处理机)的程序实现,用计算机实现的具体过程如下。

(1)求系统给定值与反馈值的误差 e:计算机通过采样获得系统被控量的精确值,然后将其与给定的值比较,得到系统的误差。

(2)计算误差变化率:$\dot{e}$ 即 $\dfrac{\mathrm{d}e}{\mathrm{d}t}$。这里,对误差求微分,指的是在一个 A/D 采样周期内求误差的变化。

(3)输入量的模糊化。由前边得到的误差及误差变化率都是精确值,那么,必须将其模糊化变成模糊量 E、EC。同时,把语言变量 E、EC 的语言值化为某适当论域上的模糊子集(如"大""小""快""慢"等)。

(4)控制规则。它是模糊控制器的核心,是专家的知识或现场操作人员经验的一种体现,即控制中需要的策略。控制规则的条数可能有很多,那么需要求出总的控制规则 R,作为模糊推理的依据。

(5)模糊推理。输入量模糊化后的语言变量 E、EC(具有一定的语言值)作为模糊推理部分的输入,再由 E、EC 和总的控制规则 R,根据推理合成规则进行模糊推理,得到模糊控制量 U 为

$$U = (E \times EC)^{T_1} \times R \tag{2.18}$$

(6)反模糊化。为了对被控对象施加精确地控制,必须将模糊控制量转化为精确量 u,即反模糊化。

(7)计算机执行完步骤(1)~步骤(6)后,即完成了对被控对象的第一步控制,然后等到下一次 A/D 采样,再进行第二步控制。这样循环下去,就完成了对被控对象的控制。

2. 模糊 PID 控制

根据模糊数学的理论和方法,将操作人员的调整经验和技术知识总结成为 IF(条件)、THEN(结果)形式的模糊规则,并把这些模糊规则及相关信息(如初始的 PID 参数)存入计算机中。在 PID 参数预整定的基础上,根据检测回路的响应情况计算出采样时刻的偏差 e 及偏差的变化率 $\dot{e}$,输入控制器,运用模糊推理,得出 PID 控制器的 3 个修正参数 Δk_p、Δk_i、

Δk_d,再加上预整定的参数 Δk_{p0}、Δk_{i0}、Δk_{d0},即可得到该时刻的 k_p、k_i、k_d,实现对 PID 的最佳调整,如图 2.36 所示。

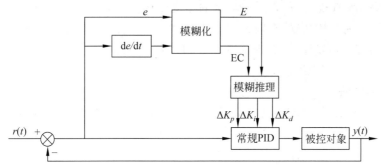

图 2.36　模糊 PID 的结构原理图

2.4　机器人的驱动技术

智能机器人的驱动系统包括执行器的驱动系统和机器人本体的驱动系统。执行器的驱动系统相当于人的肌肉,通过移动或转动连杆来控制机器人执行机构的动作状态,以完成不同的任务。

智能机器人的驱动系统主要采用以下几种驱动器:电动机(包括伺服电动机、步进电动机、直接驱动电动机),液压驱动器,气动驱动器,形状记忆金属驱动器,磁性伸缩驱动器。其中,电动机尤其是伺服电动机是最常用的机器人驱动器。

水下机器鱼一般采用直流电动机作为驱动源,带动曲柄机构产生拍动的动作来推动机器鱼前行。类人机器人一般采用永磁式直流伺服电动机驱动手部、腰部及腿部关节的运动。常见的轮式智能机器人也采用直流伺服电动机来驱动。

机器人驱动系统中的电动机不同于一般的电动机,它具有下列特点及要求。

(1) 可控性。驱动电动机是将控制信号转变为机械运动的元件,可控性非常重要。

(2) 高精度。要精确地使机械运动满足系统的要求,必须要求电动机具有高精度。

(3) 可靠性。电动机的可靠性关系到整个机器人的可靠性。

(4) 快速性。在有些系统中,控制指令经常变化,有些变化非常迅速,所以要求电动机能作出快速响应。

(5) 环境适应性。驱动电动机要有良好的环境适应性,往往比一般电动机的环境要求高许多。

2.4.1　直流伺服电动机

从结构上讲,目前的直流伺服电动机就是小功率的直流电动机。尽管近年来直流电动机不断受到交流电动机及其他电动机的挑战,但是直流有刷电动机的功率密度大,尺寸小,控制相对简单,不需要交流电,因此目前仍被大量使用于智能机器人等场合。

1. 特点

直流伺服电动机的优点如下。

（1）具有较大的转矩，以克服传动装置的摩擦转矩和荷载转矩。

（2）调速范围宽，且运行速度平稳。

（3）具有快速响应能力，可以适应复杂的速度变化。

（4）电动机的荷载特性硬，有较大的过载能力，确保运行速度不受荷载冲击的影响。

直流电动机存在电刷摩擦、换向火花等不利因素，但目前制造的直流电动机能够满足多数机器人应用领域的可靠性要求。

2. 转速控制方法

直流有刷电动机的转速与电压成正比，转矩与电流成正比。对于同一台直流有刷电动机，电压、转速和转矩这三者之间的关系如图 2.37 所示。其中 $V_1 \sim V_5$ 代表 5 个不同的电压，V_1 最低，V_5 最高。可以看到，在相同的电压下，速度越低，转矩越大；在相同的转矩下，电压越高，速度越大；在相同的速度下，电压越高，转矩越大。

直流电动机的转速控制方法可以分为调节励磁磁通的励磁控制方法和调节电枢电压的电枢控制方法两类。

（1）励磁控制方法低速时受磁极饱和的限制，高速时受换向火花和换向器结构强度的限制，并且励磁线圈电感较大，动态响应较差，所以这种控制方式用得较少。

（2）大多数应用场合都使用电枢控制方法。而在对直流电动机电枢电压的控制和驱动中，对半导体器件的使用又可分为线性放大驱动和开关驱动两种方式。

线性放大驱动方式是使半导体功率器件工作在线性区。这种方式的优点是控制原理简单，输出波动小，线性好，对邻近电路干扰小。但是，功率器件在线性区工作时产生热量，会消耗大部分电功率，效率和散热问题严重。因此，这种工作方式只适合于微小功率直流电动机的驱动。

绝大多数直流电动机采用开关驱动方式，使半导体器件工作在开关状态，通过脉宽调制（PWM）来控制电动机电枢电压，实现调速。这种控制方式很容易采用微控制器来实现。

3. 参数与选用

图 2.38 所示的 Faulhaber 2342 12CR 直流电动机（带行星齿轮减速器）的参数如表 2.2 所示。

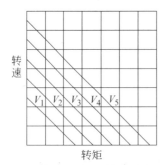

图 2.37 电压、转速与转矩三者关系

图 2.38 直流电动机实物图

选用直流电动机时，可根据上述参数考虑，需要注意的问题有以下几方面。

（1）一般考虑工作转矩的大小，良好的转矩意味着加速性能好。

（2）尽量确保每个电动机的停转转矩>机器人的质量×轮子半径。

表 2.2　直流电动机参数

项　　目	数　　据	说　　明
额定电压	12V(DC)	
额定电流	1.5A	工作在 12V
标称功率	17W	工作在 12V
减速器行	带行星齿轮减速器	减速比 63∶1
空载输出转速	120r/m	工作在 12V
空载电流	0.15A	工作在 12V
质量	140g	
尺寸	D32mm,L70mm	最大尺寸

（3）工作电流,该值乘以额定电压就得到电动机运行的平均功率。电动机长时间运转,或在高出额定电压时运行,应给电动机加上散热槽,避免线圈熔化。

（4）电动机失效电压。

2.4.2　交流伺服电动机

交流伺服电动机本质上是一种两相异步电动机。其控制方法主要有 3 种:幅值控制、相位控制和幅相控制。这种电动机的优点是结构简单、成本低、无电刷和换向器;缺点是易产生自转现象,特性非线性且较软,效率较低。

交流电动机,特别是鼠笼式感应电动机,转子惯量较直流电动机小,使得动态响应更好。在同样的体积下,交流电动机的输出功率可比直流电动机提高 10%～70%。此外,交流电动机的容量可比直流电动机造得大,达到更高的电压和转速。现代数控机床都倾向采用交流伺服驱动。在工业领域,交流伺服驱动已有取代直流伺服驱动之势。

2.4.3　无刷直流电动机

无刷直流电动机是在有刷直流电动机的基础上发展来的,其驱动电流是不折不扣的交流。无刷直流电动机又可以分为无刷速率电动机和无刷力矩电动机。一般地,无刷电动机的驱动电流有两种,一种是梯形波(一般是方波),另一种是正弦波。有时将前一种电动机叫作直流无刷电动机,后一种叫作交流伺服电动机,确切地讲是交流伺服电动机的一种。

为了减少转动惯量,无刷直流电动机通常采用“细长”的结构。其在质量和体积上要比有刷直流电动机小得多,相应的转动惯量可以减少 40%～50%。由于永磁材料的加工问题,无刷直流电动机一般的容量都在 100kW 以下。这种电动机的机械特性和调节特性的线性度好,调速范围广,寿命长,维护方便,噪声小,不存在因电刷而引起的一系列问题。

无刷直流电动机利用电子换向器代替了机械电刷和机械换向器。因此,这种电动机不仅保留了直流电动机的优点,又具有交流电动机的结构简单、运行可靠、维护方便等优点,一经出现就以极快的速度发展和普及。但是,由于电子换向器较为复杂,通常尺寸也较机械式换向器大,加上控制较为复杂(通常无法做到一通电就工作),因此在要求功率大、体积小、结

构简单的场合,无刷直流电动机还是无法取代有刷电动机。

图 2.39 给出了市场上容易买到的、常用于制作机器人的无刷直流电动机。

(a) 航模用无刷电动机   (b) MAXON Motor

图 2.39　无刷直流电动机实物图

图 2.39(a)是一种航模常用的无刷电动机。其体积小,质量轻,功率很大。直径 30mm 的外转子无刷电动机的功率可以达到 $300\sim400\mathrm{W}$。但是这些电动机的转速很高,通常在 10000r/m 以上,如果荷载太大,转速太低,非常容易烧毁。因此它适合用来驱动风扇、气垫船等设备。

图 2.39(b)是 MAXON Motor(简称 MAXON)生产的高性能、高质量的空心杯无刷电动机以及完整系列配套的减速机、编码器和无刷伺服驱动器。高性能、高质量的空心杯无刷电动机价格较贵,适合用在机器人的关键部位。MAXON Motor 是全球范围内高精密电动机和驱动系统的产品供应商,1961 年创立于瑞士。此外,Faulhaber 公司生产的无刷电动机可提供媲美 MAXON 电动机的性能和价格。Faulhaber 集团是空心杯电动机的发明者,也是世界最大的空心杯电动机供应商。

2.4.4　直线电动机

普通的电动机产生的运动都是旋转。如果需要得到直线运动,就必须通过丝杠螺母机构或者齿轮齿条机构把旋转运动转变为直线运动。这样显然增加了复杂性,增加了成本,降低了运动的精度。直线电动机是一种特殊的无刷电动机,可以理解为将无刷电动机沿轴线展开,铺平;定子上的绕组被平铺在一条直线上,而永久磁钢制成的转子放在这些绕组的上方。

给这些排成一列的绕组按照特定的顺序通电,磁钢就会受到磁力吸引而运动。控制通电的顺序和规律,就可以使磁钢做直线运动。

2.4.5　空心杯直流电动机

空心杯直流电动机属于直流永磁电动机,与普通有刷、无刷直流电动机的主要区别是采用无铁芯转子,也叫空心杯型转子。该转子是直接采用导线绕制成的,没有任何其他的结构支撑这些绕线,绕线本身做成杯状,就构成了转子的结构。

空心杯电动机具有以下优势。

(1) 由于没有铁芯,极大地降低了铁损(电涡流效应造成的铁芯内感应电流和发热产生的损耗)。它具有最大的能量转换效率(衡量其节能特性的指标):效率一般在 70% 以上,部分产品可达到 90% 以上(普通铁芯电动机的效率为 15%～50%)。

（2）激活、制动迅速，响应极快：机械时间常数小于 28ms，部分产品可以达到 10ms 以内，在推荐运行区域内的高速运转状态下，转速调节灵敏。

（3）可靠的运行稳定性：自适应能力强，自身转速波动能控制在 2% 以内。

（4）电磁干扰少：采用高品质的电刷、换向器结构，换向火花小，可以免去附加的抗干扰装置。

（5）能量密度大：与同等功率的铁芯电动机相比，质量、体积减轻 $1/3\sim1/2$；转速—电压、转速—转矩、转矩—电流等对应参数都呈现标准的线性关系。

空心杯技术是一种转子的工艺和绕线技术，因此可以用于直流有刷电动机和无刷电动机。

2.4.6　步进电动机驱动系统

步进电动机是将电脉冲信号变换为相应的角位移或直线位移的元件，其角位移和线位移量与脉冲数成正比。转速或线速度与脉冲频率成正比。

步进电动机的最大特点就是可以直接接受计算机的方向和速度的控制，控制信号简单，便于数字化，而且具有调速方便、定位准确、抗干扰能力强、误差不长期累积等优点。

采用步进电动机作为智能机器人的动力驱动可以充分发挥其数字化控制精确的优势，通过记录脉冲数可以计算和控制机器人的行走距离和转弯角度，精确地对路径进行设计和跟踪，并依靠各种传感器信息对运行进行实时修正。

对于步进电动机的速度控制，理论上虽然是一个脉冲信号转动一个步距角度，但由于转动惯量、负载转矩和矩频特性等因素的存在，电动机的起动、停机和调速并不能一步完成。

在负载能力允许的范围内，这些关系不因电源电压、负载大小、环境条件的波动而变化，误差不长期积累。步进电动机驱动系统可以在一定的范围内，通过改变脉冲频率来调速，实现快速启动、正反转制动。它是一种开环数字控制系统，在小型机器人中得到较广泛的应用。但由于其存在过载能力差、调速范围相对较小、低速运动有脉动、不平衡等缺点，一般只应用于小型或简易型机器人中。

从废旧的喷墨打印机、针式打印机上，通常能拆下多个步进电动机。这类电动机功率通常为 $0.3\sim2W$，多数还带有涡轮蜗杆减速器或丝杠螺母传动装置，适合制作小型机器人。拆卸旧式的 3.5 寸、5 寸软盘驱动器，也可以获得小型的步进电动机。

2.4.7　舵机

舵机，顾名思义是控制舵面的电动机。舵机最早是作为遥控模型控制舵面、油门等机构的动力来源，但是由于舵机具有很多优秀的特性，制作机器人时也时常能看到它的应用。

1. 舵机的结构

一般来讲，舵机主要由以下几部分组成：舵盘、减速齿轮组、位置反馈电位计、直流电动机、控制电路板等（图 2.40）。

2. 舵机的原理

舵机的原理跟伺服电动机很相似，控制电路板根据控制信号解释出目标位置信息，再根据电位器输出的电压值解释出电动机当前的位置。如果两个位置不一致，则控制电动机转

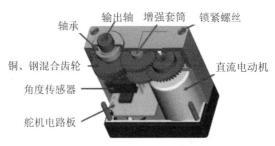

图 2.40　舵机结构图

动,电动机带动一系列齿轮组,减速后传动至输出舵盘。而舵盘和位置反馈电位计是相连的,舵盘转动的同时带动位置反馈电位计,电位计输出的电压信号也随之改变,这样控制板就知道现在的转角。然后根据目标位置决定电动机的转动方向和速度,从而达到目标停止。

3. 舵机的控制

给控制引脚提供一定的脉宽(TTL 电平,0V/5V),它的输出轴就会保持在一个相对应的角度上,无论外界转矩怎样改变,直到给它提供一个另外宽度的脉冲信号,它才会改变输出角度到新的对应位置上。

可见,舵机是一种位置伺服的驱动器,转动范围一般不能超过 180°,适用于那些需要角度不断变化并可以保持的驱动。比如机器人的关节、飞机的舵面等。不过也有一些特殊的舵机,转动范围可达到 5 周之多,主要用于模型帆船的收帆,俗称帆舵。

实际上,舵机的控制电路处理的并不是脉冲的宽度,而是其占空比,即高低电平之比。以周期 20ms、高电平时间 2.5ms 为例,实际上,如果给出周期 10ms、高电平时间 1.25ms 的信号,对大部分舵机也可以达到一样的控制效果。但是周期不能太小,否则舵机内部的处理电路可能紊乱;周期也不能太长,如果控制周期超过 40ms,舵机就会反应缓慢,并且在承受扭矩的时候会抖动,影响控制品质。

2.5　机器人的电源技术

当前,任何电池和电动机系统都很难达到内燃机的能量密度及续航时间。通常,一台长、宽、高尺寸在 0.5m 左右、重 30～50kg 的机器人,总功耗为 50～200W(用于室外复杂地形的机器人可达到 200～400W),而 200W·h 的电池质量可达 3～5kg。因此,在没有任何电源管理技术的情况下,要维持机器人连续 3～5h 运行,就需要 600～1000W·h 的电池,重达 10～25kg。

2.5.1　机器人的常见电源类型

1. 免维护蓄电池

免维护蓄电池的工作原理与普通铅蓄电池相同。放电时,正极板上的二氧化铅和负极板上的海绵状铅与电解液内的硫酸反应生成硫酸铅和水,硫酸铅则沉淀在正负极板上,而水则留在电解液内;充电时,正负极板上的硫酸铅又分别还原为二氧化铅和海绵状铅。

因此理论上讲,免维护蓄电池即使被过充电,其电解液中的水也不会散失。相对于传统的铅酸蓄电池，免维护蓄电池具有自放电量小、失水量小、启动性能好、使用寿命和储存寿命长等特点。

2. 镍镉/镍氢动力电池

镍镉电池是最早应用于手机、笔记本计算机等设备的电池种类，具有良好的大电流放电特性、耐过充放电能力强、维护简单等优势。但其最致命的缺点是，如果在充放电过程中处理不当，会出现严重的"记忆效应"，使得电池容量和使用寿命大幅缩短。

镍氢电池是早期的镍镉电池的替代产品，不再使用有毒的镉，可以消除重金属元素对环境的污染问题。镍氢电池较耐过充电和过放电，具有比较高的能量，是镍镉电池能量的 1.5 倍，循环寿命也比镍镉电池长，通常可达 600～800 次。但镍氢电池的大电流放电能力不如铅酸蓄电池和镍镉电池，通常能达到 5～6C，尤其是电池组串联较多，例如 20 个电池单元串联，其放电能力被限制在 2～3C。C 是以电池标称容量对照电流的一种表示方法，如电池是 1000mA·h 的容量，1C 就是电流 1000mA。

3. 锂离子电池

锂离子电池因为重量轻、容量大、无记忆效应，而且拥有非常低的自放电率、低维护性和相对短的充电时间，已被广泛应用在数码娱乐产品、通信产品等领域。

1）锂离子电池的优点

常见的锂离子电池主要是锂—亚硫酸氯电池。此系列电池具有以下优点。

（1）放电平坦。例如，单元标称电压达 3.6～3.7V，其在常温中以等电流密度放电时，放电曲线极为平坦，整个放电过程中电压平稳。

（2）在 −40℃ 的情况下，这类电池的电容量还可以维持在常温容量的 50% 左右，远超过镍氢电池。因此其具有极为优良的低温操作性能。

（3）再加上其年自放电率约为 2%，所以一次充电后贮存寿命可长达 10 年以上。

2）锂离子电池的缺点

锂离子电池价格较高，且需要配备保护电路，因此相同能量的锂离子电池的价格是免维护铅酸蓄电池的 10 倍以上。相对于铅酸蓄电池、镍氢电池等具备较强的抗过充、过放电能力的电池，锂离子电池的充电和放电必须小心。

锂离子电池一些其他影响使用寿命和安全性的因素如下。

（1）锂离子电池单元具有严格的放电底限电压，通常为 2.5V。如果低于此电压继续放电，将严重影响电池的容量，甚至对电池造成不可恢复的损坏。

（2）电池单元的充电截止电压必须限制在 4.2V 左右。如果过充，锂离子电池将会过热、漏气甚至发生猛烈的爆炸。因此，使用锂离子电池组时，必须配备专门的过充电、过放电保护电路。

3）锂聚合物电池

锂聚合物电池的本质是锂离子电池，但是在电解质、电极板等主要构造中至少有一项或一项以上使用高分子材料的电池系统。

新一代聚合物锂离子电池在聚合物化的程度上已经很高，所以可以做到很薄（最薄 0.5mm）、任意面积化和任意形状化，大幅提高了电池造型设计的灵活性，从而可以配合产品需求做成任意形状与容量的电池。同时，聚合物锂离子电池的单位能量比目前一般的锂离

子电池提高了 50% ,其容量、充放电特性、安全性、工作温度范围、循环寿命与环保性能等都较锂离子电池有大幅度的提高。

4. 石墨烯电池

石墨烯电池的原理是利用锂离子在石墨烯表面和电极之间快速大量穿梭运动的特性,利用环境热量实现自行充电,使用寿命较长,是传统氢化电池的 4 倍、锂电池的 2 倍,且因石墨烯的特性,此电池的重量仅为传统电池的一半。

5. 刀片电池

刀片电池即长度大于 0.6m 的大电芯,通过阵列的方式排布在一起,就像"刀片"一样插入电池包里。该电池一方面可提高动力电池包的空间利用率、增加能量密度;另一方面能够保证电芯具有足够大的散热面积,可将内部的热量传导至外部,从而匹配较高的能量密度。刀片电池的革新技术在于可实现无模组,直接集成为电池包(即 CTP 技术),从而大幅提升集成效率。

2.5.2 常见电池特性比较

因此,对机器人电源的选用通常有如下考虑。

(1)除一些管道机器人、水下机器人,智能机器人通常不能采取线缆供电的方式,必须采用电池或内燃机供电。

(2)相对于汽车等应用,智能机器人要求电池体积小、重量轻、能量密度大。电池容量决定了机器人的工作时间和续航能力,电池尺寸和质量在一定程度上决定了机器人本体的尺寸和质量。

(3)在各种震动、冲击条件下,智能机器人要求电池应接近或者达到汽车电池的安全性、可靠性。

针对智能机器人所需的电源特性,总结以上所列的各种电池特性的优缺点,如表 2.3 所示。

表 2.3　电池参数

内　容	电池名称						
	铅酸蓄电池	镍镉电池	镍氢电池	锂离子电池	锂聚合物电池	石墨烯电池	刀片电池
能量/ $(W \cdot h/kg)$	30～50	35～40	60～80	90～110	～130	～600	60000～70000
密度	差	差	一般	较好	非常好	非常好	非常好
大电流放电能力	非常好	非常好	较好	较好	较好	较好	较好
可维护性	非常好	较好	好	一般	较好	较好	较好
放电曲线性能	好	好	一般	非常好	较好	较好	较好

续表

内 容	电 池 名 称						
	铅酸蓄电池	镍镉电池	镍氢电池	锂离子电池	锂聚合物电池	石墨烯电池	刀片电池
循环寿命/次	400～600	300～500	800～1000	500～600	500～600	1000～1200	超 3000
安全性	非常好	较好	较好	一般	较好	较好	非常好
价格	低	低	较低	高	高	高	高
记忆效应	轻微	严重	较轻	轻微	轻微	轻微	较轻

第3章 智能机器人的感知系统

智能机器人的感知系统相当于人的五官和神经系统，是机器人获取外部环境信息及进行内部反馈控制的工具。感知系统将机器人各种内部状态信息和环境信息从信号转变为机器人自身或机器人之间能够理解和应用的数据、信息甚至知识，它与机器人控制系统和决策系统组成机器人的核心。环境感知是智能机器人最基本的一种能力，感知能力的高低决定了一个智能机器人的智能性。

3.1 感知系统体系结构

机器人感知系统本质是一个传感器系统。机器人感知系统的构建包括系统需求分析、环境建模、传感器的选择等。

人、机器人与在环境中的感知行为都可以按照复杂度分为以下几个等级。

(1) 反射式感知。反射式感知根据当前传感器的激励而直接引导执行器的本能响应，如人体的膝跳反射、智能机器人的简单避障行为；反射式感知不需要知识记忆。

(2) 信息融合感知。需要短期的知识记忆来综合传感器的信息，以得到外界复杂环境的局部印象。

(3) 可学习感知。能够从当前信息与历史信息中提取知识，更新对环境的认知。

(4) 自主认知。不仅仅依赖传感器的刺激和历史经验，也依赖于当前执行的任务与追求的目标；能够根据当前的任务，采用柔性的行为实施复杂的认知行动。例如，蜜蜂可以通过舞蹈来表达食物所处的方位。

可见，环境感知的更高层次是能够进行空间知识的语言描述与语言交流，感知功能模块的灵活组合以及合理的传感响应体系是实现认知行为的功能平台。

机器人感知系统的研究也逐步从片面的、离散的、被动的感知层次上升到全局的、关联的、主动的认知层次上。

3.1.1 感知系统的组成

要使机器人拥有智能，并对环境变化做出反应。首先，必须使机器人具有感知环境的能力，用传感器采集信息，是机器人智能化的第一步；其次，采取适当的方法，将多个传感器获取的环境信息加以综合处理，控制机器人进行智能作业，则是提高机器人智能程度的重要体现。

图 3.1 给出了智能机器人的传感器分布。传感器为机器人智能作业提供决策依据,是机器人的重要组成部分。

图 3.1　感知系统的组成

1. 视觉

视觉是获取信息最直观的方式,人类 75% 以上的信息都来自视觉。同样,视觉系统是机器人感知系统的重要组成部分之一。视觉一般包括 3 个过程:图像获取、图像处理和图像理解。

2. 触觉

机器人触觉传感系统不可能实现人体全部的触觉功能。机器人触觉的研究集中在扩展机器人能力所必需的触觉功能上。一般地,把检测感知和外部直接接触而产生的接触、压力、滑觉的传感器称为机器人触觉传感器。

机器人力觉传感器用来检测机器人自身力与外部环境力之间的相互作用力。就安装部位来讲,可以分为关节力传感器、腕力传感器和指力传感器。

3. 听觉

听觉是仅次于视觉的重要感觉通道,在人的生活中起重要作用。机器人拥有听觉,使得机器人能够与人进行自然的人机对话,听从人的指挥。达到这一目标的决定性技术是语音技术,它包括语音识别和合成技术两方面。

4. 嗅觉

气味是物质的外部特征之一。机器人嗅觉系统通常由交叉敏感的化学传感器阵列和适当的模式识别算法组成,可用于检测、分析和鉴别各种气味。

5. 味觉

海洋资源勘探机器人、食品分析机器人、烹调机器人等需要用味觉传感器进行液体成分的分析。

6. 接近觉

接近觉传感器介于触觉传感器和视觉传感器之间,不仅可以测量距离和方位,而且可以融合视觉和触觉传感器的信息。接近觉传感器可以辅助视觉系统的功能,判断对象物体的方位和外形,同时识别其表面形状。因此,准确抓取部件,对机器人接近觉传感器的精度要

求较高。

表 3.1 为按照功能对传感器进行的总结分类。

表 3.1 按照功能对传感器进行的总结分类

功　能	传 感 器	方　式
接触的有无	接触传感器	单点型、分布型
力的法线分量	压觉传感器	单点型、高密度集成型、分布型
剪切力接触状态变化	滑觉传感器	点接触型、线接触型、面接触型
力、力矩、力和力矩	力觉传感器、力矩传感器、力和力矩传感器	模块型、单元型
近距离的接近程度	接近觉传感器	空气式、电磁场式、电气式、光学式、声波式
距离	距离传感器	光学式(反射光量、反射时间、相位信息)、声波式(反射音量、反射时间)
倾斜角、旋转角、摆动角、摆动幅度	角度传感器(平衡觉)	旋转型、振子型、振动型
方向(合成加速度、作用力的方向)	方向传感器	万向节型、球内转动球型
姿势	姿势传感器	机械陀螺仪、光学陀螺仪、气体陀螺仪
特定物体的建模、轮廓形状的识别	视觉传感器(主动视觉)	光学式(照射光的形状为点、线、圆、螺旋线等)
作业环境识别、异常的检测	视觉传感器(被动式)	光学式、声波式

3.1.2 感知系统的分布

1. 内传感器与外传感器

1) 内传感器

内传感器通常用来确定机器人在其自身坐标系内的姿态位置,是完成智能机器人运动所必需的传感器。表 3.2 为内传感器按照检测内容的分类。

表 3.2 内传感器按照检测内容的分类

检 测 内 容	传感器的方式和种类
倾斜(平衡)	静电容式、导电式、铅垂振子式、浮动磁铁式、滚动球式
方位	陀螺仪式、地磁铁式、浮动磁铁式
温度	热敏电阻、热电偶、光纤式
接触或滑动	机械式、导电橡胶式、滚子式、探针式
特定的位置或角度	限位开关、微动开关、接触式开关、光电开关
任意位置或角度	板弹簧式、电位计、直线编码器、旋转编码器
速度	陀螺仪
角速度	内置微分电路的编码器
加速度	应变仪式、伺服式
角加速度	压电式、振动式、光相位差式

2）外传感器

外传感器用于机器人本身相对其周围环境的定位，负责检测距离、接近程度和接触程度之类的变量，便于机器人的引导及物体的识别和处理。按照机器人作业的内容，外传感器通常安装在机器人的头部、肩部、腕部、臀部、腿部、足部等。

2. 多传感器信息融合

多传感器信息融合技术，是通过对这些传感器及其观测信息的合理支配和使用，把多个传感器在时间和空间上的冗余或互补信息依据某种准则进行组合，以获取被观测对象的一致性解释或描述。

为获取较好的感知效果，智能机器人的多传感器有着不同的分布形式。

（1）水平静态连接：传感器分布在同一水平面的装配方式。一般用于多个同一类型传感器互相配合的场合，传感器具有零自由度。

（2）非水平静态连接：传感器不在同一水平面上分布。多种不同类型、不同特点的传感器常常采用这种方式，传感器具有零自由度。

（3）水平动态连接：传感器分布在同一个水平面，且至少具有一个自由度。一般用于多个同一类型传感器互相配合的场合。

（4）非水平动态连接：传感器不在同一水平面分布，且至少具有一个自由度。多种不同类型、不同特点的传感器常常采用这种方式。

（5）动态与静态混合连接：多个传感器既有静态连接又存在动态连接，是动静结合的连接方式。

3. 无线传感器网络

无线传感器网络（wireless sensor network，WSN）是由部署在监测区域内大量的廉价微型传感器节点组成，通过无线通信方式形成的一个多跳的、自组织的网络系统。无线传感器网络显著地扩展了智能机器人的感知空间，提高了智能机器人的感知能力，为智能机器人的智能开发、机器人间的合作与协调，以及机器人应用范围的拓展提供了可能性。

另外，由于智能机器人具有机动灵活和自治能力强等优点，将其作为无线传感器网络的节点，可以方便地改变无线传感器网络的拓扑结构，改善网络的动态性能。因此，无线传感器网络和机器人技术相结合可以有效地改善和提高系统的整体性能，是智能机器人与传感器网络发展的必然趋势。

3.2　距离/位置测量

机器人测距系统主要实现如下功能。

（1）实时地检测自身所处空间的位置，进行自定位。

（2）实时地检测障碍物的距离和方向，为行动决策提供依据。

（3）检测目标姿态以及进行简单形体的识别，用于导航及目标跟踪。

如图 3.2 所示，非接触测定空间距离的方法大体可以按以下几种角度分类。

（1）根据测量的介质，可以分为超声波传感器和激光或红外线等光学距离传感器。

（2）根据测量方式，可以分为主动型（向被测对象物体主动照射超声波或光线）和被动

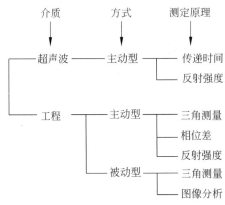

图 3.2　传感器的分类

型(不向对象物体照射光线,仅依据发自对象物体的光线)。主动型依据的测量原理有 3 类:基于三角测量原理的方法、调制光相位差的方法、基于反射光强度的方法。被动型依据的测量原理有两类:基于多个摄像机的立体视觉三角测量法、基于单个摄像机获得的单张图像加以分析,得到距离信息的方法。

3.2.1　声呐测距

由于测距声呐信息处理简单,速度快,价格低,被广泛用作智能机器人的测距传感器,以实现避障、定位、环境建模和导航等功能。

1. 基本原理

超声波是频率高于 20kHz 的声波,它方向性好,穿透能力强,易于获得较集中的声能。脉冲回波法通过测量超声波经反射到达接收传感器的时间和发射时间之差来实现机器人与障碍物之间的测距,也叫渡越时间法。该方法简单实用,应用广泛,其原理如图 3.3 所示。

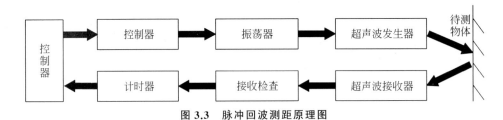

图 3.3　脉冲回波测距原理图

发射传感器向空气中发射超声波脉冲,声波脉冲遇到被测物体反射回来,由接收传感器检测回波信号。若测出第一个回波达到的时间与发射脉冲间的时间差为 t,即可算得传感器与反射点间的距离 s,即

$$s = \frac{c}{2}t \tag{3.1}$$

式中,c 为材料中的声速,t 为声波的往返传播时间。

脉冲回波方法仅需要一个超声波换能器来完成发射和接收功能,但同时收发的测量方式又导致了"死区"的存在。因为距离太近,传感器无法分辨发射波束与反射波束。通常,脉冲回波模式超声波测距系统不能测量小于几厘米的范围。

超声波还有回波衰减、折射等缺点。超声波阵列测量还有交叉感应(A 传感器的发射回波被 B 传感器接收到),扫描频率低(一般不超过 100Hz,轮询扫描式不超过 10Hz)等问题。

2. 典型器件

(1) 图 3.4 为 Polaroid 600 系列端面型测距声呐,是目前民用领域性能最好、适合机器人使用的测距声呐。发散角为 15°,有效距离为 10m,精度可达 1%。该传感器已集成化,与 MCU 的接口较为简单,操作容易,性能稳定,并有不锈钢的保护罩,可以用于室内或非恶劣的室外环境。

(2) 图 3.5 为 eURM37 测距声呐,该声呐是 Dream Factory 推出的较便宜的产品,具有 RS232 接口或 RS422 接口,发散角为 30°,有效距离为 5m,精度可达 1%。

图 3.4　Polaroid 600 系列端面型测距声呐

图 3.5　eURM37 测距声呐

3. 测距声呐系统实例

图 3.6 (a)是 SeaRobotix 水下机器人机身上的测距声呐 P30。P30 是一种非单波束回声测深仪,可在水下的测量范围长达 50m,工作深度可达 300m,具有 0.5% 的量程范围解析度、30° 的波束角宽度和厘米级的精度数据。

图 3.6 (b)是 P30 的测距原理图,P30 通过换能器发射 115kHz 脉冲,然后侦听并测量返回的声能强度。声波在水中传播时固体物体会反射或反射回,然后传播回 P30。

(a) 水下机器人和测距声呐实物图

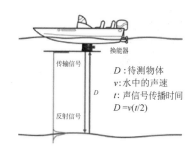

(b) 测距原理图

图 3.6　水下机器人和测距声呐

3.2.2　红外测距

红外辐射俗称红外线,是一种不可见光,其波长范围为 $0.76\sim1000\mu m$。工程上把红外线所占据的波段分为 4 部分,即近红外、中红外、远红外和极远红外。

红外传感系统按照功能分成以下 5 类。

(1) 辐射计,用于辐射和光谱测量。

（2）搜索和跟踪系统,用于搜索和跟踪红外目标,确定其空间位置,并对它的运动进行跟踪。

（3）热成像系统,可产生整个目标红外辐射的分布图像。

（4）红外测距和通信系统。

（5）混合系统,是指以上各类系统中的两个或多个的组合。

1. 基本原理

红外传感器一般采用反射光强法进行测量,即目标物对发光二极管散射光的反射光强度进行测量。红外传感器包括一个可以发射红外光的固态二极管和一个用作接收器的固态光敏二极管或三极管。当光强超过一定程度时,光敏三极管就会导通,否则截止。发光二极管和光敏三极管需汇聚在同一面上,这样反射光才能被接收器收到。

光的反射系数与目标物的表面颜色、粗糙度等有关。目标物颜色较深、接近黑色或透明时,其反射光很弱。若以输出信号达到其一阈值作为"接近"时,则对不同的目标物体"接近"的距离是不同的。因此,机器人可利用红外的返回信号来识别周围环境的变化,但它作为距离的测量并不精确。

2. 典型器件

日本夏普公司推出的一系列体积（手指大小）小、质量（小于 10g）轻、接口简单的红外测距传感器（infrared range finder）,是用于微型机器人测距的不错选择。GP2D12 是该系列传感器中的典型产品,夏普 GP2D12 红外测距传感器的实物和工作原理如图 3.7 所示。

(a) 实物图   (b) 工作原理图

图 3.7　红外测距传感器

GP2D12 的输出为 0～5V 模拟量（电压值随距离变化）;量程范围为 10～80cm,接口类型为 3 针（电压输出、地、电源）。这些作为大多数微型智能机器人的避碰和漫游测距传感器指标都足够了。另外,GP2D12 还可以检测机器人的各关节位置、姿态等。

3.2.3　激光扫描测距

声呐测距的问题在于:距离有限,对于尺寸较大的环境,无法探测到四周;多次反射带来的串扰严重影响测量的精度。而红外测距传感器所能测量的有效距离非常有限。

激光扫描测距传感器(激光雷达)的测量范围广、精度高、扫描频率高,是非常理想的测距传感器。

1. 基本原理

1）三角法

如图 3.8 所示，扫描运动位于由物体到检测器和由检测器到激光发射器两直线所确定的平面内，检测器聚焦在表面很小的一个区域内。因为光源与基线之间的角度 β 和光源与检测器之间的基线距离 B 已知，可根据几何关系求得 $D=B\tan\beta$。

通过上述装置对物体进行扫描，只要记录下检测器的位姿轨迹，便可以将这些距离量转换为三维坐标，测量出物体的空间环境。

2）相位法

如图 3.9(a) 所示，波长为 λ 的激光束被一分为二。一束（称为参考光束）经过距离 L 到达相位测量装置，另一束经过距离 d 到达反射表面。反射光束经过的总距离为

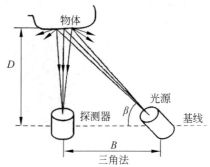

图 3.8　三角测距原理图

$$d'=L+2d \tag{3.2}$$

如图 3.9(b) 所示，若 $d=0$，此时，$d'=L$，参考光束和反射光束同时到达相位测量装置。若 d 增大，反射光束与参考光束间将产生相位移。

$$d'=L+\frac{\theta}{2\pi}\lambda \tag{3.3}$$

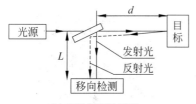
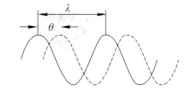

(a) 相位测距法原理　　　　　　　　(b) 相位测距法产生的相位移

图 3.9　相位测距原理图

若 $\theta=2k\pi$，$k=0,1,\cdots,n$，两个波形将再次对准。因此只根据测得的相位移无法区别反射光束与发射参考光束。因此只有要求 $\theta<360°$，才有唯一解。把 $d'=L+2d$ 代入式(3.3)，可得

$$d=\frac{\theta}{4\pi}\lambda=\frac{\theta}{4\pi}\times\frac{c}{f} \tag{3.4}$$

由于波长已知，故可以用相位移表示距离。激光波长很短，在实际机器人的应用中，用一个波长大得多的波对激光波调幅。调制的激光信号发射到目标，返回光束被解调，然后将它与参考信号比较，即可确定相位移。这样就得到了一种更为实际的波长工作范围。

激光扫描测距传感器安装在可移动的物体上，每隔一定时间，扫描器在前方扫描一定的角度，并且每隔一定角度采集得到障碍物的距离。这样便可以得到机器人周围的物理和空间环境。

2. 典型器件

典型的激光雷达产品有 SICK 公司的 LMS200，与 HOKUYO 公司相对简化、更廉价的

激光扫描传感器 URG-04LX 系列产品。激光雷达的优点很多,但是缺点也很明显:价格昂贵,并且尺寸大,质量较重。

1)LMS200 激光雷达

如图 3.10 所示,LMS200 激光雷达利用旋转的激光光源,经过反射镜发射到环境中,反射光束被传感器的敏感元件接收到,通过计算发射光束和接收光束的时间差实现测距。

图 3.10 LMS200 激光雷达

LMS200 激光雷达测量范围广,扫描频率高。可以扫描 180°以上的范围,每秒对前方 180°范围、半径 80m 的区域扫描 75 次,并返回 720 个测距点数据(角度分辨率为 0.25°)。在最大量程的条件下,LMS200 的典型分辨率可以达到 10mm。

2)URG-04LX 系列激光雷达

URG-04LX 的外形和在一个房间里的实际测量示意图如图 3.11 所示。

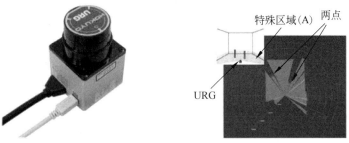

图 3.11 URG-04LX 激光雷达

URG-04LX 系列激光雷达的体积为 50mm×50mm×70mm,质量仅为 160g,精度达到 10mm,功耗只有 2.5W,角度分辨率为 0.36°,扫描范围达到了 240°,并且价格只有 LMS200 的三分之一。但是相应地,有效测量距离大幅度减小了,扫描测量半径只有 4m。因此更适合应用在那些工作在狭小空间的小型机器人上。

3.2.4 旋转编码器

旋转编码器是一种角位移传感器,分为光电式、接触式和电磁式三种,光电式旋转编码器是闭环控制系统中最常用的位置传感器。旋转编码器可分为绝对式编码器和增量式编码器两种。

1. 绝对式编码器

绝对式编码器能提供运转角度范围内的绝对位置信息,工作原理如图 3.12 所示。

图 3.12(a)示意了从发光管经过分光滤镜等光学组件,通过编码盘的透射光被光学敏感

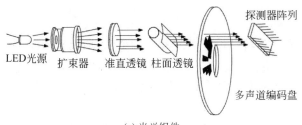

(a) 光学组件　　　　　　　　　　　　　　(b) 绝对式编码盘

图 3.12　绝对式编码器

器件检测到的原理。图 3.12(b) 是一个 8 位(256 点分辨率)绝对式编码盘的示意图。编码盘具有 8 个同心圆,分别代表 8 个有效位。黑色表示不透光,白色表示透光。发光管发出的光线经过分光组件后变成 8 组平行光,穿过编码盘的光投射到光学敏感器件上,就可以得到编码盘当前的角度信息。

2. 增量式编码器

目前,机器人等伺服系统上广泛应用的是增量式编码器。绝对式编码器由于成本较高,正在被增量式编码器所替代。增量式编码器则可为每个运动增量提供输出脉冲。

如图 3.13 所示,典型的增量式编码器由一个红外对射式光电传感器和一个由遮光线和空隔构成的码盘组成。当码盘旋转时,遮光线和空隔能阻拦红外光束,或让其通过。为计算绝对位置,增量式编码器通常需要集成一个独立的通道——索引通道,它可以在每次旋转到定义的零点或原点位置时提供一个脉冲。通过计算来自这个原点的脉冲可以计算出绝对位置。

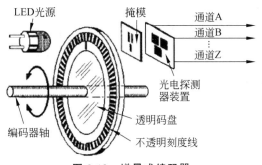

图 3.13　增量式编码器

3. 典型器件

目前市场上有各种精度的增量式编码器可供选择,1～2 英寸直径的编码器每转的计数范围为 32～2500。主要的编码器生产厂商包括安杰伦、欧姆龙、多摩川等。编码盘安装在电动机尾端伸出的轴上,而其他部件则安装在电动机尾端的外壳上。

由于光电编码器的一些性能限制,近年来还出现了磁传感器原理的旋转编码器。利用测量磁场原理的磁传感器有很多优于光电系统的地方,特别是在一些充满灰尘、污物、油脂、潮湿的恶劣环境下,因为磁场不会受这些污染物的影响。

对于伺服驱动器来说,编码器的原理是光学原理还是磁原理并不重要。选择能够正常安装、线数符合要求的编码器就可以。

3.2.5 旋转电位计

电位计就是带中心抽头的可变电阻。旋转电位计通常具有一个轴,轴旋转的时候,电位计的抽头会在电阻丝上移动;电位计带有 3 个端子,两个是电阻的两端,电阻值固定;另外一个是抽头输出端,其与两端的电阻值随着旋转角度的变化而变化。因此可以利用旋转电位计测量转动角度等信息。

市场上的旋转电位计很多,有单圈的(最大转动角度为 360°)、多圈的(最大转动角度超过 360°)等。旋转电位计的价格很便宜,最便宜的不到 1 元,高档的也不过几十元。但是,使用它们作为角位移传感器的时候要注意以下两点。

(1) 旋转电位计都是采用电阻丝作为传感元件。属于接触式测量,会有磨损,寿命有限,因此不宜用在高速频繁旋转的场合。

(2)由于制造工艺等原因,同一型号的多个旋转电位计会有一定误差。通常这个误差为 5%~10%。因此无法用于高精度的角位移测量。

3.3 触 觉 测 量

一般认为,触觉包括接触觉、压觉、滑觉、力觉 4 种,狭义的触觉是指前 3 种感知接触的感觉。触觉传感器可以分为集中式和分布式(或阵列式)。

1. 集中式传感器

集中式传感器的特点是功能单一,结构简单。

2. 分布式(阵列式)传感器

分布式传感器可以检测分布在面状物体上的力或位移。如图 3.14 所示,由于输出的是传感器面上各个点的信息,因此其结构比集中式传感器更复杂。随着新型敏感压阻材料 CSA(碳毡)等的出现,更高分辨率的触觉传感器成为可能。CSA 灵敏度高,具有较强的耐过载能力。缺点是有迟滞,线性差。

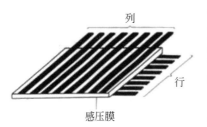

图 3.14 阵列触觉传感器的基本结构

爱德华等利用现代集成电路技术,将阵列触觉传感器的空间分辨率提高到 0.6mm 以下。其分辨性能甚至优于人类皮肤(人的皮肤约为 1mm 的分辨率)。

从触觉的使用环境和感知对象来看,并非所有的触觉都需要高的阵列数与空间分辨率,阵列数为 16×16 以下、空间分辨率大于 1mm 足以胜任作为一般用途使用的触觉传感器的任务。传感器的表面柔顺性、可组合性、强固性倒是一个十分突出的问题。若希望将触觉和其他感觉传感器都装在机器人的手指上,还需考虑传感器的空间可安装性、能否与其他传感器组合在一起等问题。

滑觉传感器主要是感受物体的滑动方向、滑动速度及滑动距离,以解决夹持物体的可靠性问题。滑觉传感器有滚轮式和滚球式两种。图 3.15 是滑觉传感器的典型结构。

在图 3.15(a)中,物体滑动引起滚轮转动,用磁铁、静止磁头、光感器等进行检测,这种传感器只能检测单方向滑动。

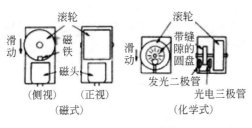

(a) 滚轮式滑觉传感器

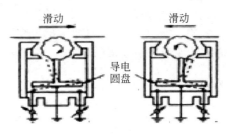

(b) 凹凸滚球式滑觉传感器

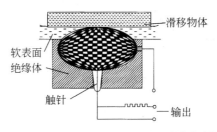

(b) 贝尔格莱德大学研制的机器人专用滑觉传感器

图 3.15 滑觉传感器的典型结构

在图 3.15(b)中,用滚球代替滚轮,可以检测各个方向的滑动。由于表面凹凸不平,滚球转动时将拨动与之接触的杠杆,使导电圆盘产生振动,从而传达触点开关状态的信息。

图 3.15(c)是贝尔格莱德大学研制的机器人专用滑觉传感器。它由一个金属球和触针组成,金属球表面分成许多个相间排列的导电和绝缘小格。触针头

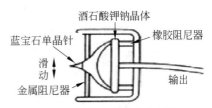

图 3.16 振动式滑觉传感器

很细,每次只能触及一格。当工件滑动时,金属球也随之转动,在触针上输出脉冲信号,脉冲信号的频率反映了滑移速度,个数对应滑移的距离。

图 3.16 是振动式滑觉传感器,传感器表面伸出的触针能和物体接触。对象物体滑动时,触针与物体接触,产生振动,这个振动由压电传感器或磁场线圈结构的微小位移计进行检测。

3.4 压觉测量

力传感器的种类繁多,如电阻应变片压力传感器、半导体应变片压力传感器、压阻式压力传感器、电感式压力传感器、电容式压力传感器、谐振式压力传感器及电容式加速度传感器等。

通常将机器人的力传感器分为以下 3 类。

(1) 装在关节驱动器上的力传感器,称为关节力传感器。用于控制中的力反馈。

(2) 装在末端执行器和机器人最后一个关节之间的力传感器,称为腕力传感器。

(3) 装在机器人手爪指关节(或手指上)的力传感器,称为指力传感器。

力传感器是从应变来测量力和力矩的。所以,设计和制作应变部分的形状,恰如其分地反映力和力矩的真实情况至关重要。

1. 环式传感器

图 3.17(a)所示为美国德雷珀研究所提出的 Waston 腕力传感器环式竖梁式结构,环的外侧粘贴测量剪切变形的应变片,内侧粘贴测量拉伸—压缩变形的应变片。

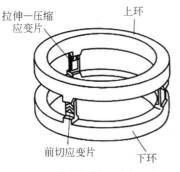

(a) Waston腕力传感器环式竖梁式结构

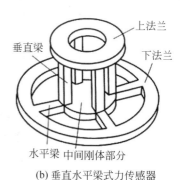

(b) 垂直水平梁式力传感器

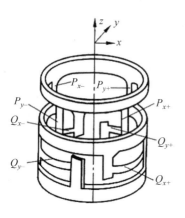

(c) SRI传感器应变片连接方式

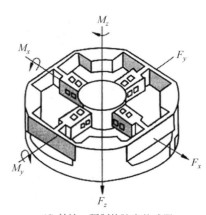

(d) 林纯一研制的腕力传感器

图 3.17　各种力觉传感器及连接方式

2. 垂直水平梁式传感器

图 3.17(b)为 Seiner 公司设计的垂直水平梁式力传感器。在上下法兰之间设计了垂直梁和水平梁,在各个梁上粘贴应变片,构成力传感器。

3. 圆筒式传感器

图 3.17(c)为 SRI 研制的六维腕力传感器,它由一只直径 75mm 的铝管铣削而成,具有8 根窄长的弹性梁,每根梁的颈部只传递力,扭矩作用很小。梁的另一头贴有应变片。图中 P_{x+} 到 Q_{y-} 代表了 8 根应变梁的变形信号的输出。

$$\begin{cases} F_x = k_1(P_{y+} - P_{y-}) \\ F_y = k_2(P_{x+} - P_{x-}) \\ F_z = k_3(Q_{x+} + Q_{x-} + Q_{y+} + Q_{y-}) \\ M_x = k_4(Q_{y+} - Q_{y-}) \\ M_y = k_5(Q_{x+} - Q_{x-}) \\ M_z = k_6(P_{x+} + P_{x-} + P_{y+} + P_{y-}) \end{cases} \tag{3.5}$$

式中,$k_1, k_2, \cdots, k_6$ 为结构系数,可由实验测定。该传感器为直接输出型力传感器,不需要再作运算,并能进行温度自动补偿。其主要缺点是维间存在耦合,且弹性梁的加工难度大、刚性较差。

4. 四根梁式传感器

图 3.17(d)为日本的林纯一研制的腕力传感器。它是一种整体轮辐式结构,传感器在十字梁与轮缘联结处有一个柔性环节,4 根交叉梁上共贴有 32 个应变片(图中以小方块显示),组成 8 路全桥输出。显然,六维力(力矩)的获得需要进行解耦运算。

3.5　姿 态 测 量

智能机器人行进时可能会遇到各种地形或障碍。这时即使机器人的驱动装置采用闭环控制,也会由于轮子打滑等原因造成机器人偏离设定的运动轨迹,并且这种偏移是旋转编码器无法测量到的。这时就必须依靠电子罗盘或角速率陀螺仪来测量这些偏移,并进行必要的修正,以保证机器人行走的方向不会偏离。

3.5.1　磁罗盘

磁罗盘是一种基于磁场理论的绝对方位感知传感器。借助于磁罗盘,机器人可以确定自己相应于地磁场方向的偏转角度。常用的磁罗盘包括机械式磁罗盘、磁通门罗盘、霍尔效应罗盘、磁阻式罗盘。

1. 机械式磁罗盘

指南针就是一种机械式磁罗盘。早期的磁罗盘将磁针悬浮于水面或悬置于空中来获取航向。现在的机械式磁罗盘系统将环形磁铁或一对磁棒安装于云母刻度盘上,并将其悬浮于装有水与酒精或者甘油混合液的密闭容器中。

2. 磁通门罗盘

磁通门罗盘是在磁通门场强计的原理上研制出来的。它除了可应用在陆地的各种载体上,还广泛地应用在飞行体、舰船和潜水设备的导航与控制上。其主要优点是灵敏度高、可靠性好、体积小和启动快。

磁通门罗盘由检测头和信号处理电路两部分组成。检测头是两组在空间上相互垂直的带有磁芯的线圈,磁芯由高磁导率、低矫顽力的软磁材料制成。这种材料的特点是外加磁场较弱时,磁化强度可达最大值,去掉外磁场后,材料保持的剩余磁化强度很小,容易退磁。

如图 3.18 所示,激励绕组缠绕在环形磁芯上,两组测量绕组相互正交。若在检测头的激励绕组上施加一中心频率为 f_0 并足以使磁芯饱和的正弦电压 u_1,当将检测头置于被测直流磁场 H_0 中时,就会发现其测量绕组的输出信号中不但含有奇次谐波,还含有偶次谐波,其中偶次谐波(特别是二次谐波)的大小和相位分别反映了直流磁场的强度和方向。因此,检测出测量绕组中偶次谐波的幅值和相位,并加以鉴别,也就检测出了该直流磁场 H_0 的大小和方向。

3. 霍尔效应罗盘

霍尔元件是一长为 L、宽为 W、厚度为 d 的半导体薄片,如图 3.19 所示。

当在矩形霍尔元件中通以图 3.19 中所示的电流 I,并外加磁场 B,磁场方向垂直于霍尔元件所在的平面时,霍尔元件中的载流子在洛伦兹力的作用下将发生偏转,在霍尔元件上下

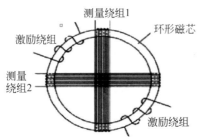

图 3.18　环形磁通门罗盘检测头的结构原理图

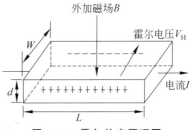

图 3.19　霍尔效应原理图

边缘出现电荷积聚,产生一电场,该电场称为霍尔电场。达到稳态时,霍尔电场和磁场对载流子的作用互相抵消,载流子恢复初始的运动方向,从而使霍尔元件上下边缘产生电压差,称为霍尔电压 V_H。霍尔电压可根据式(3.6)近似计算为

$$V_H = \frac{\mu_H IB}{d} \tag{3.6}$$

式中,μ_H 为比例常数,称为霍尔系数,它由导体或半导体材料的性质决定;B 为磁场强度;I 为电流强度。

可以看出,霍尔元件的输出电压随磁场线性变化,基于这种原理可以实现能够检测载体方位角度的霍尔效应罗盘。

4. 磁阻式罗盘

磁阻式罗盘是利用磁阻元件制作而成的罗盘。磁阻元件可以分为各向异性磁阻元件和巨磁阻元件。目前,较为典型和应用较广泛的基于磁阻效应的磁传感器是霍尼韦尔公司的 HMC1001、HMC1002 和 HMC2003,其中 HMC1001 和 HMC1002 分别为单轴和双轴磁传感器,而 HMC2003 则是集成 HMC1001、HMC1002 磁阻传感器和高精度放大器而实现的三轴磁传感器。

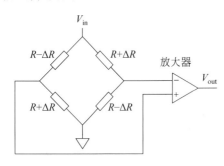

图 3.20　磁阻传感器检测电路

这类传感器利用的是一种镍铁合金材料的磁阻效应工作的:给镍铁合金制成的薄片通上电流,磁场垂直于该薄片的分量将改变薄片的磁极化方向,从而改变薄片的电阻。这种合金电阻的变化就叫作磁阻效应,这种效应直接与电流方向和磁化矢量之间的夹角有关。这种电阻变化可由惠斯通电桥测得。如图 3.20 所示,电桥中 4 个电阻的标称值均为 R,供电电源 V_b 使电阻中流过电流,而磁场的有效分量 H 使 4 个电阻的阻值发生变化。经过推导可得出电路输出

$$\Delta V_{out} = \left(\frac{\Delta R}{R}\right) V_b = SHV_b \tag{3.7}$$

其中,S 为传感器的灵敏度。此公式只适用于一定范围,当超出这一范围时,ΔV_{out} 与 H 便不再满足线性关系。

5. 电子罗盘系统实例

电子罗盘(数字罗盘、电子指南针、数字指南针)是测量方位角(航向角)比较经济的一种

电子仪器。如今电子罗盘已广泛应用于手表、手机、对讲机、雷达探测器、望远镜、探星仪、寻路器、武器/导弹导航(航位推测)、位置/方位系统、安全/定位设备、汽车、航海和航空的高性能导航设备、智能机器人设备等需要方向或姿态传感的设备中。

电子罗盘有以下几种传感器组合。

(1) 双轴磁传感器系统：由两个磁传感器垂直安装于同一平面组成,测量时必须持平,适用于手持、低精度设备。

(2) 三轴磁传感器、双轴倾角传感器系统：由 3 个磁传感器构成 X、Y、Z 轴磁系统,加上双轴倾角传感器进行倾斜补偿。除了测量航向,还可以测量系统的俯仰角和横滚角。适合于需要方向和姿态显示的精度要求较高的设备。

(3) 三轴磁传感器、三轴倾角传感器系统：由 3 个磁传感器构成 X、Y、Z 轴磁系统,加上三轴倾角传感器(加速度传感器)进行倾斜补偿。除了测量航向,还可以测量系统的俯仰角和横滚角。适合于需要方向和姿态显示的精度要求较高的设备。

霍尼韦尔的 HMR 3100 双轴电子罗盘如图 3.21 所示。采用 USART 串行通信连接系统,接口简单,体积小。单轴电子罗盘的尺寸小、质量轻、精度较低(典型精度为 $3°\sim5°$),价格便宜。

如图 3.22 所示,C100 Plus 是 KVH 公司推出的一种新型高精度电子罗盘,通过独特的滤波算法使得其航向精度提高到 $\pm0.2°$。

图 3.21　HMR 3100 双轴电子罗盘

图 3.22　C100 Plus 新型高精度电子罗盘

3.5.2　角速度陀螺仪

商用的电子罗盘传感器精度通常为 $0.5°$ 或者更差。如果机器人的运动距离较长,$0.5°$ 的航向偏差可能导致机器人运动的线位移偏离值不可接受。而陀螺仪可以提供极高精度(16 位精度,甚至更高)的角速率信息,通过积分运算可以在一定程度上弥补电子罗盘的误差。

角速度陀螺仪就是能够检测重力方向或姿态角变化(角速度)的传感器,根据检测原理可以将其分为陀螺式和垂直振子式等。

1. 陀螺式

绕一个支点高速转动的刚体称为陀螺。在一定的初始条件和一定的外力矩作用下,陀螺会在不停自转的同时还绕着另一个固定的转轴不停地旋转,这就是陀螺的旋进(precession),又称为回转效应(gyroscopic effect)。人们利用陀螺的力学性质制成的各种功能的陀螺装置称为陀螺传感器(gyroscope sensor)。

陀螺传感器检测随物体转动而产生的角速度可以用于智能机器人的姿态,以及转轴不

固定的转动物体的角速度检测。陀螺式传感器大体有速率陀螺仪、位移陀螺仪、方向陀螺仪等几种，机器人领域中大都使用速率陀螺仪（rate gyroscope）。

根据具体的检测方法，又可以将其分为振动型、光纤型、机械转动型等。

1）振动陀螺仪

振动陀螺仪（vibratory gyroscope）是指给振动中的物体施加恒定的转速，利用哥氏力作用于物体的现象来检测转速的传感器。

哥氏力 f_c 是质量 m 的质点，同时具有速度 v 和角速度 ω，相对于惯性参考系运动时所产生的惯性力，如图 3.23（a）所示，惯性力作用在对应于物体的两个运动方向的垂直方向上，该方向即为哥氏加速度 a_c 的方向。哥氏力 f_c 大小可表示为

$$f_c = ma_c = 2mv \times \omega \tag{3.8}$$

在图 3.23(b)中建立与图 3.23(a)中相同的姿态坐标系。假设让音叉的两根振子相互沿 y 轴振动，于是在 z 轴方向引起转动速度，音叉左侧的分叉沿 $-x$ 方向、右侧的分叉沿 $+x$ 方向产生哥氏力。无论是直接检测哥氏力，或者是检测它们的合力作用在音叉根部向左转动的力矩，均能检测出转动的角速度 ω。之所以将音叉设计为两个分叉，是由于此方法可以消除音叉加速度的影响。

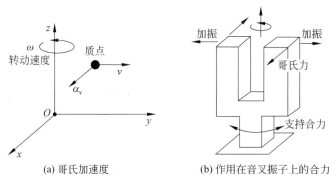

（a）哥氏加速度   （b）作用在音叉振子上的合力

图 3.23   检测哥氏力的转速陀螺仪

2）光纤陀螺仪

光纤陀螺仪的工作原理是基于萨格纳克效应，能够实现高精度姿态测量。在图 3.24 所示的环状光通路中，来自光源的光经过光束分离器被分成两束，在同一个环状光路中，一束向左转动，另一束向右转动进行传播。这时，如果系统整体相对于惯性空间以角速度 ω 转动，显然，光束沿环状光路左转一圈所花费的时间和右转一圈是不同的。这就是所谓的萨格纳克效应，人们已经利用这个效应开发了测量转速的装置，图 3.25 就是其中的一例。

该装置的结构是共振频率 Δf 振动的两个方向的激光在等腰三角形玻璃块内通过反射镜传递波束。如果玻璃块围绕与光路垂直的轴以角速度 ω 转动，左右转动的两束传播光波将出现光路长度差，导致频率上的差别。让两个方向的光发生干涉，该频率差就呈现出干涉条纹。这时有

$$\Delta f = \frac{4S\omega}{\lambda L} \tag{3.9}$$

式中，S 为光路包围的面积；λ 为激光的波长；L 为光路长度。

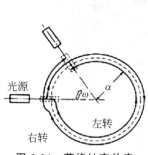

图 3.24　萨格纳克效应

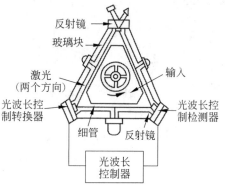

图 3.25　环状陀螺仪的结构

2. 垂直振子式

图 3.26 是垂直振子式伺服倾斜角传感器的原理。振子由挠性膜片支撑,即使传感器处于倾斜状态,振子也能保持铅直姿态,为此振子将离开平衡位置。通过检测振子是否偏离了平衡点,或者检测由偏离角函数(通常是正弦函数)给出的信号,就可以求出输入倾斜角度。该装置的缺点是,如果允许振子自由摆动,由于容器的空间有限,因此不能进行与倾斜角度对应的检测。实际上作了改进,把代表位移函数输出的电流反馈到可动线圈部分,让振子返回平衡位置,此时振子质量产生的力矩 M 为

$$M = m g \cdot l \sin\theta \tag{3.10}$$

转矩 T 为

$$T = K \cdot i \tag{3.11}$$

在平衡状态下,应有 $M = T$,于是得到

$$\theta = \arcsin \frac{K \cdot i}{m g \cdot l} \tag{3.12}$$

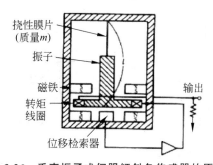

图 3.26　垂直振子式伺服倾斜角传感器的原理

这样,根据测出的线圈电流 i 即可求出倾斜角 θ,并克服了上述装置测量范围小的缺点。

3. 实例

ADXRS 150 是一款角速度范围为 150°/s 的 MEMS 角速度传感器,集成于一个微小的芯片上,如图 3.27(a)所示。如图 3.27(b)所示,ADXRS 150 提供精确的参考电压和温度输出的补偿技术,以及 7mm×7mm×3mm 微小的封装。它具有 Z-轴响应、宽频、抗高振动,噪音为 $0.05°/\sqrt{Hz}$,具有 2000g 冲击耐受力、温度传感器输出、精确电压参考输出,对精确应用

绝对速率输出,5V 单电压操作,小而轻(小于 0.15cm² ,小于 0.5g)等特点。

(a) ADXRS 150速率陀螺   (b) ADXRS 150内部结构

图 3.27　ADXRS 150 角速度传感器

ADXRS 150 通常应用于车辆底盘滚转传感、惯性测量单元 IMU、平台稳定控制、无人机控制、弹道测量等。由于人体容易累积高达 4000V 的静电,虽然 ADXRS 150 本身具有静电保护,但仍有可能被高能量的静电击穿而不被察觉。因此,使用时应遵守恰当的防静电准则,以避免不必要的损失。

3.5.3　加速度计

为抑制振动,有时在机器人的各个构件上安装加速度传感器,测量振动加速度,并把它反馈到构件底部的驱动器上。有时把加速度传感器安装在机器人的手爪部位,将测得的加速度进行数值积分,然后加到反馈环节中,以改善机器人的性能。

1. 质量片＋支持梁型的加速度传感器

如图 3.28(a)所示,一端固定、一端链接质量片的悬臂梁构成的加速度传感器向上运动时,作用在质量片上的惯性力导致梁支持部分的位移及梁的内应力的产生。梁支持部位的位移可通过图 3.28(b)中的上下电极之间间隙长度的变化或内部应力的变化而被检测出来。由于半导体微加工技术的发展,已经能够通过硅的蚀刻来制作小型加速度传感器了。

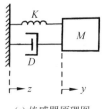 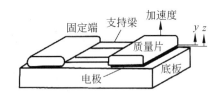

(a) 传感器原理图   (b) 传感器结构图

图 3.28　悬臂梁结构的加速度传感器

2. 质量片位移伺服型加速度传感器

质量片位移伺服型加速度传感器就是检测图 3.28 中梁所支持的质量片的位移。例如,通过相应的静电动势进行反馈,使质量片返回到位移为零的状态。这种传感器结构,由于不存在质量片的几何位移,所以比图 3.28 中所讲的传感器的加速度测量范围更大。

3. 压电加速度传感器

对于不存在对称中心的异极晶体,加在晶体上的外力除了使晶体发生形变以外,还将改变晶体的极化状态,在晶体内部建立电场,这种由于机械力作用使介质发生极化的现象称为正压电效应。

压电加速度传感器利用具有压电效应的材料,受到外力时发生机械形变,并将产生加速度的力转换为电压(反之,若外加电压也能产生机械变形)。压电元件大多数由高介电系数的钛(锆)酸铅(Pb(Ti,Zr)O$_3$)系材料制成。

若压电常数为 d_{ij},i 和 j 分别表示压电元件的极化方向和变形方向,加在元件上的应力 F 和产生电荷 Q 的关系可表示为

$$Q = d_{ij}F \tag{3.13}$$

设压电元件的电容为 C_p,输出电压为 V,则有

$$V = \frac{Q}{C_p} = \frac{d_{ij}F}{C_p} \tag{3.14}$$

显然,V 和 F 在很大动态范围内保持线性关系。

图 3.29 给出了压电元件变形的 3 种基本模式:压缩变形、剪切变形和弯曲变形。图 3.30 给出了基于剪切模式的加速度传感器的结构。传感器中一对平板形或圆筒形的压电元件被垂直固定在轴对称的位置上,压电元件的剪切压电常数大于压缩压电常数,而且不受横向加速度的影响,在一定的高温下仍然能保持稳定的输出。

图 3.29　压电元件的变形模式

4. 应用实例

加速度传感器可以使机器人了解它现在身处的环境。如是在爬山还是在走下坡?摔倒了没有?对于飞行类的机器人(无人机)来说,加速度计对于控制飞行姿态也是至关重要的。由于加速度计可以测量重力加速度,因此可以利用这个绝对基准为陀螺仪等其他没有绝对基准的惯性传感器进行校正,消除陀螺仪的漂移现象。

笔记本计算机内置的加速度传感器能够动态地监测出笔记本计算机在使用中的振动,智能地选择关闭硬盘还是让其继续运行。数码相机内置的加速度传感器能够检测拍摄时手部的振动,并根据这些振动进行补偿,达到"防抖"的目的。

如图 3.31 所示,ADI、Honeywell、Freescale 等公司都提供微机电系统(micro electrical & mechanical system,MEMS)技术的加速度计。目前,在要求不很高的机器人应用中,比较广泛使用的是 ADI 的 ADXL 系列的双轴加速度计芯片。

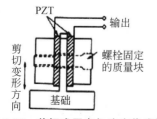

图 3.30　剪切式压电加速度传感器

图 3.31　ADXL 加速度传感器

3.5.4 姿态/航向测量单元

"姿态/航向测量单元"简称 AHRS,是一种集成了多轴加速度计、多轴陀螺仪以及电子磁罗盘等传感器的智能传感单元。AHRS 依靠这些传感器获取数据,数据通过捷联航姿解算后可以以 $50\sim200\,\mathrm{Hz}$ 的速率输出实时测量的 X、Y、Z 三轴的加速度、角速率以及航向角、

图 3.32　AHRS500GA

滚转角和俯仰角。具备 AHRS 的机器人可以实时地知道自己的姿态和航向,也可以获得实时的角速率、加速度等信息,这对于机器人的运动控制、时空认知有很大的意义。

如图 3.32 所示,Crossbow 公司的 AHRS500GA 是一种高性能、全固态的姿态、航向测量系统,广泛应用于航空领域。这种高可靠性、一体化的惯导系统提供了静态和动态两种状态下的姿态、航向测量,是以往传统的垂直陀螺和指向陀螺的组合产品。

AHRS500GA 采用高性能的固态 MEMS 陀螺和加速计,使用卡尔曼滤波算法测定出动态、静态两种状态下准确的横滚、俯仰和航向角度。卡尔曼滤波器的使用以及重力和地磁场位参照提高了陀螺对其飘移的纠偏功能。

3.6　视　觉　测　量

有研究表明,视觉获得的感知信息占人对外界感知信息的 80%。视觉测量在机器人领域中的应用也很广泛。如图 3.33 所示,视觉传感器可以分为被动传感器(用摄像机等对目标物体进行摄影,获得图像信号)和主动传感器(借助于发射装置向目标物体投射光图像,再接收返回信号,测量距离)两大类。

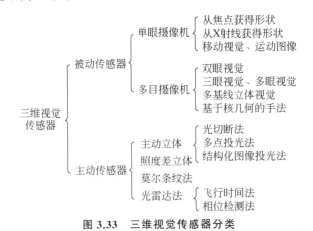

图 3.33　三维视觉传感器分类

3.6.1　被动视觉测量

1. 单眼视觉

采用单个摄像机的被动视觉传感器有两种方法:一种方法是测量视野内各点在透镜聚焦的位置,以推算出透镜和物体之间的距离;另一种方法是移动摄像机,拍摄到对象物体的

多个图像,求出各个点的移动量,再设法复原形状。

2. 立体视觉

双眼立体视觉是被动视觉传感器中最常用的方式。如图 3.34 所示,已知两个摄像机的相对关系,基于三角测量原理可计算出 P 的三维位置。

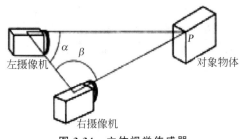

图 3.34　立体视觉传感器

3.6.2　主动视觉测量

1. 光切断法

光切断法把双眼立体视觉中的一个摄像机替换为狭缝投光光源,原理如图 3.35 所示。从水平扫描狭缝光可得到镜面角度和图像提取的狭缝像的位置关系,按照与立体视觉相同的三角测量原理就可以计算和测量出视野内各个点的距离。

2. 空间编码测距

空间编码测距仪要在光切断法中获得整个画面的距离分布信息,必须取得多幅狭缝图像,这样相当花费时间。要解决这个问题,可以将其改进为多个狭缝光线同时投光,不过此时需要对图像中的多个狭缝图像加以识别。这可以使用给各个狭缝编排适当的代码 ID,把多条狭缝光线随机切断后再投光的方法,以及利用颜色信息来识别多个狭缝的方法。

已经实现实用化的空间编码测距仪,原理是给狭缝图像附加有效 ID。如图 3.36 所示,利用掩模片依次向对象物体投射多个编码图案光束,而编码的特点是让各个像素值按照一定的规律呈时间序列变化。在图 3.36 中,以[0 1]编码的区域的位置是 3,在已知几何位置的投影仪中,空间编码与各个狭缝像的投射角度是一一对应的,所以根据三角测量法就可以计算出到物体的距离。对于编码图案来说,采用相邻编码之间的代码间距为 1 的交替二进制符号,可以使符号边界导致的误差最小。另外一个措施是在每个编码投射黑白交替的相补图形,这样取得的图像差分值就可以用来减少对象物体表面反射率和光散射的影响。

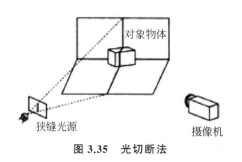

图 3.35　光切断法

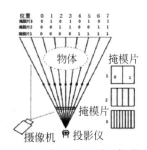

图 3.36　空间编码测距仪原理

3. 莫尔条纹法

莫尔条纹法就是投射多个狭缝形成的条纹,然后在另一个位置上透过同样形状的条纹进行观察,通过对条纹间隔或图像中条纹的倾斜等进行分析,可以复原物体表面的凹凸形状。

4. 激光测距法

激光测距法是一种投射激光等高定向性光线,然后通过接收返回光线测量距离的方式。其中,有计算从光线发送到返回的飞行时间的方法;投射调制光线,通过测量接收光线的相位偏差来推算距离的方法等。

3.6.3 视觉传感器

视觉传感器将图像传感器、数字处理器、通信模块和 I/O 控制单元放到一个单一的相机内,独立地完成预先设定的图像处理和分析任务。视觉传感器通常是一个摄像机,有的还包括云台等辅助设施。

1. 两自由度摄像云台

自主智能机器人常采用摄像机作为视觉传感器,但是普通的摄像机无法同时覆盖机器

图 3.37 索尼 EVI-D100 摄像云台

人四周的环境,一种解决办法是采用两自由度云台,利用云台的旋转、俯仰来获得更大的视角范围;但这种方式也有响应速度慢、无法实时 360°全方位监视等问题,并且机械旋转部件在机器人运动时会产生抖动,造成图像质量下降、图像处理难度增加等问题。

如图 3.37 所示,索尼 EVI-D100 摄像云台是带有远程控制的变倍、聚焦、方位、亮度等功能的全方位彩色一体化摄像机。图像传感器采用 1/4 寸、38 万像素的 CCD,镜头具备 10 倍光学变焦功能,云台可以高速旋转,还能认识被摄物体,同时具有自动跟踪和动态检测等功能。

2. 全景摄像机

全景摄像机是一种具有特殊光学系统的摄像机。它的 CCD 传感器部分与普通摄像机没有什么区别,但是配备了一个特殊镜头,因此可以得到镜头四周 360°的环形图像(图像有一定畸变)。图像数据经过软件展平后即可得到正常比例的图像。摄像机及其环形图像的示例如图 3.38 所示。

图 3.38 全景摄像机

3.7　其他传感器

3.7.1　温度传感器

温度传感器被广泛应用于工农业生产、科学研究和生活等领域,数量高居各种传感器之首。近百年来,温度传感器的发展大致经历了以下 3 个阶段:①传统的分立式温度传感器(含敏感元件);②模拟集成温度传感器/控制器;③智能温度传感器。

智能温度传感器内部包含温度传感器、A/D 转换器、信号处理器、存储器(或寄存器)和接口电路。因此,它适配各种微控制器,构成智能化温控系统,也可脱离微控制器单独工作,自行构成一个温控仪。

3.7.2　听觉传感器

听觉是仅次于视觉的重要感觉通道。人耳能感受的声波频率范围是 $16\sim20000\mathrm{Hz}$,以 $1000\sim3000\mathrm{Hz}$ 最敏感。机器人听觉传感器可以分为语音传感器和声音传感器两种。

1. 语音传感器

语音属于 $20\mathrm{Hz}\sim20\mathrm{kHz}$ 的疏密波。语音传感器是机器人和操作人员之间的重要接口,它可以使机器人按照"语言"执行命令,进行操作。应用语音感觉之前,必须经过语音合成和语音识别。

机器人最常用的语音传感器就是麦克风。常见的麦克风包括动圈式麦克风、MEMS 麦克风和驻极体电容麦克风。其中,驻极体电容麦克风尺寸小、功耗低、价格低廉且性能不错,是手机、电话机等常用的声音传感器。大量具有声音交互功能的机器人,如索尼 AIBO、本田 ASIMO,均采用这类麦克风作为声音传感器。

2. 声音传感器

虽然声波及超声波传播的速度比较慢(在 $20^\circ\mathrm{C}$ 空气中的传播速度为 $334\mathrm{m/s}$)。但由于其容易产生和检测,除特殊情况外,声音传感器均采用超声波频域(从可听频率的上限到 $300\mathrm{kHz}$),个别的可达数兆赫兹。

3.7.3　颜色传感器

颜色传感器可分为视觉传感器与反射式光电开关两类,如下所示。

(1)基于视觉传感器的颜色传感器。彩色摄像机采集颜色,并通过高速数字信号处理器的运算获得颜色信息。

(2)基于反射式光电开关的颜色传感器。反射式光电开关的有效感应距离与反射面的反射率有关。只要在光电开关的光敏元件处加装一个特定颜色的滤色镜,相当于选择性地降低了其他颜色光的反射率,即可在特定距离下实现对颜色的检测。

例如,在一个有效距离为 20cm 的光电开关(白色反射面)前加装一个红色滤色镜。由于红色滤色镜只允许红色光通过,则在同等检测距离下,这个改装过的光电开关将只能检测到红色反射面,而无法检测到蓝色反射面,就得到了"红—蓝"颜色传感器。

3.7.4　气体传感器

人类对嗅觉的研究从最早的化学分析方法发展到仪器分析方法,经历了近百年的发展,仿生嗅觉技术的物质识别能力越来越强,识别率也逐步提高。

机器嗅觉是一种模拟生物嗅觉工作原理的新型仿生检测技术,机器嗅觉系统通常由交叉敏感的化学传感器阵列和适当的计算机模式识别算法组成,可用于检测、分析和鉴别各种气味。

检测气体的浓度依赖于气体检测变送器,传感器是其核心部分。按照检测原理的不同,传感器主要分为以下几类。

（1）金属氧化物半导体式传感器。

（2）催化燃烧式传感器。

（3）定电位电解式气体传感器。

（4）隔膜迦伐尼电池式氧气传感器。

（5）红外式传感器。

（6）PID 光离子化气体传感器。

3.7.5　味觉传感器

味道有甜、咸、苦、酸、香味五要素,复杂的味道都是由这五种要素组合而成的。机器人一般不具备味觉,但是,海洋资源勘探机器人、食品分析机器人、烹调机器人等则需要用味觉传感器进行液体成分的分析。

目前人类已经开发出很多种味觉传感器,用于液体成分的分析和味觉的调理。这些传感器通常使用下列元件。

（1）离子电极传感器（两种液体位于某一膜的两侧,检测所产生的电位差）。

（2）离子感应型 FET（在栅极上面覆盖离子感应膜,靠浓度检测漏电流）。

（3）电导率传感器（检测液体的电导率）。

（4）pH 传感器（检测液体的 pH）。

（5）生物传感器（提取与特定分子反应的生物体功能,固定后用于传感器）。

3.7.6　全球定位系统

1. GPS

GPS（global positioning system）是美国军方研制的卫星导航系统。24 颗 GPS 卫星在离地面 12 000km 的高空上,以 12h 的周期环绕地球运行,任意时刻在地面上的任意一点都可以同时观测到 4 颗以上的卫星。

GPS 定位的方法很多,常见的有伪距定位法、多普勒定位法、载波相位定位法等。后两种定位方法虽然精度较高,但其成本造价要高很多,所以,在导航型 GPS 接收机中,多采用伪距定位法。伪距定位测量基于到达时间测距原理。从已知位置上的卫星发射机发射的信号到达地面用户接收机所需的时间间隔乘以信号的传播速度,就可以得到发射机到接收机的距离。如果接收机接收到多个发射机的信号,便可以轻易测算出接收机的位置。

如图 3.39 所示,为了测量接收机的三维位置,需要 3 颗以上的卫星。

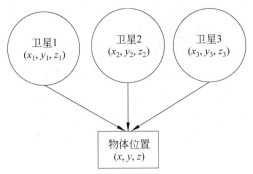

图 3.39　3 颗卫星定位原理

求解下面的三元一次方程,得出坐标 (x,y,z):

$$d_1 = \sqrt{(x-x_1)^2 + (y-y_1)^2 + (z-z_1)^2} \tag{3.15}$$

$$d_2 = \sqrt{(x-x_2)^2 + (y-y_2)^2 + (z-z_2)^2} \tag{3.16}$$

$$d_3 = \sqrt{(x-x_3)^2 + (y-y_3)^2 + (z-z_3)^2} \tag{3.17}$$

其中,(x,y,z) 是 GPS 接收机的位置,d_1、d_2、d_3 是测量的伪距,(x_1,y_1,z_1)、(x_2,y_2,z_2)、(x_3,y_3,z_3) 是卫星的已知坐标。

但是,由于接收机与 GPS 卫星的时间是不同步的,因此必须确定接收机与 GPS 卫星之间的时间偏差。因此,需要利用第 4 颗卫星参与运算,解算出接收机接收到卫星信号的瞬时时间 t。在忽略电离层延迟、接收机噪声等误差项的基础上,距离方程可简化为

$$\sqrt{(x-x_1)^2 + (y-y_1)^2 + (z-z_1)^2} = c \times (t - \mathrm{d}t_1) \tag{3.18}$$

$$\sqrt{(x-x_2)^2 + (y-y_2)^2 + (z-z_2)^2} = c \times (t - \mathrm{d}t_2) \tag{3.19}$$

$$\sqrt{(x-x_3)^2 + (y-y_3)^2 + (z-z_3)^2} = c \times (t - \mathrm{d}t_3) \tag{3.20}$$

$$\sqrt{(x-x_4)^2 + (y-y_4)^2 + (z-z_4)^2} = c \times (t - \mathrm{d}t_4) \tag{3.21}$$

其中,(x_1,y_1,z_1) (x_2,y_2,z_2) (x_3,y_3,z_3) (x_4,y_4,z_4) 为已知的卫星坐标,c 为光速,t 为接收机接收到卫星信号的瞬时时间,$\mathrm{d}t_1$、$\mathrm{d}t_2$、$\mathrm{d}t_3$、$\mathrm{d}t_4$ 为 GPS 卫星时间,这样就可以求出 (x,y,z) 和时间 t。

实际上,接收机往往可以锁住 4 颗以上的卫星。这时,接收机可按卫星的星座分布分成若干组,每组 4 颗,然后通过算法挑选出误差最小的一组用作定位,从而提高精度。

由于卫星运行轨道、卫星时钟存在误差,大气对流层、电离层对信号的影响,以及人为的 SA 保护政策,使得民用 GPS 的定位精度只有 10m。为提高定位精度,普遍采用差分 GPS(DGPS)技术。

DGPS 的原理如图 3.40 所示。建立基准站(差分台)进行 GPS 观测,利用已知的基准站精确坐标与观测值进行比较,从而得出一修正数,并对外发布。接收机收到该修正数后,与自身的观测

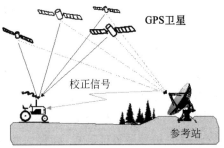

图 3.40　DGPS 的原理图

值进行比较,消除大部分误差,得到一个比较准确的位置。通常情况下,利用 DGPS 可将定位精度提高到米级。

2. 北斗

中国北斗卫星导航系统(BeiDou navigation satellite system,BDS)是我国自行研制的全球卫星导航系统,也是继 GPS、GLONASS 之后的第 3 个成熟的卫星导航系统。

北斗卫星导航系统由空间段、地面段和用户段 3 部分组成,可在全球范围内全天候、全天时为各类用户提供高精度、高可靠定位、导航、授时服务,并且具备短报文通信能力。已经初步具备区域导航、定位和授时能力,定位精度为分米、厘米级别,测速精度为 0.2m/s,授时精度为 10ns。

以北斗二代为例,以北斗二代 3 颗卫星(卫星坐标已知)为球心,3 颗卫星到用户机的距离为半径分别作 3 个球。3 个球必定相交于两个点。设 3 颗卫星到用户机的距离半径分别为 R_1、R_2、R_3,3 颗卫星发射信号的时刻分别为 t_s^1、t_s^2、t_s^3,3 颗卫星的坐标分别为$(X_1,Y_1,Z_1)(X_2,Y_2,Z_2)(X_3,Y_3,Z_3)$,接收机的坐标为$(X,Y,Z)$,那么可以列出如下方程:

$$\begin{cases} R_1 = c(t_r - t_s^1) = \sqrt{(X_1-X)^2+(Y_1-Y)^2+(Z_1-Z)^2} \\ R_2 = c(t_r - t_s^2) = \sqrt{(X_2-X)^2+(Y_2-Y)^2+(Z_2-Z)^2} \\ R_3 = c(t_r - t_s^3) = \sqrt{(X_3-X)^2+(Y_3-Y)^2+(Z_3-Z)^2} \end{cases}$$

利用这 3 个未知数即可求出用户的坐标位置。

3.8 智能机器人多传感器融合

信息融合的概念始于 20 世纪 70 年代初期,来源于军事领域中的 C3I(command,control,communication and intelligence)系统的需要,当时称为多源相关、多传感器混合信息融合。多传感器信息融合已形成和发展成为一门信息综合处理的专门技术,广泛应用于工业机器人、智能检测、自动控制、交通管理和医疗诊断等多个领域。

多传感器信息融合技术对促进机器人向智能化、自主化方面发展起着极其重要的作用,是协调使用多个传感器,把分布在不同位置的多个同质或异质传感器提供的局部不完整测量及相关联数据库中的相关信息加以综合,消除多传感器之间可能存在的冗余和矛盾,并加以互补,降低其不确定性,获得对物体或环境的一致性描述过程的机器人智能化的关键技术之一。数据融合在机器人领域的应用包括物体识别、环境地图创建和定位。

3.8.1 多传感器信息融合过程

多传感器信息融合是将来自多传感器或多源的信息和数据模仿人类专家的综合信息处理能力进行智能化处理,从而获得更为全面、准确和可信的结论。其信息融合过程包括多传感器、数据预处理、信息融合中心和输出部分,图 3.41 所示为多传感器信息融合过程。其中多传感器的功能是实现信号检测,它将获得的非电信号转换成电信号,再经过 A/D 转换为能被计算机处理的数字量,数据预处理用以滤掉数据采集过程中的干扰和噪声,然后融合中心对各种类型的数据,按适当的方法进行特征(即被测对象的各种物理量)的提取和融合计算,最后输出结果。

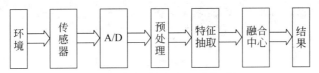

图 3.41　多传感器信息融合过程

多传感器信息融合与经典信号处理方法存在本质的区别,关键在于信息融合所处理的多传感器信息具有更为复杂的形式,而且可以在不同的信息层次上出现。

按多源信息在传感器信息处理层次中的抽象程度,数据融合可以分为 3 个层次。

1. 数据层融合

数据层融合(图 3.42)也称为低级或像素级融合。首先将全部传感器的观测数据融合,然后从融合的数据中提取特征向量,并进行判断识别。这便要求传感器是同质的,即传感器观测的是同一个物理现象。如果多个传感器是异质的,那么数据只能在特征层或决策层融合。

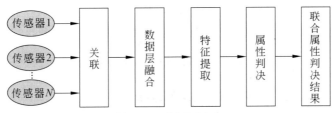

图 3.42　数据层融合

2. 特征层融合

特征层融合(图 3.43)也称为中级或特征级融合。它首先对来自传感器的原始信息进行特征提取,然后对特征信息进行综合分析和处理。可划分为目标状态和目标特征信息融合两类。

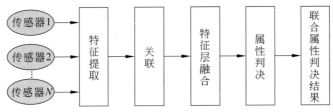

图 3.43　特征层融合

3. 决策层融合

决策层融合(图 3.44)也称为高级或决策级融合。不同类型的传感器观测同一个目标,每个传感器在本地完成基本的处理(包括预处理、特征抽取、识别或判决),并建立对所观察目标的初步结论,然后通过关联处理进行决策层融合判决,得出最终的联合推断结果。

信息融合可以视为在一定条件下信息空间的一种非线性推理过程,即把多个传感器检测到的信息作为一个数据空间的信息 M,推理得到另一个决策空间的信息 N,信息融合技

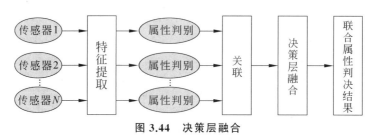

图 3.44　决策层融合

术就是要实现 M 到 N 映射的推理过程,其实质是非线性映射 f：$M\sim N$。常见的多传感器融合的算法如图 3.45 所示。

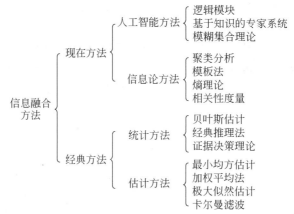

图 3.45　多传感器融合算法分类

机器人学中主要的数据融合方法常基于概率统计方法,现在也的确被认为是所有机器人学应用里的标准途径。概率性的数据融合方法一般是基于贝叶斯定律进行先验和观测信息的综合。实际上,这可以采用几条途径实现:通过卡尔曼滤波和扩展卡尔曼滤波器;通过连续蒙特卡洛方法;通过概率函数密度预测方法的使用。

3.8.2　多传感器融合在机器人领域的应用

多传感器融合技术已广泛应用于机器人的各种系统中,下面以无人驾驶系统为例简要说明。

1. 动态系统控制

动态系统控制是利用合适的模型和传感器来控制一个动态系统的状态(如工业机器人、智能机器人、自动驾驶交通工具和医疗机器人)。通常此类系统包含转向、加速和行为选择等的实时反馈控制环路。除了状态预测,不确定性的模型也是必需的。传感器可能包括力/力矩传感器、陀螺仪、全球定位系统、里程仪、照相机和距离探测仪等。

2. 环境建模

环境建模是利用合适的传感器来构造物理环境某方面的一个模型。这可能是一个特别的问题,比如杯子;可能是个物理部分,比如一张人脸;或是周围事物的一大片部位,比如一栋建筑物的内部环境、城市的一部分或一片延伸的遥远或地下区域。典型的传感器包括照相机、雷达、三维距离探测仪、红外传感器、触觉传感器和探针等。结果通常表示为几何特征

(点、线、面)、物理特征(洞、沟槽、角落等)，或是物理属性。一部分问题包括最佳的传感器位置的决定。

如图 3.46 所示，多传感器信息融合技术在智能机器人感知系统中的立体视觉、地标识别、目标与障碍物的探测、智能机器人的定位与导航等多方面均有不同程度的应用。从信息融合的层次上讲，智能机器人感知既涉及数据层、特征层的信息融合，又需要决策层的融合。从信息融合的结构上讲，智能机器人的感知也需要充分有效地利用前述多传感器串行、并行与分散式融合等多种结构。从信息融合的算法上讲，智能机器人需要根据测距传感器信息融合、内部航迹推算系统信息融合、全局定位信息之间的信息融合等不同应用采用不同层次与不同类型的融合方法，以准确、全面地认识和描述被测对象与环境，进而使智能机器人能够做出正确的判断与决策。

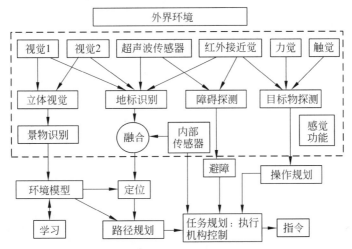

图 3.46　智能机器人多传感器信息融合示意图

3. 无人驾驶

无人驾驶车载感知模块包括视觉感知模块、毫米波雷达、超声波雷达、360°环视系统等，多源传感器的协同工作才能较好地完成识别道路车道线、行人车辆等障碍物的任务，为安全驾驶保驾护航。多传感器信息融合是实现自动驾驶的关键。不同传感器获取的数据类型不一样，根据任务需求，传感器融合的复杂程度也有所不同。两个基本的传感器融合示例如下。

1) 后视摄像头＋超声波测距

超声波泊车辅助技术已较为成熟，泊车时能给出听得见或看得见的报警。后视摄像头使驾驶员能很清楚地看到车辆后方的情况，而机器视觉算法可以探测障碍物、路肩石以及道路标记。超声波可以准确确定识别物体的距离，并且在低光照或完全黑暗的情况下工作。将来自后视摄像头和超声波测距这二者的信息结合在一起，才能有效地实现泊车辅助功能。

2) 前置摄像头＋多模前置雷达

如图 3.47 所示，前置摄像头可探测和区分物体，包括读取街道指示牌和路标。前置雷达能够在任何天气条件下测量高达 150m 的物体的速度和距离。通过使用具有不同视场角和光学元件的多个摄像头传感器，系统可以识别车前通过的行人和自行车，以及 150m 甚至

更远范围内的物体,同时还可以实现自动紧急制动和城市启停巡航控制等功能。在许多情况下,在特定的已知外部条件下,仅通过一种传感器或单个系统就能够执行 ADAS 功能。然而,考虑到路面上有很多不可预计的情况,这还不足以实现可靠运行。

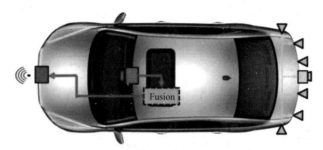

图 3.47　多源传感器融合

使用多源传感器信息融合可以为用户打造稳定、舒适、可靠可依赖的辅助驾驶功能,如车道保持系统、前碰预警、行人碰撞警告、交通标记识别、车距监测报告等。多源信息融合利用数据信息的冗余为可靠分析提供依据,从而提高准确率,降低虚警率和漏检率,实现辅助驾驶系统的自检和自学习,最终实现自动驾驶、安全驾驶。

第4章 智能机器人的通信系统

通信系统是智能机器人个体以及群体机器人协调工作的一个重要组成部分。机器人的通信可以从通信对象角度分为内部通信和外部通信。内部通信是为了协调模块间的功能行为，主要通过各部件的软硬件接口来实现。外部通信指机器人与控制者或机器人之间的信息交互，一般通过独立的通信专用模块与机器人连接整合实现。多机器人间能有效地通信，可有效地共享信息，从而更好地完成任务。

本章主要介绍智能机器人通信技术的发展历史和现状，现代通信技术基础以及机器人通信中广泛采用的通信方式、拓扑结构、通信协议及通信模型等。

4.1 现代通信技术

通信是指利用电子等技术手段实现从一地向另一地信息传递和交换的过程，其基本形式是在信源与信宿之间建立一个传输信息的通道（信道）。现代通信技术使得通信的功能不断扩大。

4.1.1 基本概念

1. 点对点通信系统的基本模型

图 4.1 为一个典型点对点通信系统的基本模型，各模块作用如下。

图 4.1 通信系统的基本模型

（1）信源把待传输的消息转换成原始电信号；发送设备也称为变换器，它将信源发出的信息变换成适合在信道中传输的信号，使原始信号（基带信号）适应信道传输特性的要求。

（2）信道是传递信息的通道及传递信号的设施。按传输介质（又称传输媒质）的不同，分为有线信道和无线信道（如微波通信、卫星通信、无线接入等）。

（3）接收设备的功能与发送设备相反，把从信道上接收的信号变换成信息接收者可以接收的信息，起着还原的作用。

（4）受信者（信宿）是信息的接收者，将复原的原始信号转换成相应的消息。

（5）噪声源是指系统内各种干扰影响的等效结果。为便于分析，一般将系统内存在的干扰（环境噪声、电子器件噪声、外部电磁场干扰等）折合于信道中。

2. 现代通信系统的功能模型

图 4.2 所示为一现代通信系统的功能模型，各模块作用如下。

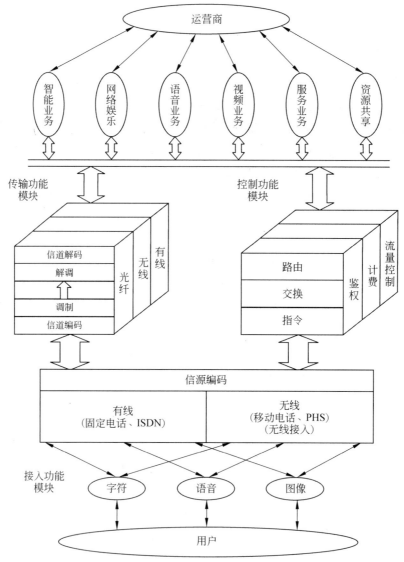

图 4.2　现代通信系统的功能模型

（1）接入功能模块：将语音、图像或数据进行数字化，并变换为适于网络传输的信号。

（2）传输功能模块：将接入的信号进行信道编码和调制，变为适于传输的信号形式。

（3）控制功能模块：完成用户的鉴权、计费与保密，由信令网、交换设备和路由器等组成。

（4）应用功能模块：为运营商提供业务经营。

3. 现代通信系统的分类

1) 按通信业务分类

(1) 按传输内容,可分为单媒体通信与多媒体通信。

(2) 按传输方向,可分为单向传输与交互传输。

(3) 按传输带宽,可分为窄带通信与宽带通信。

(4) 按传输时间,可分为实时通信与非实时通信。

2) 按传输介质分类

(1) 有线通信。有线通信的传输介质为电缆和光缆。

(2) 无线通信。无线通信借助于电磁波在自由空间的传播来传输信号。根据波长不同,可分为中/长波通信、短波通信和微波通信等。

3) 按调制方式分类

(1) 基带传输。基带传输将未经调制的信号直接在线路上传输。

(2) 频带传输(调制传输)。频带传输先对信号进行调制后再进行传输。

4) 按信道中传输的信号分类

按信道中传输的信号分类,可分为模拟通信和数字通信。

5) 按收发者是否运动分类

按收发者是否运动分类,可分为固定通信和移动通信。

6) 按多址接入方式分类

按多址接入方式分类,可分为频分多址、时分多址、码分多址通信等。

7) 按用户类型分类

按用户类型分类,可分为公用通信和专用通信。

4. 通信系统的质量评价

1) 有效性指标

有效性是指信道资源的利用效率(即系统中单位频带传输信息的速率问题)。模拟通信系统的有效性指标通常采用"系统有效带宽"来描述;数字通信系统有效性指标通常采用"传输容量"来描述。

传输容量的表示方法可采用以下两种。

(1) 信息传输速率(比特速率):系统每秒钟传送的比特数,单位为比特/秒(b/s)。

(2) 符号传输速率(信号速率或码元速率):单位时间内传送的码元数;单位为波特(baud,Bd),每秒钟传送一个符号的传输速率为 1Bd。

符号传输速率和信息传输速率可换算;若是二进制码,符号传输速率则与信息传输速率相等。

2) 可靠性指标

可靠性是指通信系统传输消息的质量(即传输的准确程度问题)。模拟通信系统的可靠性指标通常采用"输出信噪比"来衡量。数字通信系统的可靠性指标通常采用"传输差错率"来衡量。

传输差错率的表示方法可采用以下两种。

(1) 误码率(码元差错率):在传输过程中发生误码的码元个数与传输的总码元数之比,

也指平均误码率。

（2）误比特率（比特差错率）：在传输过程中产生差错的比特数与传输的总比特数之比，也指平均误比特率。

采用二进制码时，误码率与误比特率相等。误码率的大小与传输通路的系统特性和信道质量有关，提高信道信噪比（信号功率/噪声功率）和缩短中继距离，可使误码率减小。

4.1.2 相关技术简介

1. GSM 通信系统

全球移动通信系统（GSM）属于第二代数字移动通信系统，是在蜂窝系统的基础上发展而来的。GSM 网络技术成熟，覆盖范围广，合理有效地利用 GSM 网络资源，可以避免组建专用数据传输网络的成本费用高、通信距离短、通信效果差等诸多难题。

如图 4.3 所示，GSM 通信系统主要是由交换网络子系统（network station system，NSS）、基站子系统（base station system，BSS）和移动台（mobile station，MS）三大部分组成。

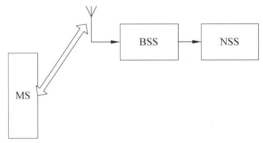

图 4.3　GSM 通信系统

（1）移动台。通过无线接入进入通信网络，完成各种控制和处理，以提供主叫或被叫通信服务。

（2）基站子系统。负责无线传输，执行固定网与移动用户间的接口功能，提供移动台和 GSM 网络间无线信令和话音、数据信息交换。

（3）网络交换子系统。负责管理 GSM 系统内部的用户之间以及与其他电信网用户之间的通信。

在机器人系统中，GSM 网络可以提供多种服务。例如，利用全球定位系统和 GSM 短信服务系统相结合实现机器人的定位、监控、调度指挥。

2. CDMA 通信系统

CDMA（Code-Division Multiple Access）又称码分多址，是无线通信中使用的技术。在蜂窝移动通信的各种技术体制中，码分多址占有十分重要的地位。它不仅是第二代数字蜂窝移动通信的两大体制（欧洲的 GSM 和北美的 IS-95）之一，而且是第三代移动通信的主要体制。

CDMA 系统是基于码分技术（扩频技术）和多址技术的通信系统。CDMA 系统给每个用户分配一个唯一的码序列（扩频码），且各用户的码序列之间是相互准正交的。发送时，系统用它对承载信息的信号进行编码，从而在时间、空间和频率上都可以重叠。由于码序列的带宽远大于所承载信息的信号的带宽，因此原有的数据信号的带宽被扩展，属于扩频调制。

在接收端,用户接收机使用分配到的码序列对收到的信号进行解码,恢复出原始数据。

3. 4G 通信技术

4G 通信技术是第四代移动通信技术,是在 3G 技术基础上的改良。4G 通信技术将 WLAN 技术和 3G 通信技术很好地结合,使图像的传输速度更快,让传输图像的质量更高, 图像看起来更加清晰。在智能通信设备中,应用 4G 通信技术,用户的上网速度更快,速度可 以高达 100Mbps。

4. 5G 通信技术

第五代移动通信技术(5th generation mobile communication technology,5G)具有高速 率、低时延和广连接的特点,已成为实现人-机-物互联的网络基础设施。

国际电信联盟定义了 5G 的八大关键性能指标,其中最突出的特征可归纳为以下 3 点。

(1) 高速率:5G 速率最高可以达到 4G 的 100 倍,实现 10Gbps 的峰值速率。

(2) 低时延:5G 的空口时延可以低到 1ms,仅相当于 4G 的十分之一。

(3) 广连接:5G 每平方千米可以有 100 万的连接数,与 4G 相比,用户容量可以大幅 增加。

5. 常用短距离无线技术

1) ZigBee

随着物联网、车联网与智能家居概念的形成,ZigBee 开始进入人们的视线。ZigBee 基 于 IEEE 802.15.4 标准,由 ZigBee 联盟制定,具有自组网、低速率、低功耗的特点,尤其适合 小型设备组网的需要。

2) WiFi

WiFi 被广泛应用于笔记本电脑、手机、平板电脑中,用于支持设备通过无线的方式连接 互联网。WiFi 的通信吞吐率很高,且与现存的网络设备具有良好的兼容性。

3) 蓝牙

蓝牙技术的创始人是爱立信公司,用于手机与外围设备的连接,如蓝牙耳机、蓝牙 GPS 等。蓝牙使用时分双工的模式来实现全双工通信,是一种特殊的 2.4G 无线技术,遵循 IEEE 802.15.1 协议。蓝牙具有通信速率快、连接简单、全球通用、功耗低等特点,广泛用于手机、 计算机、娱乐外围设备之中。

4) IrDA

IrDA 使用红外线进行通信,是一种低成本的通信方案。该标准制定了一个半双工的通 信系统,通信范围为 1m 左右,传输角度为 30°～60°。因为使用红外线作为通信媒介,IrDA 的数据传输率最大可以达到 4Mbps。IrDA 的劣势就是其对传输路径的要求比较高,对传输 距离、收发角度都有限制,减小了它的应用领域。

5) LoRa

LoRa 是基于 Semtech 公司开发的一种低功耗局域网无线标准,其目的是解决功耗与传 输难覆盖距离的矛盾问题。一般情况下,低功耗则传输距离近,高功耗则传输距离远,LoRa 技术解决了在同样的功耗条件下比其他无线方式传播的距离更远的技术问题,实现了低功 耗和远距离的统一。

6）NB-IoT

NB-IoT成为万物互联网络的一个重要分支。NB-IoT构建于蜂窝网络，只消耗大约180kHz的带宽，可直接部署于GSM网络、UMTS网络或LTE网络，以降低部署成本，实现平滑升级。

NB-IoT是IoT领域一个新兴的技术，支持低功耗设备在广域网的蜂窝数据连接，也叫作低功耗广域网（LPWAN）。NB-IoT支持待机时间长、对网络连接要求较高设备的高效连接。NB-IoT设备的电池寿命可以提高至少10年，同时还能提供非常全面的室内蜂窝数据连接覆盖。

4.2　机器人通信系统

4.2.1　智能机器人通信系统的评价指标

综合以上特点，设计智能机器人通信系统时，需要考虑以下几个因素。

1. 可靠性

机器人通信系统在工作时间内、在一定条件下无故障地执行指定功能的能力。

2. 能量效率

机器人的电能利用效率是否达标。

3. 带宽

带宽是指在固定的时间可传输的数据量，亦即在传输管道中可以传递数据的能力。对于数字信号而言，带宽指单位时间能通过链路的数据量。

4. QoS

服务质量（quality of service，QoS）指一个网络能够利用各种基础技术，为指定的网络通信提供更好的服务能力，是网络的一种安全机制，是用来解决网络延迟和阻塞等问题的一种技术。

4.2.2　智能机器人通信的特点

与传统意义上的有线电话网络或无线蜂窝网络通信系统不同，智能机器人通信的主体是智能机器人，由于其应用背景不同，对于通信系统的要求有很大区别。

对于特殊环境应用的智能机器人，需要特别关注以下几方面。

1. 通信系统的健壮性

在智能机器人系统中，能够实时提取机器人系统的信息和发送控制指令是十分必要的。通信系统应当能够提供较好的通信质量，尽量降低网络延迟。对于多智能机器人系统的视频数据传输等场合，这一点尤其必要。对于战场或科学考察等重大场合，要求机器人的通信系统具有出色的健壮性，以确保设备回收或数据反馈的质量和效率。

2. 能量受限

由于机器人采用自身电池供电，不但要提供通信所需电能，更要为行走、实物操作等对能量有较大需求的模块提供能量。但是其能量极其有限，这关系着系统的生存能力和安全性。一般来讲，通信模块能量的消耗包括发射能耗、计算能耗、存储能耗。因此，设计智能机器人的通信系统时,有必要考虑其能量特性,尽可能采用能量消耗较少的系统设计。

3. 体积受限

通信模块过大,会带来安装上的不便,还会给机器人驱动模块带来额外的负荷,降低机器人的灵活性,限制其应用场合。

4.2.3　智能机器人通信系统设计

1. 有线通信与无线通信方案的考虑

虽然现在通信的发展趋势是无线通信的发展,但是在一些特定的环境中,还是要用上有线通信的。有线通信(wire communication)必须借助有形媒介(电线或光缆)来传送信息。无线通信(wireless communication)是利用电磁波信号在自由空间中传播的特性进行信息交换的一种通信方式。

有线通信与无线通信的比较如表 4.1 所示。

表 4.1　有线通信和无线通信的比较

优劣势	有 线 通 信	无 线 通 信
优势	① 信号稳定,抗干扰效果好; ② 对人体辐射小,安全可靠	① 方便快捷; ② 投资小
劣势	① 有固定线的束缚,不够方便; ② 投资建设成本大	① 信号不稳定,易被干扰; ② 安全问题,任何同频率的信号都有可能控制机器人或使信号拥塞; ③ 频谱是稀缺资源,使用无线信道需要协调

2. 无线通信的比特率与传输距离

由于提供低功耗下的高速连接,WiFi 成为目前最流行的无线标准。它的传输距离在100m 左右,WiFi 无线网络通常由小范围内的互联接入点组成。覆盖距离有限使这种网络被限制在办公建筑、家用或其他室内环境中。5G 具有高速率、低时延和广连接的特点,已成为实现人-机-物互联的网络基础设施,可广泛应用于增强移动宽带(eMBB)、超高可靠低时延通信(uRLLC)和海量机器类通信(mMTC)的应用场景。

5G 与人工智能技术的融合,可有效推动高可靠通信、高算力、低功耗的新一代智能机器人的成熟应用,满足消费级、企业级、防护类、工业级和专业服务等领域的不同要求,从而打造更智能、更安全的机器人和环境,如增强配送机器人在路上行走的自主性、在工业环境中面向多个自主智能机器人实现机队的无缝调度协作、实时数据和洞察辅助制造和物流领域的关键决策等。

4.3　多机器人通信

4.3.1　多机器人通信模式

一般来说,机器人之间的通信可以分为显式通信和隐式通信两种模式(图 4.4)。

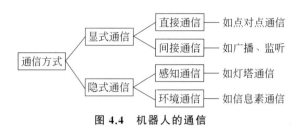

图 4.4　机器人的通信

1. 显式通信

显式通信是指多机器人系统利用特定的通信介质,通过某种共有的规则和方式实现信息的传递。这样,机器人群体不但可以快速、有效地完成节点之间的信息交换,还能够实现一些在隐式通信方式下无法完成的高级协作算法。

显式通信包括直接通信和间接通信两种。

1) 直接通信

要求发送者和接收者保持一致,即通信时发送者和接收者同时在线,因此需要一种通信协议。

2) 间接通信

不需要发送者与接收者保持一致。广播是一种间接通信类型,它不要求一定有接收者,也不保证信息是否正确地传送给接收者。监听(或观察)是另一种类型的间接通信,它侧重于信息接收者接收信息的方式。

显式通信虽然可以提高机器人间的协作效率,但也存在以下问题:各机器人之间的通信过程延长了系统对外界环境变化的反应时间;通信带宽的限制使机器人在信息传递交换时容易出现瓶颈;随着机器人数目的增加,通信所需时间大幅增加,信息传递中的瓶颈问题突出。

2. 隐式通信

隐式通信是指多机器人系统通过外界环境和自身传感器获取所需的信息,并实现相互之间的协作,机器人之间没有通过某种共有的规则和方式进行数据转移和信息交换来实现特定含义信息的传递。

1) 感知通信

多机器人系统感知问题时,就充分利用基于自身传感器信息的隐式通信,通过感知环境的变化,并依据机器人内部一定的推理、理解模型来执行相应的决策和协作。

2) 环境通信

机器人通过传感器获取外界环境信息的同时,也可能获取其他机器人遗留在环境中的某些特定信息,从而进行信息传递。

在使用隐式通信的多机器人系统中,由于各机器人不存在相互之间数据、信息的显式交换,所以这些系统可能无法使用一些高级的协调协作策略,从而影响了其完成某些复杂任务的能力,并且它要求高性能、高灵敏度的传感器及更复杂的识别算法。

3. 通信模式的实现

显式通信与隐式通信是多机器人系统各具特色的两种通信模式。如果将两者各自的优势结合起来,则多机器人系统就可以灵活地应对各种动态未知环境,完成许多复杂任务。利用显式通信进行少量的机器人之间的上层协作,利用隐式通信进行大量的机器人之间的底层协调,在出现隐式通信无法解决的冲突或死锁时,再利用显式通信进行少量的协调加以解决。这样的通信结构既可以增强系统的协调协作能力、容错能力,又可以减少通信量,避免通信中的瓶颈效应。

4.3.2　多机器人通信模型

在计算机系统中,常用的通信模型有"客户/服务器"(C/S client/server)模型和"点对点"(P2P: peer-to-peer)模型。

1. C/S 模型

在基于 C/S 模型的通信系统中,机器人之间的通信必须通过服务器"中转"。系统具有中心服务器,所有客户进程与服务器进程进行双向通信,客户进程间无直接通路。

C/S 通信模型如图 4.5 所示。C/S 通信适用于需要集中控制的场合,其结构简单,易于实现,便于错误诊断及系统维护。一方面,中心服务器利用其特殊地位了解各客户机的需求,这有利于对客户进程的管理以及实现通信资源的合理分配与调度。另一方面,客户间进程通信效率低,中心服务器工作荷载大,其错误会导致整个系统崩溃。

2. P2P 模型

如图 4.6 所示,P2P 通信模型由中心结构改变为分布式结构,节点间通信不经过中心服务器的转发,而是直接进行通信,提高了通信效率。系统运行不依赖于模型中的某个节点,因此系统荷载较为均衡,可靠性高。

图 4.5　C/S 通信模型　　　　　　　图 4.6　P2P 通信模型

在 P2P 模型中,由于智能体的对等特性,每个智能体都要保存所有智能体的状态信息,增加了本地的存储负担。智能体内部状态的任何变化都必须及时通知其他智能体,增加了网络通信负担;每个智能体都必须处理控制或调度相关的计算,增加了系统负担。

多机器人系统是典型的分布式多任务实时系统,它运行在环境经常动态变化的真实世界中。为增强多机器人系统适应环境的能力,可以根据环境需要及具体任务的不同要求建立能支持系统复杂通信行为的基于 C/S 和 P2P 模型混合的模型结构。

4.4　智能机器人的通信系统实例

4.4.1　基于计算机网络的机器人通信

基于计算机网络的远程控制机器人是指将机器人与互联网连接,使得人们可以在任何地方通过浏览器访问机器人,实现对机器人的远程监视和控制。

1. 系统结构图

图 4.7 给出了一种基于计算机网络的远程控制机器人系统的结构。系统从功能上包括计算机网络服务器、应用程序服务器、图像服务器、数据库服务器、机器人控制服务器五部分。

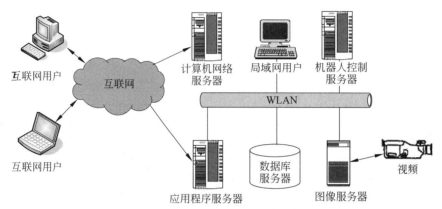

图 4.7　机器人网络控制系统结构图

（1）计算机网络服务器。负责提供用户访问界面、远程注册服务，并进行访问权限设置和身份确认。

（2）应用程序服务器。负责接收客户端控制命令发送，进行应用层协议命令的解析，并直接调用机器人服务器相应的控制命令。

（3）图像服务器。负责采集智能机器人及现场场景图像，进行图像处理以后将视频图像实时地传输给远端用户，并存入机器人图像数据库。

（4）数据库服务器。负责提供存储、管理系统运行中要用到的数据，主要包括用户数据库、图像数据库和机器人运动数据库。

（5）机器人控制服务器。主要提供本地的人机交互界面，可以使操作人员对机器人进行参数设置、任务的指定等。

2. 基于计算机网络的机器人远程控制要解决的问题

1）时间延迟

由于受带宽和网络荷载变化的影响，网络的长时间延迟具有不确定性。

2）系统安全性

与其他的互联网站点一样，基于计算机网络的机器人控制站点也要面对网络上潜在的恶意攻击。

4.4.2　集控式机器人足球通信系统

图 4.8 为半自主型机器人足球比赛赛场的全视图。根据不同的场地，可分为小型组（3vs3）、中型组（5vs5）、大型组（11vs11）比赛。

集控式足球机器人系统在硬件设备方面包括机器人小车、摄像装置、计算机主机无线发射装置。从功能上包括视觉、决策、通信和机器人小车 4 个子系统。

如图 4.9 所示，通信子系统负责主机和足球机器人之间信息的传递。通信系统分为发

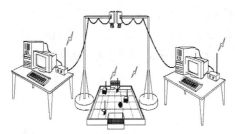

图 4.8　足球机器人比赛平台示意图

射系统和车载接收系统两部分,发射装置与主机相连,接收装置安装在足球机器人上。来自主机决策系统的控制指令通过计算机送至通信发射模块,经过调制后发射出去,机器人的通信接收模块接收命令,并解调后传送给车载微处理器进一步处理,以决定机器人的动作和行为。

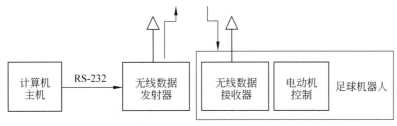

图 4.9　无线通信子系统

4.4.3　基于 Ad Hoc 的无人机集群

Ad Hoc 一词最早来源于拉丁语,拉丁语中的 Ad Hoc 意思为 for this,后来又完善为 for this purpose only,中文意思是“仅用于此目的”,因此可以把 Ad Hoc 网络认为是一种有着特殊用途的网络。Ad Hoc 网络是一种分布式结构的无线通信网络,是一种无线移动自组织网络,强调在一个广阔的区域实现多跳的无线通信。

在 Ad Hoc 网络中,所有节点都拥有平等的地位,也不用增加任何中心控制节点,具有很强的生存能力。每个节点都兼顾路由功能和转发功能,如果通信的初始节点无法和目的节点通信,可以通过两节点之间的中间节点转发来进行通信。其无中心和自组织的特性尤其适用于作战环境下的无人机群体协同作战需求。

自组织网络中的节点不仅具有普通无线终端的数据收发功能,还具有报文的寻径转发能力,并维护网络的运行。当需要通信的目的节点不在自身无线收发范围内时,就将数据向周边节点发送,由周边节点扮演中转角色,进行源与目的节点间的通信。网络中的数据包常常需要经过多个中间节点的转发,即多跳转发,才能到达目的地,这也是自组织网络与其他网络的最重要区别。同时,网络中的节点在进行数据发送、转发、接收、应答的同时,还需要承担相互协调,维持网络自组织、自运行的功能。

近年来,在几场军事冲突与战争中,侦察和攻击型无人机的作用逐渐显著。随着技术的发展,军用无人机除单纯侦察之外的攻击、指挥、预警、电子战等不同作战功能逐步加强,战术应用将沿着单机作战、有人—无人协同作战、无人机集群网络作战的发展路径发展。这预

示着未来的军用无人机的联网通信能力将至关重要,无人机作为网络中野战概念下空—天—地一体化中的重要一环,它的组网技术是完成协同侦察、协同电子干扰、准时攻击、协同攻击这几个协同作战任务的基础和前提。图 4.10 所示为无人机协同一体化示意图。

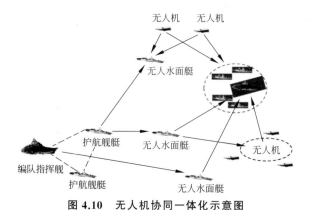

图 4.10　无人机协同一体化示意图

4.4.4　基于 LoRa 的物联网机器人系统

物联网是以互联网、电信网络等为基础的信息载体,使普通万物形成互联网络。如图 4.11 所示,物联网机器人是融合机器人与物联网通信技术的感知执行系统。

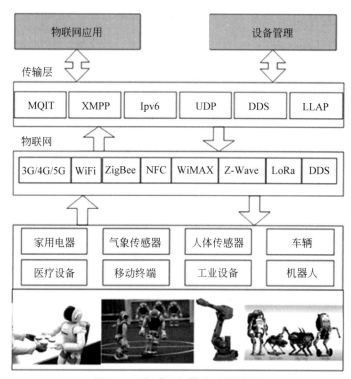

图 4.11　物联网机器人系统模型

LoRa 是目前最成熟、稳定的窄带物联网通信技术,可以以低发射功率获得更广距离的数据传输。LoRa 网络主要由终端（可内置 LoRa 模块）、网关（或称基站）、Server 和云 4 部分组成。图 4.12 给出了一个基于 LoRa 的机械臂远程控制方案。

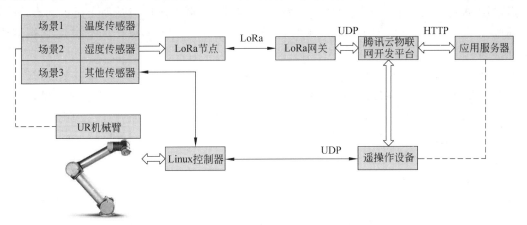

图 4.12　基于 LoRa 的机械臂远程控制方案

在图 4.12 中，机器人处于工厂应用场景中，LoRa 节点用于接收温度和湿度等传感器传来的数据。当工厂出现危险物品泄漏的情况下，机械臂可自动或接收人的远程操作指令，到达指定位置，完成特定任务。显然，这里物联网子系统的主要作用是发现问题和分析问题，机器人旨在解决问题。

4.4.5　基于 5G 的"云—边—端"一体化交通指挥系统

随着成本的下降，5G 有效推动了人工智能与机器人领域的产业创新。5G＋AI 的全新解决方案也为数字经济的发展提供了重要支撑。图 4.13 给出了一个基于 5G 的"云—边—端"一体化交通指挥系统方案。

图 4.13　基于 5G 的"云—边—端"一体化交通指挥系统

1. 交警巡查机器人

交警巡查机器人是一款综合运用物联网、人工智能、云计算、大数据等技术，集环境感知、认知决策、行为控制为一体，具备自主感知、自主行走、自主保护与互动交流等能力，并结合 AR 技术、视频地图引擎技术、人工智能技术等打造的立体可视化的交警巡查机器人系统。

在异常情况下，机器人自主到达现场，亦可通过平台快速调度最近的警力支援，极大地满足了交警部门的实战需要。多传感器系统保证了全天候条件下的机器人自主运动和执行任务能力，确保在暴雨和风雪天气下的机器人按既定计划执行既定任务，极大地缓解了交警的压力和劳动强度。可将其部署到主要的交通路口、机场、码头、车站等区域，协助交警完成交通巡查、抓拍、违停驱离、临时布控、交通管制等工作。

2. 多源时空融合的交通态势全感知

利用多源时空信息的融合，搭建多源时空感应层，综合电子地图、城市三维模型和增强现实实景视频等多源数据的城市交通三维实景平台，在虚拟城市场景中按空间真实精准位置，融合交通增强现实实景视频等非结构化大数据、智能分析数据和物联感知数据，实现交通的全域时空态势感知。

3. 立体化全域交通智能分析

利用先进的深度学习技术，实现"端"侧智能分析和"云"上智能分析的结合和统一，在"云"上实现基于高点视频交通事件和交通态势感知，通过高点实现交通拥堵、事故、停车等各种事件的检测和交通流量、排队长度的实时采集，为"云"上交通指挥提供坚实的数据基础。在"端"侧，对交警巡查机器人及其他交通视频、卡口监测进行深度智能分析，对交通异常事件进行实时监测和预警，对交通违法行为进行实时监测和取证，对交通参数进行实时检测和分析，从而实现立体化全域交通智能分析。

利用先进的增强现实、人工智能和物联网技术，着眼于城市交通运行的综合状况，可以解决目前重点区域交通监测范围过小、监测画面无法兼顾整体与局部、数据缺乏分析、地图展示效果不佳、交警人手不够等问题。结合交通应用业务，致力打造一个全息监测预警、全域智能研判、全局管控调度的一体化交通指挥系统，实现交通管控设备、移动执法设备、交警机器人等交通前场设备"端"到面向交通一体化监测、智能交通研判信息、交通事件全面处理、应急指挥调度全局联动的"云"上综合交通监测，可以有效提升城市交通立体化综合监测和管理应用水平。

第5章　智能机器人的视觉

机器人的视觉功能在于识别环境、理解人的意图并完成工作任务。机器人的视觉技术包括给定图像的检测与跟踪、多目视觉与距离测量、时序图像检测运动并跟踪、主动视觉等。智能机器人通常利用立体视觉恢复周围环境的三维信息、识别道路、判断障碍物,实现路径规划、自主导航等。

5.1　机器视觉基础理论

机器视觉是光学成像问题的逆问题,它通过获取图像、创建或恢复现实世界模型,实现对现实客观世界的观察、分析、判断与决策。机器视觉技术正广泛地应用于工业检测等各方面,在一些危险场景感知、不可见物体感知等场合,机器视觉更凸显其优越性。

5.1.1　理论体系

1982年,马尔首次从信息处理的角度综合了图像处理、心理物理学、神经生理学及临床精神病学的研究成果,提出了一个较为完善的视觉系统框架。他认为对视觉系统的研究应分为3个层次,即计算理论层、表达与算法层和硬件实现层,如图5.1所示。

计算理论层	计算的目的	计算的合理性	执行计算的策略
表达与算法层	信息的编码	数据结构和符号	对应功能的算法
硬件实现层	I/O设备	计算机配置	计算机体系结构

图 5.1　马尔视觉理论的 3 个层次及其所对应的内容

马尔理论是机器视觉研究领域的划时代成就,多年来对图像理解和机器视觉的研究发展起到了重要的作用。视觉系统的3个层次如下所示。

(1)计算理论层是视觉信息处理的最高层次,是抽象的计算理论层次,它回答系统各部分的计算目的和计算策略。

(2)表达与算法层是要进一步回答如何表达视觉系统各部分的输入、输出和内部的信息,以及实现计算理论所规定目标的算法。

（3）硬件实现层要回答的是"如何用硬件实现各种算法"。

机器视觉研究可以分为如下五大研究内容。

1. 低层视觉

低层视觉的主要研究任务是采用大量的图像处理技术和算法，对输入的原始图像进行处理。

（1）利用图像滤波、图像增强、边缘检测等技术，抽取图像中诸如角点、边缘、线条、边界及色彩等关于场景的基本特征。

（2）各种图像变换（如校正）、图像纹理检测、图像运动检测。

2. 中层视觉

中层视觉的主要研究任务是恢复场景的深度、表面法线方向、轮廓等有关场景的 2.5 维信息。

（1）系统标定、测距成像系统、立体视觉等。

（2）明暗特征、纹理特征、运动估计等。

3. 高层视觉

高层视觉的主要研究任务是在以物体为中心的坐标系中，在原始输入图像、图像基本特征、2.5 维图的基础上，恢复物体的完整三维图，建立物体的三维描述，识别三维物体并确定物体的位置和方向。另外，主动视觉（active vision）涵盖了上述各个层次的研究内容。

4. 输入设备

输入设备通过光学摄像机或红外、激光、超声、X 射线对周围场景或物体进行探测成像，得到关于场景或物体的二维或三维数字化图像。

5. 体系结构

研究机器视觉从设计到实现中涉及的信息流结构、拓扑结构等一系列相关的问题。

5.1.2 关键问题

机器视觉系统的主要困难体现在以下几方面。

1. 图像多义性

三维场景被投影为二维图像，深度和不可见部分的信息被丢失。不同形状的三维物体投影在图像平面上可能产生相同图像，如图 5.2 所示。不同角度获取的同一物体图像可能存在很大差异。

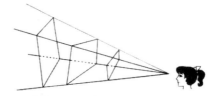

图 5.2　不同形状的三维物体投影在图像平面上产生相同图像

2. 环境因素影响

照明、物体形状、表面颜色、摄像机及空间关系变化都会对获取的图像有影响，几个立方体构成的多义性图像如图 5.3 所示。

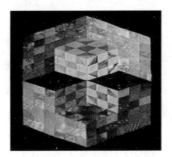

图 5.3　几个立方体构成的多义性图像

3. 知识导引

在不同的知识导引下,同样的图像将会产生不同的识别结果。不同的知识导引也可能产生不同的空间关系。

4. 大数据

灰度图像、彩色图像、高清图像、深度图像、图像序列的信息量会非常大,需要很大的存储空间和计算处理能力。

5.2　成像几何基础

成像系统即是将三维场景变换成二维灰度或彩色图像。这种变换可以用一个从三维空间到二维空间的映射来表示。

$$f:\mathbf{R}^3 \rightarrow \mathbf{R}^2$$
$$(x,y,z) \rightarrow (x',y') \tag{5.1}$$

如果考虑时变三维场景,则上述变换是四维空间到三维空间的变换。如果再考虑某一波段或某几个波段的光谱,则上式的维数将增加到五维或更高维。

5.2.1　基本术语

简单的三维图像获取过程如图 5.4 所示。

图 5.4　三维图像获取过程

1. 投影

一般地,将 n 维的点变换成小于 n 维的点称为投影,平面几何投影变换的分类如图 5.5 所示。三维场景投影将三维空间的点变换成二维图像中的点。

2. 投影中心

如图 5.6(a)所示,投影线回聚于投影中心(COP)。对于视觉系统,投影中心也称为视点或观察点。

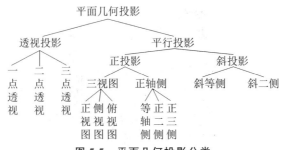

图 5.5　平面几何投影分类

3. 投影线与投影面

从投影中心向物体上各点发出的射线称为投影线,投影面是物体投影所在的假想面。如图 5.6(b)所示,投影线可以是直线或曲线。投影面通常是平面,但有的场合也应用曲面作为投影面。

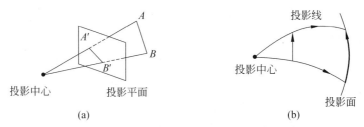

图 5.6　投影过程中的投影线与投影面

4. 投影变换

投影变换是将一种投影点的坐标变换为另一种投影点的坐标的过程。三维空间到二维空间的两种常用投影变换分别是透视投影变换和平行投影变换。

(1) 透视投影变换。如图 5.7(a)所示,透视投影变换的投影中心与投影平面之间的距离为有限远。

图 5.7　透视投影变换和平行投影变换

(2) 平行投影变换。如图 5.7(b)所示,投影中心与投影平面之间的距离为无限远。可见,平行投影变换是透视投影变换的极限状态。

5.2.2　透视投影

1. 透视现象

由于观察距离及方位引起视觉的不同反应,就是透视现象。利用透视规律,可以正确表现出物体之间的远近层次关系,使观察者获得立体的空间感觉,图 5.8 所示现象正体现了这一点。

图 5.8　透视现象

在文艺复兴时期,人们发现要把一个事物画在一块画布上,就好比是用自己的眼睛当作投影中心,把实物的影子影射到画布上去。数学家对图形在中心投影下的性质进行研究,逐渐产生了射影几何这门学科。

17 世纪初期,开普勒最早引进了无限远点的概念。"无限远点"在有限的图像上形成的像却是看得见的。与画面成一角度的平行线簇经透视变换后都汇流成一个远方的点,这个点称为灭点或消失点。图 5.9 分别给出了一点透视、两点透视与三点透视的效果图。近大远小的视觉效果,使得图形深度感强,看起来更加真实。

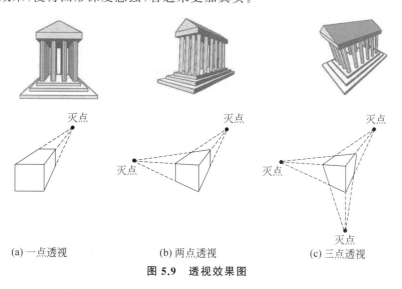

图 5.9　透视效果图

2. 透视投影成像模型

如图 5.10 所示,透视投影可以用针孔成像模型来模拟,其特点是所有来自场景的光线均通过一个投影中心(针孔中心)。透视投影倒立成像的几何示意图如图 5.11 所示,经过投影中心且垂直于图像平面(成像平面)的直线称为投影轴或光轴。

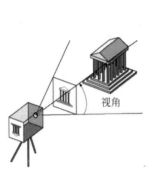

图 5.10　针孔成像模型

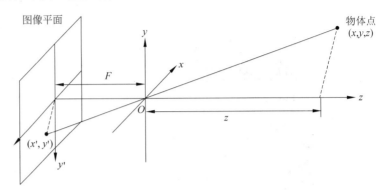

图 5.11　透视投影倒立成像的几何示意图

5.2.3　平行投影

平行投影也称为正交投影,是指用平行于光轴的光将场景投射到图像平面上。如图 5.12 所示,正交投影是透视投影的一个特例,当透视投影模型的焦距 f 很大且物体距投影中心很远时,透视投影就可以用正交投影来近似。

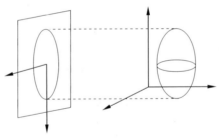

图 5.12　正交投影几何示意图

5.2.4　视觉系统坐标变换

1. 坐标系

在几何学中,为了用数字描述空间物体的大小、形状和位置,必须引进笛卡儿坐标系。用户总是习惯于在自己熟悉的坐标系中描述客体或绘制图形,这个用户定义客体的坐标系称为用户坐标系,或称为客体坐标系。

(1)用户坐标系有直角坐标系、极坐标系、对数坐标系、球形坐标系等。在图形系统中,一般只用到直角坐标系。直角坐标系又称为宇宙坐标系,可以分为二维直角坐标系和三维直角坐标系。

(2)设备坐标系一般是二维坐标系,图形的输出在设备坐标系中进行。设备坐标系包括绘图仪坐标系和显示屏幕坐标系。

（3）规格化坐标系是与设备无关的坐标系，用来构造与设备无关的图形系统。通常取无量纲的单位长度作为在规格化坐标系中图形输入输出的有效空间，X 和 Y 方向的取值范围为 $[0,1]$。

用户坐标系、规格化坐标系和设备坐标系三者之间的关系如图 5.13 所示。

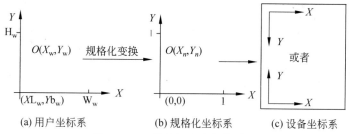

（a）用户坐标系　　　　（b）规格化坐标系　　　（c）设备坐标系

图 5.13　三种坐标系之间的关系

机器视觉系统中通常涉及以下几种坐标系。

（1）像素坐标：表示图像阵列中图像像素的位置。

（2）图像平面坐标：表示场景点在图像平面上的投影。

（3）摄像机坐标：即以观察者为中心的坐标，将场景点表示成以观察者为中心的数据形式。

（4）场景坐标：也称作绝对坐标（或世界坐标），用于表示场景点的绝对坐标。

2. 齐次坐标

齐次坐标表示法就是用 $n+1$ 维向量表示一个 n 维向量。这使得二维的几何变换可以用一种统一的矩阵方式来表示。

在 n 维空间中，点的位置矢量具有 n 个坐标分量 $(P_1, P_2, \cdots, P_n)$，它是唯一的。若用齐次坐标表示时，此向量有 $n+1$ 个坐标分量 $(hP_1, hP_2, \cdots, hP_n, h)$，它是不唯一的。

考虑对笛卡儿空间内点 P 分别进行旋转、平移、放大、缩小，对应的射影空间内 $P[p] \rightarrow P'[p']$ 的变换操作可用 4×4 的矩阵 $\boldsymbol{T}_i$ 来作为 P 的齐次坐标的线性变换：

$$p' = p \cdot \boldsymbol{T}_i \tag{5.2}$$

式中，$P'[p']$ 表示 P 点变换后对应在射影空间内的点。

1）旋转变换

空间内物体绕 x、y、z 轴旋转角度 θ，对应的变换矩阵 $\boldsymbol{T}_i$ 可表示如下：

$$\boldsymbol{T}_x = \begin{bmatrix} 1 & 0 & 0 & 0 \\ 0 & \cos\theta & \sin\theta & 0 \\ 0 & -\sin\theta & \cos\theta & 0 \\ 0 & 0 & 0 & 1 \end{bmatrix} \quad \boldsymbol{T}_y = \begin{bmatrix} \cos\theta & 0 & -\sin\theta & 0 \\ 0 & 1 & 0 & 0 \\ \sin\theta & 0 & \cos\theta & 0 \\ 0 & 0 & 0 & 1 \end{bmatrix}$$

$$\boldsymbol{T}_z = \begin{bmatrix} \cos\theta & \sin\theta & 0 & 0 \\ -\sin\theta & \cos\theta & 0 & 0 \\ 0 & 0 & 1 & 0 \\ 0 & 0 & 0 & 1 \end{bmatrix} \tag{5.3}$$

2）平移变换

空间内物体在 x、y、z 方向平移(h,k,l)，对应的变换矩阵 $\boldsymbol{T}_t$ 可表示如下：

$$\boldsymbol{T}_t = \begin{bmatrix} 1 & 0 & 0 & 0 \\ 0 & 1 & 0 & 0 \\ 0 & 0 & 1 & 0 \\ h & k & l & 1 \end{bmatrix} \tag{5.4}$$

3）扩大、缩小变换

空间内物体以原点为中心，在 x、y、z 轴方向扩大或者缩小 m_x、m_y、m_z 倍，或者全体的 $1/m_w$ 倍，则对应的变换矩阵 $\boldsymbol{T}_i$ 可表示如下：

$$\boldsymbol{T}_m = \begin{bmatrix} m_x & 0 & 0 & 0 \\ 0 & m_y & 0 & 0 \\ 0 & 0 & m_z & 0 \\ 0 & 0 & 0 & m_w \end{bmatrix} \tag{5.5}$$

表现移动的上述 4×4 矩阵 $\boldsymbol{T}_i$ 的各元素的效果图如图 5.14 所示。

5.2.5 射影变换

在三维空间中，以某一个视点为中心往二维平面上投影的过程称为透视变换。如图 5.15 所示，这种将平面 $\varPi$ 上的图形投影到另一图像平面 μ 上的过程称作"配景映射"。这种"配景映射"可以多次进行，称为射影变换。显示这个图像时，显示器有固定的坐标系。用它的坐标直接表现是必要的，这个变换称为表示变换。

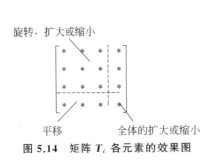

图 5.14 矩阵 $\boldsymbol{T}_i$ 各元素的效果图

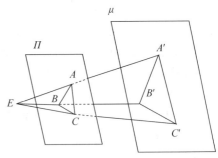

图 5.15 配景映射

三维空间的坐标系规定为现实世界坐标，称为实坐标或世界坐标。在三维空间中，三维物体的投影和图像化过程如图 5.16 所示。

（1）三维空间内物体的坐标变换，从作为笛卡儿坐标的世界坐标变换到齐次坐标。

（2）必要的话，可以旋转、扩大、缩小。这由 4×4 且秩为 4 的矩阵 $\boldsymbol{T}$ 来表达。

（3）在射影空间内的平面上进行透视变换。这由 4×4 且秩为 3 的矩阵 $\boldsymbol{M}_1$ 来表达。

（4）从射影空间内的平面到射影平面的变换。这由 4×3 且秩为 3 的矩阵 $\boldsymbol{M}_2$ 来表达。

（5）从射影平面出发到表示射影平面的变换，用 4×3 且秩为 3 的矩阵 $\boldsymbol{M}_3$ 来表达。

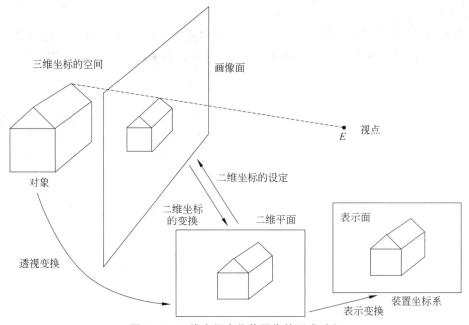

图 5.16 三维空间内物体图像的形成过程

（6）射影平面上的点齐次坐标进行笛卡儿坐标变换。

步骤（2）到步骤（5）的变换全部为线性变换，可以用矩阵形式表达，即

$$M = T \cdot M_1 \cdot M_2 \cdot M_3 \tag{5.6}$$

对于步骤（1）中的对象点 $P(x,y,z)$，齐次坐标变换为 $(x,y,z) \rightarrow [x,y,z,1]$。射影变换的结果即是右乘矩阵 M：

$$[s,t,u] = [<x,y,z,1>M] \tag{5.7}$$

步骤（6）是为了得到成像平面的坐标进行的笛卡儿坐标变换，可表达为

$$[s,t,u] \rightarrow [s/u,t/u] \tag{5.8}$$

5.3 图像的获取和处理

5.3.1 成像模型

成像系统的建模是建立摄像机成像面坐标与客观三维场景的对应关系。

1. 成像坐标变换

成像变换涉及不同坐标系之间的转换，从三维场景到数字图像的获得所经历成像的变换如图 5.17 所示。

图 5.17 坐标系转换关系图

1）图像坐标系

摄像机采集的图像是以 $M \times N$ 的二维数组存储的。如图 5.18 所示，在图像上定义的直角坐标系 $u\text{-}v$ 中，坐标系原点位于图像的左上角，图像坐标系的坐标(u,v)是以像素为单位的坐标。

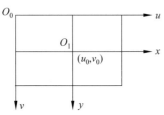

图 5.18　图像坐标系 $u\text{-}v$

2）成像平面坐标系

图像坐标系中的坐标(u,v)只表示像素位于数组中的列数与行数，并没有用物理单位表示出该像素在图像中的位置，因此需要再建立以物理单位（如 mm）表示的成像平面坐标系 $x\text{-}y$。

若原点 O 在 $u\text{-}v$ 坐标系中的坐标为(u_0,v_0)，每一个像素在 x 轴与 y 轴方向上的物理尺寸为 $\mathrm{d}x,\mathrm{d}y$，则图像中任意一个像素在两个坐标系下的坐标关系如下：

$$u = \frac{x}{\mathrm{d}x} + u_0 \tag{5.9}$$

$$v = \frac{y}{\mathrm{d}y} + v_0 \tag{5.10}$$

用齐次坐标与矩阵将上式表示为

$$\begin{bmatrix} u \\ v \\ 1 \end{bmatrix} = \begin{bmatrix} \dfrac{1}{\mathrm{d}x} & 0 & u_0 \\ 0 & \dfrac{1}{\mathrm{d}y} & v_0 \\ 0 & 0 & 1 \end{bmatrix} \begin{bmatrix} x \\ y \\ 1 \end{bmatrix} \tag{5.11}$$

3）摄像机坐标系

摄像机坐标系是以摄像机为中心制定的坐标系。摄像机成像的几何关系如图 5.19 所示。

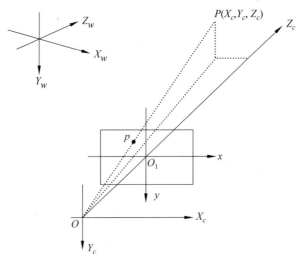

图 5.19　摄像机成像与摄像机为中心制定的坐标系的几何关系

O 点称为摄像机光心；Z_c 轴为摄像机的光轴，它与图像平面垂直；光轴与图像平面的交点为成像平面坐标系的原点 O_1；由点 O 与 X_c、Y_c、Z_c 轴组成的直角坐标系称为摄像机坐标系。OO_1 为摄像机焦距。

4）世界坐标系

在环境中选择世界坐标系来描述摄像机的位置，一般的三维场景都是用这个坐标系表示的。世界坐标系由 X_w、Y_w、Z_w 轴组成，如图 5.19 所示。

摄像机坐标系与世界坐标系之间的关系可以用旋转矩阵 $\boldsymbol{R}$ 与平移向量 t 来描述。

设三维空间中任意一点 P 在世界坐标系的齐次坐标为 $[X_w, Y_w, Z_w, 1]^\mathrm{T}$，在摄像机坐标系下的齐次坐标为 $[X_c, Y_c, Z_c, 1]^\mathrm{T}$，则摄像机坐标系与世界坐标系的关系如下：

$$\begin{bmatrix} X_c \\ Y_c \\ Z_c \\ 1 \end{bmatrix} = \begin{bmatrix} \boldsymbol{R} & t \\ \boldsymbol{0}^\mathrm{T} & 1 \end{bmatrix} \begin{bmatrix} X_w \\ Y_w \\ Z_w \\ 1 \end{bmatrix} = \boldsymbol{M}_1 \begin{bmatrix} X_w \\ Y_w \\ Z_w \\ 1 \end{bmatrix} \tag{5.12}$$

其中，$\boldsymbol{R}$ 为 3×2 单位正交矩阵；t 为三维平移向量；$\boldsymbol{0}=(0,0,0)^\mathrm{T}$；$\boldsymbol{M}_1$ 为 4×4 矩阵。

2. 摄像机小孔成像模型

实际成像系统应采用透镜成像原理，物距 u、透镜焦距 f、像距 v 三者满足如下关系。

$$\frac{1}{f} = \frac{1}{u} + \frac{1}{v} \tag{5.13}$$

因为在一般情况下，有 $u \gg f$，由式（5.13）可知 $v \approx f$，所以实用中可以用小孔成像模型来代替透镜成像模型。空间任何一点 P 在图像上的成像位置 P 可以采用针孔模型近似表示。这种关系也称为中心射影或透视投影，比例关系如下：

$$x = \frac{fX_c}{Z_c}$$
$$y = \frac{fY_c}{Z_c} \tag{5.14}$$

或用齐次坐标与矩阵将上式表示为

$$Z_c \begin{bmatrix} x \\ y \\ 1 \end{bmatrix} = \begin{bmatrix} f & 0 & 0 & 0 \\ 0 & f & 0 & 0 \\ 0 & 0 & 1 & 0 \end{bmatrix} \begin{bmatrix} X_c \\ Y_c \\ Z_c \\ 1 \end{bmatrix} \tag{5.15}$$

综上所述，世界坐标表示的 P 点坐标与其投影点 p 的坐标 (u, v) 的关系如下。

$$Z_c \begin{bmatrix} u \\ v \\ 1 \end{bmatrix} = \begin{bmatrix} \dfrac{1}{\mathrm{d}x} & 0 & u_0 \\ 0 & \dfrac{1}{\mathrm{d}y} & v_0 \\ 0 & 0 & 1 \end{bmatrix} \begin{bmatrix} f & 0 & 0 & 0 \\ 0 & f & 0 & 0 \\ 0 & 0 & 1 & 0 \end{bmatrix} \begin{bmatrix} \boldsymbol{R} & t \\ \boldsymbol{0}^\mathrm{T} & 1 \end{bmatrix} \begin{bmatrix} X_w \\ Y_w \\ Z_w \\ 1 \end{bmatrix}$$

$$= \begin{bmatrix} a_x & 0 & u_0 & 0 \\ 0 & a_y & v_0 & 0 \\ 0 & 0 & 1 & 0 \end{bmatrix} \begin{bmatrix} \boldsymbol{R} & \boldsymbol{t} \\ \boldsymbol{0}^{\mathrm{T}} & 1 \end{bmatrix} \begin{bmatrix} X_w \\ Y_w \\ Z_w \\ 1 \end{bmatrix} = \boldsymbol{M}_1 \boldsymbol{M}_2 \boldsymbol{X}_w = \boldsymbol{M}_w \boldsymbol{X}_w \qquad (5.16)$$

其中，$\boldsymbol{M}$ 为 3×4 的投影矩阵；$\boldsymbol{M}_1$ 完全由 a_x、a_y、u_0、v_0 决定，它们只与摄像机的内部结构有关，称这些参数为摄像机的内部参数；$\boldsymbol{M}_2$ 完全由摄像机相对于世界坐标系的方位决定，称为摄像机的外部参数。

3. 摄像机非线性成像模型

由于实际成像系统中存在着各种误差因素，如透镜像差和成像平面与光轴不垂直等，这样像点、光心和物点在同一条直线上的前提假设不再成立，这表明实际成像模型并不满足线性关系，而是一种非线性关系。尤其在使用广角镜头时，远离图像中心处会有较大的畸变，如图 5.20 所示。像点不再是点 P 和 O 的连线与图像平面的交点，而是有了一定的偏移，这种偏移实际上就是镜头畸变。

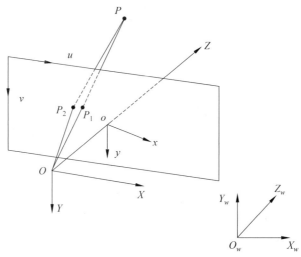

图 5.20　镜头畸变示意图

主要畸变类型有两类：径向畸变和切向畸变，其中径向畸变是畸变的主要来源，它是关于相机镜头主轴对称的，可用数学公式表示如下：

$$\begin{cases} \hat{x} = x + x[k_1(x^2 + y^2) + k_2(x^2 + y^2)^2] \\ \hat{y} = y + y[k_1(x^2 + y^2) + k_2(x^2 + y^2)^2] \end{cases} \qquad (5.17)$$

4. 摄像机的标定

视觉检测根据应用需求的不同，不仅需要作缺陷等目标的定性检测，还需要进一步作定量检测。这就需要从相机拍摄的图像信息出发，计算三维世界中物体的位置、形状等几何信息，并由此识别检测目标中的真实景象。图像上每一点的亮度反映了空间物体表面反射光的强度，而该点在图像上的几何位置与空间物体表面相对应的几何位置有关。这些位置的相互关系由前面所述的摄像机的成像几何模型决定。相机标定是为了在三维世界坐标系和二维图像坐标系之间建立相应的投影关系，一旦投影关系确定，就可以从二维图像信息中推导出三维信息。因此,对于任何一个需要确定三维世界坐标系和二维图像坐标之间联系的视觉系统,相机标定是一项必不可少的工作,标定的具体工作即是确定成像模型中的待定系数,标定的精度往往决定了检测的精度。

1) 传统标定方法

传统的标定方法采用一个标定块(高精度的几何物体)的精确数据与摄像机获得的标定块图像数据进行匹配,求取摄像机的内部参数。

该方法的优点是可以使用任意的相机模型,标定精度高,缺点是标定过程复杂,需要高精度的标定块。而在实际应用中,在很多情况下无法使用标定块,如空间机器人和危险、恶劣环境下工作的机器人等。所以,当应用场合要求的精度很高且相机的参数不经常变化时,传统标定方法应为首选。

2) 自标定方法

相机自标定是指仅通过相机运动获取的图像序列来标定内部参数,而不需要知道场景中物体的几何数据。相机自标定已成为机器视觉领域的研究热点之一。如果不知道场景的几何知识与相机的运动情况,所有的自标定算法都是非线性的,从而需要非常复杂的计算。

自标定方法的优点是不需要标定块,仅依靠多幅图像对应点之间的关系直接进行标定,灵活性强,应用范围广泛。缺点是鲁棒性差,需要求解多元非线性方程。其主要应用场所是精度要求不高的场合。这些场合主要考虑的是视觉效果而不是绝对精度,这也是自标定方法近年来受到重视的根本原因。

5.3.2　图像处理

摄像机获得的图像是一个矩阵数组,视觉传感系统的目标是要从图像中得到有用的信息。在图像采集的过程中,由于外界干扰和摄像机本身物理条件的影响,难免会有噪声、成像不均匀等问题。为取得图像中的特征信息,必须进行有效的图像处理。

视觉传感系统的软件一般包括实时图像处理、存储、输出显示、数据管理等功能。各个功能模块之间以图像信息流为基础相互联系,而在实现上又相对独立。在视觉传感系统中,图像处理分析模块任务最重,涉及算法最多,实时性要求颇为严格,主要任务是将数据量巨大的原始数据抽象处理为反映检测对象特征的数据量很小的符号。视觉传感系统的图像处理流程如图 5.21 所示,图像处理算法上通常应考虑算法的实时性、算法的精确性与算法的稳定性。

图 5.21　视觉传感系统图像处理的一般流程

1. 图像预处理

图像预处理的目的就是增强图像,以便为后续过程做好准备。但由于图像千差万别,还没有一种通用的处理方案,只能根据实际图像的质量来调整。具体处理方法多为图像平滑(高通或低通滤波),图像灰度修正(如直方图均衡化、灰度拉伸、同态滤波方法)等。

1）图像平滑

图像平滑的目的是消除图像中的噪声。凡是统计特征随时间变化而变化的噪声称为非平稳噪声，而统计特征并不随时间变化而变化的噪声称为平稳噪声。见图 5.22(a) 中的噪声，几乎每一处都存在噪声，而且噪声在幅值和色彩上也是随机分布的，称为高斯噪声。而图 5.22(b) 中的噪声幅值相似，但位置是随机的，图中的黑色噪点称为椒，白色的噪点称为盐，这一类的噪声称为椒盐噪声。

(a) 高斯噪声　　　　　　　　　　　　　　　　(b) 椒盐噪声

图 5.22　图像噪声

其方法可在空间域采用邻域平均、中值滤波的方法来减少噪声。由于噪声频谱通常多在高频段，因此可以采用各种形式的低通滤波的方法来减少噪声。

2）图像灰度修正

由于各种条件的限制和光照强度、感光部件灵敏度、光学系统不均匀性、元器件电特性不稳定等诸多外部因素的影响，由同样的像源获得的原始图像往往会有失真。具体表现为灰度分布不均匀，某些区域亮，某些区域暗。图像灰度修正就是根据检测的特定要求对原始图像的灰度进行某种调整，使得图像在逼真度和可辨识度两方面得到改善。适当的灰度修正方法可以将原本模糊不清甚至根本无法分辨的原始图像处理成清晰且富含大量有用信息的可使用图像。

2. 图像分割

图像分割就是把图像分成各具特征的区域，并提取出感兴趣目标的技术和过程，这里的特征可以是灰度、颜色、纹理等。

图像分割一般包括边缘检测、二值化、细化及边缘连接等。图像的边缘是图像的基本特征，是物体的轮廓或物体不同表面之间的交界在图像中的反映。边缘轮廓是人类识别物体形状的重要因素，也是图像处理中重要的处理对象。在一幅图像中，边缘有方向和幅度两个特征。沿边缘走向的灰度变化平缓，而垂直于边缘走向的灰度变化强烈，这种变化可能是阶跃形或斜坡形。

图像分割可被粗略分为 3 类。

（1）基于直方图的分割技术（阈值分割、聚类等）。

（2）基于邻域的分割技术（边缘检测、区域增长）。

（3）基于物理性质的分割技术（利用光照特性和物体表面特征等）。

3. 特征提取

特征提取就是提取目标的特征，也是图像分析的一个重点。一般是对目标的边界、区域、矩、纹理、频率等方面进行分析，具体到每一方面又有许多分支。目前，人们一般是根据所要检测的目标特性来决定选取特征,也就是说,这一步的工作需要大量的试验。

计算机视觉和图像识别最重要的任务之一就是特征检测。最常见的图像特征包括线段、区域和特征点。点特征提取主要是明显点,如角点、圆点等。角点是图像的一种重要特征,它决定了图像中目标的形状,所以在图像匹配、目标描述和识别以及运动估计、目标跟踪等领域,角点的提取都具有重要意义。角点在计算机视觉和图像处理中有不同的表述,如图像边界上曲率足够高的点;图像边界上曲率变化明显的点;图像中梯度值和梯度变化率都很高的点;等等。

4. 图像识别

根据预定的算法对图像进行图像识别,或区分出合格与不合格产品,或给出障碍物的分类,或给出定量的检测结果。

综上所述,图像处理、图像分析和图像识别是处在 3 种不同抽象程度和数据量各有特点的不同层次上。图像预处理是比较低层的操作,它主要在图像像素级上进行处理。图像分割和特征提取进入了中层,把原来以像素描述的图像转变成比较简洁的抽象数据形式的描述,属于图像分析的处理层次。这里,抽象数据可以是对目标特征测量的结果,或者是基于测量的符号表示,它们描述了图像中目标的特点和性质。图像识别则主要是高层操作,基本是对从描述抽象出来的符号进行运算,以研究图像中各目标的性质和它们之间的相互联系,其处理过程和方法与人类的思维和推理有许多类似之处。

5.4　智能机器人的视觉传感器

视觉传感器将图像传感器、数字处理器、通信模块和其他外设集中到一个单一的相机内,独立地完成预先设定的图像处理和分析任务。视觉传感器一般由图像采集单元、图像处理单元、图像处理软件、通信装置、I/O 接口等构成,视觉传感器的构成如图 5.23 所示。

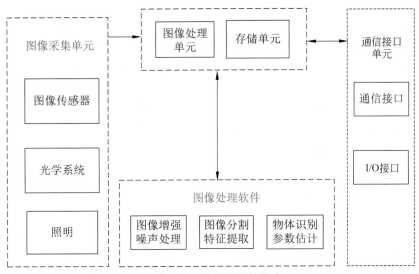

图 5.23　视觉传感器的构成

5.4.1 照明系统

照明系统的主要任务是以恰当的方式将光线投射到被测物体上,从而突出被测特征部分的对比度。照明系统直接关系到检测图像的质量,并决定后续检测的复杂度。好的照明系统设计能够改善整个系统的分辨率,简化软件运算,直接关系到整个系统的成败。不合适的照明系统则会引起很多问题:曝光过度会溢出重要的信息;阴影会引起边缘的误检;信噪比的降低与不均匀的照明会导致图像分割中的阈值选择困难。

5.4.2 光学镜头

镜头是视觉传感系统中的重要组件,对成像质量起着关键性作用。镜头对成像质量的几个最主要指标,如分辨率、对比度、景深及像差等都有重要影响。

1. 镜头的分类

根据焦距能否调节,镜头可分为定焦距镜头和变焦距镜头两大类。变焦距镜头在需要经常改变摄影视场的情况下非常方便,有着广泛的应用领域。但变焦距镜头的透镜片数多、结构复杂,所以最大相对孔径不能做得太大,设计中也难以针对不同焦段、各种调焦距离作像差校正,因此其成像质量无法和同档次的定焦距镜头相比。变焦距镜头的最长焦距值和最短焦距值的比值称为该镜头的变焦倍率。变焦镜头又可分为手动变焦距和电动变焦距两大类。

2. 镜头的选择方法

1) 镜头的主要性能指标

(1) 最大像场。摄影镜头安装在一个很大的伸缩暗箱前端,该暗箱后端装有一块很大的磨砂玻璃。当将镜头光圈开至最大,并对准无限远景物调焦时,磨砂玻璃上呈现出的影像均位于一圆形面积内,而圆形外则漆黑,无影像。此有影像的圆形面积称为该镜头的最大像场。

(2) 清晰像场。在最大像场范围的中心部位,有一能使无限远处的景物结成清晰影像的区域,称为清晰像场。

(3) 有效像场。照相机或摄影机的靶面一般都位于清晰像场之内,这一限定范围称为有效像场。

2) 选取镜头的考虑内容

(1) 相机的CCD尺寸。视觉系统中使用的摄像机靶面尺寸有各种型号,不同的CCD尺寸对应不同的镜头视场,因此选择镜头时一定要注意镜头的有效像场应该大于或等于摄像机的靶面尺寸,否则成像的边角部分会模糊甚至没有影像。

(2) 所需视场。不同镜头的放大倍数、视野参数不同,因此,选用光学镜头时必须结合实际应用,考虑所需视场的大小。

(3) 景深。由于有的检测过程中检测对象的位置可能发生变化,如果不考虑景深问题,将严重影响成像目标体积、结构的清晰度。

(4) 畸变。不恰当的镜头会导致获取图像的畸变,因此必须根据实际应用选择镜头。鱼眼镜头畸变严重,但视角大,因此很少应用于视觉检测,而多用于视觉监控。

镜头的选取必须考虑检测精度、范围、摄像机型号等因素,必须经过大量有效的实验与数据计算分析才能确定。

3. 特殊镜头

针对一些特殊的应用要求,设计机器视觉系统时,还可以选择一些特殊的光学镜头来改善检测系统的性能,常用的特殊镜头如下。

1)显微镜头

一般是成像比例大于 10∶1 的拍摄系统所用,但由于现在摄像机的像元尺寸已经做到 $3\mu m$ 以内,所以一般成像比例大于 2∶1 时也会选用显微镜头。

2)远心镜头

远心镜头是为纠正传统镜头的视差而特殊设计的镜头。它可以在一定的物距范围内使得到的图像放大倍率不会随物距的变化而变化,这对被测物不在同一物面上的情况是非常重要的应用。

3)紫外镜头和红外镜头

由于同一光学系统对不同波长光线折射率的不同,导致同一点发出的不同波长的光成像时不能汇聚成一点,产生色差。常用镜头的消色差设计也是针对可见光范围的,紫外镜头和红外镜头即是专门针对紫外线和红外线设计的镜头。

4. 接口

镜头与摄像机之间的接口有许多不同的类型,工业摄像机常用的包括 C 接口、CS 接口、F 接口、V 接口等。C 接口和 CS 接口是工业摄像机最常见的国际标准接口,为 1in-32UN 英制螺纹连接口,C 接口和 CS 接口的螺纹连接是一样的,区别在于 C 接口的后截距为 17.5mm,CS 接口的后截距为 12.5mm。所以 CS 接口的摄像机可以和 C 接口及 CS 接口的镜头连接使用,只是使用 C 接口镜头时需要加一个 5mm 的接圈,而 C 接口的摄像机不能用 CS 接口的镜头。

F 接口镜头是尼康镜头的接口标准,所以又称尼康口,也是工业摄像机中常用的类型。一般摄像机靶面大于 1in 时需用 F 接口的镜头。

V 接口镜头是著名的施奈德镜头主要使用的标准,一般也用于摄像机靶面较大或特殊用途的镜头。

5.4.3　摄像机

摄像机是机器视觉系统中的一个核心部件,其功能是将光信号转变成有序的电信号。摄像机以小巧、可靠、清晰度高等特点,在商用与工业领域都得到了广泛使用。

1. 类型

1)CCD 摄像机和 CMOS 摄像机

根据成像器件的不同,目前使用的摄像机可分为 CCD 摄像机和 CMOS 摄像机。1969 年,美国贝尔实验室的博伊尔和史密斯发明了电荷耦合器件(charge couple device,CCD)。CCD 主要是由一个类似马赛克的网格、聚光镜片及垫于最底下的电子线路矩阵组成的。CCD 具有灵敏度高、抗强光、畸变小、体积小、寿命长、抗震动等优点,已成为现代光电子学和测试技术中最活跃、最富有成果的领域之一。因此项成果,博伊尔和史密斯获得了 2009 年诺贝尔

物理学奖。互补金属氧化物半导体(complementary metal-oxide semiconductor,CMOS)主要是利用硅和锗这两种元素做成的半导体。CMOS上共存着 N(带负电)和 P(带正电)级的半导体,这两个互补效应产生的电流即可被处理芯片记录和解读成影像。然而,CMOS 处理快速变化的影像时,电流变化过于频繁而产生过热现象,因此 CMOS 容易出现噪点。

2) 线阵式和面阵式摄像机

摄像机按照使用的器件可以分为线阵式和面阵式两大类。线阵式摄像机一次只能获得图像的一行信息,被拍摄的物体必须以直线形式从摄像机前移过,才能获得完整的图像。线阵式摄像机主要用于检测那些条状、筒状产品,如布皮、钢板、纸张等。面阵式摄像机一次获得整幅图像的信息。面阵式摄像机又可以按扫描方式分为隔行扫描摄像机和逐行扫描摄像机。

2. 摄像机的主要性能指标

1) 分辨率

分辨率摄像机每次采集图像的像素点数(pixels)。对于数字摄像机,一般是直接与光电传感器的像元数对应。对于模拟摄像机,则取决于视频制式,PAL 制为 768×576,NTSC 制为 640×480。

2) 像素深度

像素深度即每像素数据的位数,一般常用的是 8 位,此外还有 10 位、12 位等。

3) 最大帧率/行频

最大帧率/行频摄像机采集传输图像的速率,对于面阵式摄像机,一般为每秒采集的帧数(frame/s),对于线阵式摄像机,一般为每秒采集的行数(Hz)。

4) 曝光方式和快门速度

对于线阵式摄像机,都是逐行曝光的方式。可以选择固定行频和外触发同步的采集方式,曝光时间可以与运行周期一致,也可以设定一个固定的时间。面阵式摄像机有帧曝光、场曝光和滚动行曝光等几种常见的曝光方式,数字摄像机一般都提供外触发采图的功能。快门速度一般可到 $10\mu s$,高速摄像机还可以更快。

5) 像元尺寸

像元大小和像元数(分辨率)共同决定了摄像机靶面的大小。目前数字摄像机像元尺寸一般为 $3 \sim 10\mu m$,一般像元尺寸越小,制造难度越大,图像质量也越不容易提高。

6) 光谱响应特性

光谱响应特性是指该像元传感器对不同光波的敏感特性,一般响应范围是 $350 \sim 1000nm$。一些摄像机在靶面前加了一个滤镜,滤除红外光线,如果系统需要对红外感光时,可去掉该滤镜。

5.4.4 图像处理器

一般嵌入式系统可以采用的处理器类型有专用集成电路(ASIC)、数字信号处理器(DSP)及现场可编程门阵列(FPGA)。智能相机中最常用的处理器是 DSP 和 FPGA。

ASIC 是针对具体应用定制的集成电路,可以集成一个或多个处理器内核,以及专用的图像处理模块(如镜头校正、平滑滤波、压缩编码等),实现较高程度的并行处理,处理效率最高。但是 ASIC 的开发周期较长,开发成本高,不适合中小批量的视觉系统领域。

DSP 的信号处理能力强,编程相对容易,价格较低,在嵌入式视觉系统中得到较广泛应用。比如德国的 VC 系列和 iMVS 系列。由于 DSP 在图像和视频领域广泛的应用,不少 DSP 厂家近年推出了专用于图像处理领域的多媒体数字信号处理器。典型的产品有菲利普的 Trimedia、TI 的 DM64x 和亚德诺的 Blackfin。

随着 FPGA 价格下降,FPGA 开始越来越多地应用在图像处理领域。作为可编程、可现场配置的数字电路阵列,FPGA 可以在内部实现多个图像处理专用功能块,包含一个或多个微处理器,为实现底层图像处理任务的并行处理提供一个较好的硬件平台。典型的 FPGA 器件有 Xilinx 的 Virtex Ⅱ Pro 和 Virtex-4。

5.5　智能机器人视觉系统

5.5.1　智能机器人视觉系统构成

人类视觉立体感的建立过程为:双眼同时注视物体,双眼视线交叉于一点(注视点),从注视点反射回到视网膜上的光点是对应的,这两点将信号转入大脑视中枢,合成一个物体完整的像。这样不但看清了这一点,也能辨别出这一点与周围物体间的距离、深度、凹凸等特征。

人眼的深度感知(depth perception)能力主要依靠人眼的如下几种机能。

(1) 双目视差。由于人的两只眼睛存在间距(平均值为 6.5cm),左右眼看到的是有差异的图像。

(2) 运动视差。观察者和景物相对运动使景物的尺寸和位置在视网膜的投射发生变化,产生深度感。

(3) 眼睛的适应性调节。人眼的适应性调节主要是指眼睛的主动调焦行为。主动调焦使我们可以看清楚远近不同的景物和同一景物的不同部位。

(4) 视差图像在人脑的融合。人眼肌肉需要牵引眼球转动,肌肉的活动再次反馈到人脑,使双眼得到的视差图像在人脑中融合。

(5) 其他因素。人的经验和心理作用、颜色差异、对比度差异、景物阴影、显示器的尺寸、观察者所处的环境等因素也会对景象的深度感知能力有影响,但这些因素是微不足道的。

常见的机器人视觉系统有单目视觉、双目视觉及多目视觉等。单目视觉系统具有快速和便捷的特点,通常应用在一些对精度要求不高的领域。多目视觉系统具有精度较高、信息丰富与探测距离广等优点。立体视觉系统可以划分为图像采集、摄像机标定、特征提取、立体匹配、三维重建和机器人视觉伺服 6 个模块。

1. 图像采集

采集含有立体信息图像的方式很多,主要取决于应用的场合和目的。通常利用 CCD 摄像器件或 CMOS 摄像器件并经过预处理获得景物的本征图像。其基本方式是由不同位置的两台或移动或旋转的一台摄像机拍摄同一幅场景,获取立体图像对。

2. 摄像机标定

立体视觉的最终目的是能够从摄像机获取的图像信息出发计算三维环境中物体的位置、形状等几何信息,并由此识别环境中的物体。具体可见 5.3.1 节中"摄像机的标定"。

3. 特征提取

特征提取是为了得到匹配赖以进行的图像特征。迄今为止,还没有一种普遍适用的理论可用于图像特征的提取,从而导致了立体匹配特征的多样性。目前,常用的匹配特征主要有点状特征、线状特征和区域特征。良好的匹配特征应具有可区分性、稳定性和唯一性,以及有效解决歧义匹配的能力。

4. 立体匹配

立体匹配的本质就是给定一幅图像中的一点,寻找另一幅图像中的对应点。根据匹配基元和方式的不同,立体匹配算法基本可分为 3 类:基于区域的匹配、基于特征的匹配和基于相位的匹配。目前较常用的是基于特征的角点匹配。

5. 三维重建

当通过立体匹配得到视差图像后,就可以获取匹配点的深度,然后利用获得的匹配点进行深度插值,进一步得到其他各点的深度,即对离散数据进行插值,以得到不在匹配特征点处的视差值。通过得到的数据进行三维重建,从而达到恢复场景 3D 信息的目的。

6. 机器人视觉伺服

视觉伺服是利用机器视觉的原理,从直接得到的图像反馈信息中快速进行图像处理,在尽量短的时间内给出反馈信息,构成机器人的位置闭环控制。

5.5.2 单目视觉

如图 5.24 所示,焦距为 f 的 CCD 摄像机距离地面的高度为 h,其俯仰角度为 α;O_o 是镜头中心;$O(x_o, y_o)$ 是光轴与像平面的交点,可作为像平面坐标系原点;R 为目标物体,假设被测点为 P,它与镜头中心的水平距离为 d;$P'(x, y)$ 是被测点 P 在像平面上的投影。

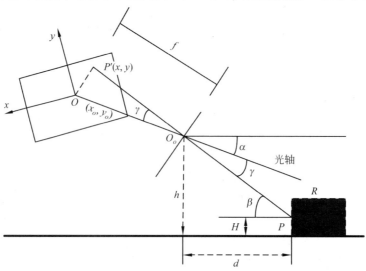

图 5.24　单目测距原理

被测点 P 与摄像机的光学成像几何关系如下：

$$\beta = \alpha + \gamma \tag{5.18}$$

$$\tan\beta = (h - H)/d \tag{5.19}$$

$$\tan\gamma = OP'/f \tag{5.20}$$

联合式(5.18)、式(5.19)和式(5.20)，可得

$$d = (h - H)/\tan(\alpha + \gamma) = (h - H)/\tan[\alpha + \arctan(OP'/f)] \tag{5.21}$$

其中，h 和 α 已知，且有如下关系：

$$OP'^2 = y^2 + x^2 \tag{5.22}$$

设 (u, v) 为以像素为单位的图像坐标系的坐标，$O''(u_o, v_o)$ 是摄像机光轴与像平面交点 $O(x_o, y_o)$ 的像素坐标；$P''(u, v)$ 是 $P'(x, y)$ 的像素坐标。设 CCD 一个像素对应像平面在 x 轴与 y 轴方向上的物理尺寸分别为 d_x、d_y，则

$$\begin{bmatrix} u \\ v \\ 1 \end{bmatrix} = \begin{bmatrix} 1/d & 0 & u_o \\ 0 & 1/d & v_o \\ 0 & 0 & 1 \end{bmatrix} \begin{bmatrix} x \\ y \\ 1 \end{bmatrix} \tag{5.23}$$

则 $x = (u - u_o)d_x$，$y = (v - v_o)d_x$，代入式(5.22)得

$$OP'^2 = [(u - u_o)d_x]^2 + [(v - v_o)d_y]^2 \tag{5.24}$$

令 $f_x = f/d_x$，$f_y = f/d_y$，有

$$(OP'/f)^2 = [(u - u_o)/f_x]^2 + [(v - v_o)/f_y]^2 \tag{5.25}$$

其中，f_x、f_y、u_o、v_o 是摄像机的内部参数，通过离线标定已得到。摄像机的俯仰角度 α 可以通过直接设置云台摄像机的参数得到，联合式(5.21)和式(5.25)，可以求得被测点 P 与摄像机之间的距离如下。

$$d = (h - H)/\tan\left[d + \arctan\sqrt{[(u - u_o)/f_x]^2 + [(v - v_o)/f_y]^2}\right] \tag{5.26}$$

图 5.25 为国际仿人机器人奥林匹克竞赛高尔夫比赛项目示意图，机器人配备了一只 CMOS 摄像头。根据上述原理，可以通过二维图像获取深度信息。具体步骤如下。

(1) 通过摄像机标定获取摄像机的参数。

(2) 实时获取摄像机的俯仰角。

(3) 选取目标物体的目标像素点。

(4) 通过正运动学原理建模获取机器人当前摄像头的实时高度。

(5) 计算距离。

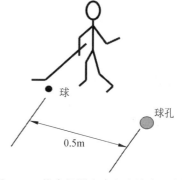

图 5.25　仿人机器人高尔夫比赛示意图

5.5.3　立体视觉

双目视觉系统用两台性能相同、位置相对固定的图像传感器获取同一景物的两幅图像，通过"视差"来确定场景的深度信息，可实现场景的三维重构。

1. 平行式立体视觉模型

最简单的摄像机配置如图 5.26 所示。在水平方向平行地放置一对相同的摄像机，其中基

线距 B 为两摄像机的投影中心连线的距离,摄像机焦距为 f。前方空间内的点 $P(x_c, y_c, z_c)$ 分别在"左眼"和"右眼"成像,它们的图像坐标分别为 $p_{\text{left}} = (X_{\text{left}}, Y_{\text{left}})$ 和 $p_{\text{right}} = (X_{\text{right}}, Y_{\text{right}})$。

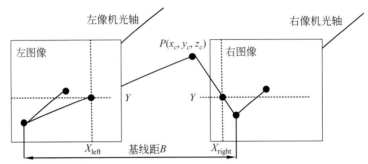

图 5.26 双目立体成像原理

1）几何关系

现在两摄像机的图像在同一个平面上,则特征点 P 的图像坐标 Y 坐标相同,即 $Y_{\text{left}} = Y_{\text{right}} = Y$,则由三角几何关系得

$$\begin{cases} X_{\text{left}} = f\dfrac{x_c}{z_c} \\[2mm] X_{\text{right}} = f\dfrac{(x_c - B)}{z_c} \\[2mm] Y = f\dfrac{y_c}{z_c} \end{cases} \tag{5.27}$$

则视差为 $\text{Disparity} = X_{\text{left}} - X_{\text{right}}$。由此可计算出特征点 P 在相机坐标系下的三维坐标为

$$\begin{cases} x_c = \dfrac{B \cdot X_{\text{left}}}{\text{Disparity}} \\[2mm] y_c = \dfrac{B \cdot Y}{\text{Disparity}} \\[2mm] z_c = \dfrac{B \cdot f}{\text{Disparity}} \end{cases} \tag{5.28}$$

因此,左相机像面上的任意一点只要能在右相机像面上找到对应的匹配点,就可以确定该点的三维坐标。这种方法是完全的点对点运算,像面上所有点只要存在相应的匹配点,就可以参与上述运算,从而获取对应的三维坐标。

2）性能分析

（1）由 P 点坐标公式可知,两摄像机投影中心连线的距离 B 越大,空间内位置的测定精度也就越高。但是从另一方面讲,能够测定的范围相应地减小。双目立体成像的视场关系如图 5.27 所示。

（2）摄像机 CCD 分辨率直接影响视差 Disparity 的测量精度,CCD 分辨率越高,则空间内位置测定精度越高。p 点的距离越远,则视差越小。当 p 点趋于无穷远时,视差趋于 0。因此远处物体位置的测量精度会极端恶化。

3）立体视觉测量过程

从上面的简化公式可以看出,双目立体视觉方法的原理较为简单,计算公式也不复杂。

立体视觉的测量过程如下。

（1）图像获取：单台相机移动获取。双台相机获取：可有不同位置关系（一直线上、一平面上、立体分布）。

（2）相机标定：确定空间坐标系中物体点同它在图像平面上像点之间的对应关系。

（3）图像预处理和特征提取。

（4）立体匹配：根据对所选特征的计算建立特征之间的对应关系，将同一个空间物理点在不同图像中的映像点对应起来。

（5）深度确定：通过立体匹配得到视差图像之后，便可以确定深度图像，并恢复场景 3D 信息。

4）立体视觉的关键技术

视差本身的计算是立体视觉中最关键、最困难的一步，它涉及模型分析、摄像机标定、图像处理、特征选取及特征匹配等过程。特征匹配的本质就是给定一幅图像中的一点，寻找另一幅图像中的对应点。根据匹配基元和方式的不同，立体匹配算法可分为 3 类：基于区域的匹配、基于特征的匹配和基于相位的匹配。目前较常用的是基于特征的角点匹配。

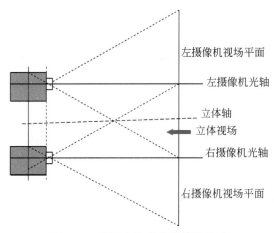

图 5.27　双目立体成像的视场关系

2. 汇聚式立体视觉模型

在实际情况中，很难得到绝对的平行立体摄像系统。安装摄像机时，无法看到摄像机光轴，因此难以将摄像机的相对位置调整为理想情形。在一般情况下，汇聚式立体视觉采用图 5.28 所示的任意放置的两个摄像机组成双目立体视觉系统。

3. 多目立体视觉模型

多台摄像机设置于多个视点，观测三维对象的视觉传感系统称为多目视觉传感系统。在生活中，人们对物体的多视角观察就是多目视感系统的一个生动实例。

事实上，利用单台摄像机也可达到恢复 3D 的目的，方法是让相机有"足够"的运动。

多目视觉传感系统能够在一定程度上弥补双目视觉传感系统的技术缺陷，获取更多的信息，增加几何约束条件，减少视觉中立体匹配的难度，但结构上的复杂性也引入了测量误差，降低了测量效率。

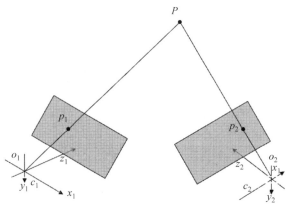

图 5.28　汇聚式立体视觉模型

5.5.4　智能机器人视觉系统实例

1. 双目视觉实例

图 5.29 是一个基于双目视觉的智能机器人系统框架图。图中的系统主要分为计算机视觉和机器人控制两部分,双目摄像头采集环境信息并完成分析,以实现对机器人运动的控制。视觉系统带云台的两个摄像头,左右眼协同实现运动目标的实时跟踪和三维测距。与单目视觉相比,双目视觉能够提供更准确的三维信息。三维信息的获得为机器人的控制提供了基础。

图 5.30 是加拿大 Dr Robot 公司生产的 sputnik^2 型具有两个云台式高清光学变焦摄影镜头的无线智能机器人开发平台。

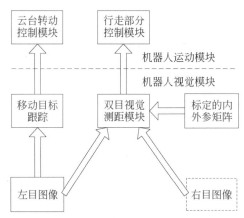

图 5.29　智能机器人系统框架

图 5.30　sputnik^2 型智能机器人开发平台

2. Kinect 立体视觉实例

Kinect 开发之初是为了给 Xbox360 充当体感摄像机。它利用动态捕捉、影像识别等技术,让用户可以通过自己的肢体动作来控制终端,完成相应的任务。

如图 5.31 所示,RGB 彩色摄影机最大支持 1280×960 分辨率成像,用来采集彩色图像。3D 结构光深度感应器由红外线发射器和红外线 CMOS 摄影机构成,最大支持 640×480 成像。Kinect 还采用了追焦技术,底座马达会随着对焦物体移动跟着转动。Kinect 也内建阵列式麦克风,由 4 个麦克风同时收音,比对后消除杂音,并通过其采集声音进行语音识别和声源定位。

(a) 外观

(b) 内部结构

(c) 拆解

图 5.31　Kinect 外观及结构

　　Kinect 中集成的深度传感器基于光编码技术。Kinect 摄像头中的红外投像机会发射一束红外光线,红外线经过散射片的散射会分成许多束光线,它们重新聚合在一起便形成了散射光斑。红外摄像头会将捕获的散射光斑与之前内部存储的参考模式进行比较。当捕获的光斑距离与之前存储的参考模式不同时,光斑在红外图像中的位置将会沿着基准线有一定的移动,通过图像的相关性过程可以测量所有光斑的移动范围,此时系统中会形成一幅视差图像,此时可以通过视差图像中相应的位移计算出每个像素点的深度距离。图 5.32 给出了一种基于 Kinect 深度摄像机的机器人视觉系统实例。

图 5.32　基于 Kinect 的机器人视觉系统实例

5.6　视　觉　跟　踪

　　早期机器视觉系统主要针对静态场景。智能机器人视觉技术必须研究用于动态场景分析的机器视觉系统。视觉跟踪是根据给定的一组图像序列,对图像中物体的运动形态进行分析,从而确定一个或多个目标在图像序列中是如何运动的。20 世纪 80 年代初,光流法被提出来,动态图像序列分析进入了研究高潮。但由于其运算量很大,当时很难满足实时性要求。1998 年,迈克尔和安德鲁提出 Condensation 算法,首次将粒子滤波的思想应用到视频序列目标跟踪研究中。2003 年,科马尼卡等提出 Mean Shift 跟踪框架,它的理论严谨,计算

复杂度低,对目标的外表变化、噪声、遮挡、尺度变化等具有一定的自适应能力,已成为目标跟踪算法的研究热点。

5.6.1 视觉跟踪系统

1. 视觉跟踪系统构成

图像的动态变化可能是由物体运动、物体结构、大小或形状变化引起的,也可能是由摄像机运动或光照改变引起的。

根据摄像机与场景目标的运动状态,可以分为以下 4 类。

(1) 摄像机静止/目标静止:这是最简单的静态场景分析模式。

(2) 摄像机静止/目标运动:是一类非常重要的动态场景分析模式,包括运动目标检测、目标运动特性估计等。主要用于视频监控、目标跟踪。

(3) 摄像机运动/目标静止:是另一类非常重要的动态场景分析模式,包括基于运动的场景分析、理解、三维运动分析等。主要用于智能机器人的视觉导航、目标自动锁定与识别等。

(4) 摄像机运动/目标运动:是最一般的情况,也是最复杂的问题。

图 5.33 给出了一个智能机器人视觉跟踪系统的流程及结构。

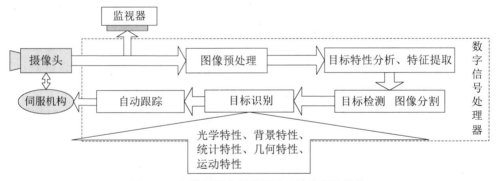

图 5.33 智能机器人视觉跟踪系统流程及结构

运动目标的跟踪就是在视频图像的每一幅图像中确定出我们感兴趣的运动目标的位置,并把不同帧中的同一目标对应起来。目标检测与跟踪是低层视觉功能,目标识别属于高层视觉功能。将跟踪的目标保持在图像的中央位置,将获得最佳图像质量,可以为目标识别打下基础。

2. 视觉跟踪算法及性能要求

对常用视觉跟踪算法进行总结分类,如图 5.34 所示。

一个好的视觉跟踪算法一般应满足以下两个基本要求。

(1) 实时性。算法的处理速度要与图像帧的采集速度相匹配,以保证正常跟踪。

(2) 鲁棒性。算法应具有较强的鲁棒性,以适应实际观测环境中复杂的图像背景、光照变化、目标遮挡等情况。

上述两条要求往往需要某种折中,以得到较好的综合性能。在复杂的背景下跟踪一个和多个运动目标是困难的,应就具体问题分析。不同算法往往针对不同的应用环境进行相应的假设,然后建模求解,因此缺乏一定的通用性。

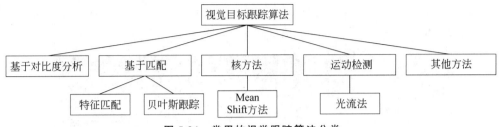

图 5.34　常用的视觉跟踪算法分类

5.6.2　基于对比度分析的目标追踪

基于对比度分析的目标追踪是利用目标与背景在对比度上的差异来提取、识别和跟踪目标。显然,这种方法不适合复杂背景中的目标跟踪,但对于空中背景下的目标跟踪却非常有效。

检测图像序列相邻两帧之间变化的最简单方法是直接比较两帧图像对应像素点的灰度值。在这种最简单的形式下,帧 $f(x,y,j)$ 与帧 $f(x,y,k)$ 之间的变化可用一个二值差分图像表示,如图 5.35 所示。

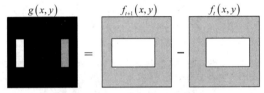

图 5.35　二值差分图像表示

在差分图像中,取值为 1 的像素点被认为是物体运动或光照变化的结果。这里假设帧与帧之间配准或套准得很好。帧差法的处理流程如图 5.36 所示。

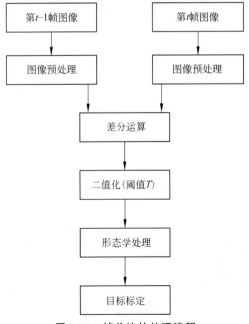

图 5.36　帧差法的处理流程

111

实验结果如图 5.37 所示。通过对实验结果的观察可知,通过帧差法可以获得较好的结果,并且通过二值化后可以明显地将运动目标显示出来。

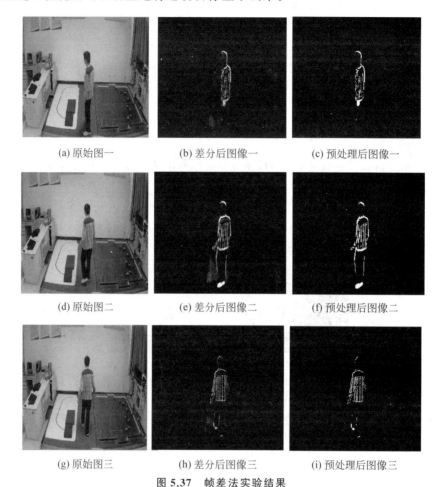

(a) 原始图一	(b) 差分后图像一	(c) 预处理后图像一
(d) 原始图二	(e) 差分后图像二	(f) 预处理后图像二
(g) 原始图三	(h) 差分后图像三	(i) 预处理后图像三

图 5.37　帧差法实验结果

5.6.3　光流法

光流法是基于运动检测的目标跟踪代表性算法。光流是空间运动物体在成像面上的像素运动的瞬时速度,光流矢量是图像平面坐标点上的灰度瞬时变化率。光流的计算是利用图像序列中的像素灰度分布的时域变化和相关性来确定各自像素位置的运动。

图 5.38 是一个非常均匀的球体,由于球体表面是曲面,因此在某一光源照射下,亮度会呈现一定的空间分布或明暗模式。

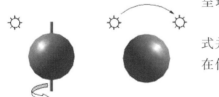

图 5.38　光流与运动场差别示意图

(1) 当球体在摄像机前面绕中心轴旋转时,明暗模式并不随着表面运动,所以图像也没有变化。此时光流在任意地方都等于 0,但运动场却不等于 0。

(2) 当光源运动、球体不动时,明暗模式运动将随着光源运动。此时光流不等于 0,但运动场为 0,因为物体没有运动。

一般而言,物体运动时,在图像上对应物体的亮度模式也在运动。因此,可以认为光流与运动场没有太大的区别,这就允许我们根据图像运动来估计相对运动。

1. 基本原理

给图像中的每一像素点赋予一个速度向量,就形成了图像运动场。在运动的一个特定时刻,图像上的某一点 p_i 对应三维物体上的某一点 P_0,这种对应关系可以由投影方程得到。

如图 5.39 所示,设物体上一点 P_0 相对于摄像机具有速度 v_0,从而在图像平面上对应的投影点 p_i 具有速度 v_i。在时间间隔 δ_t 时,点 P_0 运动了 $v_0\delta_t$,图像点 p_i 运动了 $v_i\delta_t$。速度可由下式表示:

$$v_o = \frac{\mathrm{d}\boldsymbol{r}_0}{\mathrm{d}t} \quad v_i = \frac{\mathrm{d}\boldsymbol{r}_i}{\mathrm{d}t} \tag{5.29}$$

式中 $\boldsymbol{r}_0$ 和 $\boldsymbol{r}_i$ 之间的关系为

$$\frac{1}{f'}\boldsymbol{r}_i = \frac{1}{\boldsymbol{r}_o \cdot \hat{z}}\boldsymbol{r}_0 \tag{5.30}$$

其中,f' 表示图像平面到光学中心的距离,$\hat{z}$ 表示 z 轴的单位矢量。

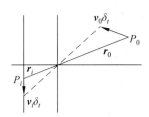

图 5.39　三维物体上一点运动的二维投影

式(5.30)只是用来说明三维物体运动与在图像平面投影之间的关系,但我们关心的是图像亮度的变化,以便从中得到场景的信息。

2. 特点

光流法能够很好地用于二维运动估计,也可以同时给出全局点的运动估计,但其本身还存在一些问题:需要多次迭代,运算速度慢,不利于实时应用。

5.6.4　基于匹配的目标跟踪

1. 基本原理

基于匹配的目标跟踪算法需要提取目标的特征,并在每一帧中寻找该特征。寻找的过程就是特征匹配过程。目标跟踪中用到的特征主要有几何形状、子空间特征、外形轮廓和特征点等。其中,特征点是匹配算法中常用的特征。特征点的提取算法很多,如 Kanade Lucas Tomasi(KLT)算法、Harris 算法、SIFT(尺度不变特征变换)算法及 SURF 算法等。

2. 算法步骤

大多数特征跟踪算法的执行都遵循图 5.40 所示的目标预测—特征检测—模板匹配—更新 4 个步骤的闭环结构。

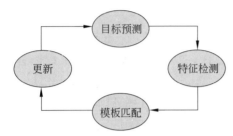

图 5.40　基于特征的跟踪算法结构图

（1）目标预测步骤主要基于目标的运动模型，以前一帧目标位置预测出当前帧中目标的可能位置。运动模型可以是很简单的等速平移运动，也可以是很复杂的曲线运动。

（2）特征检测步骤是在目标区域通过相应的图像处理技术获得特征值，组合成待匹配模板。候选区域的特征和初始特征相匹配，通过优化匹配准则来选择最好的匹配对象，其相应的目标区域即为目标在本帧的位置。

（3）模板匹配步骤是选择最匹配的待匹配模板，它的所在区域即是目标在当前帧的位置区域。一般以对目标表象的变化所做的一些合理的假设为基础，一个常用的方法是候选特征与初始特征的互相关系数最小。

上述 3 个步骤不断往复，一般在一个迭代中完成。

（4）更新步骤一方面对初始模板（特征）进行更新，以适应在目标运动过程中目标姿态、环境的照度发生的变化；另一方面进行位置的更新。在当前帧中找到与目标模板最匹配的模板后，常把该模板的中心位置作为目标在当前帧中的位置，并用该位置对目标的初始位置进行更新，作为下一帧处理时的目标初始位置。

5.6.5　Mean Shift 目标跟踪

1. 基本原理

Mean Shift 算法称为均值偏移方法，其基本思想是对相似度概率密度函数或者后验概率密度函数采用直接的连续估计。Mean Shift 跟踪算法采用彩色直方图作为匹配特征，反复不断地把数据点朝向 Mean Shift 矢量方向移动，最终收敛到某个概率密度函数的极值点。

核函数是 Mean Shift 算法的核心，可以通过尺度空间差的局部最大化来选择核尺度，若采用高斯差分计算尺度空间差，则得到高斯差分 Mean Shift 算法。

Mean Shift 算法的算法原理可用下面的例子进行直观说明。对于图 5.41，在完全相同的桌球分布中找出最密集的区域。

（1）如图 5.41(a)所示，根据要求随机给出一定半径的感兴趣区域。显然，该区域并非最密集的区域。根据桌球分布情况，容易求得感兴趣区域数据点的质心。在这一步将感兴趣区域圆心移动至数据点的质心。移动之后的密集程度较之前的高。

（2）如图 5.41(b)和图 5.41(c)所示，重复上述算法：根据桌球分布情况，求取数据点的质心，并将圆心移动至数据点的质心。

（3）如图 5.41(d)所示，反复迭代后，随机给定的圆将收敛至桌球分布最密集的区域。

2. 算法步骤

与粒子滤波跟踪不同，Mean Shift 算法属于基于特征模板匹配的确定性跟踪方法。颜

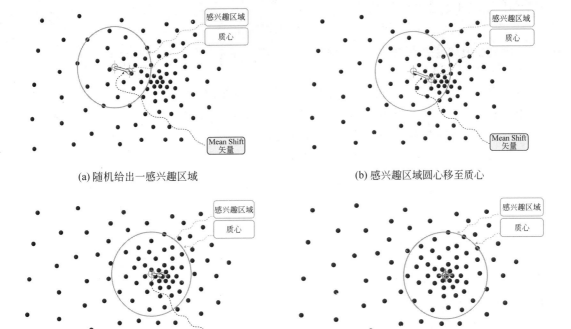

(a) 随机给出一感兴趣区域　　　　　　　(b) 感兴趣区域圆心移至质心

(c) 感兴趣区域圆心移至质心　　　　　　(d) 感兴趣区域收敛至最密集的区域

图 5.41　Mean Shift 算法原理举例

色分布特征对非刚体目标和目标旋转形变保持较强的鲁棒性,因此常被选择作为目标模板的描述。从起始图像开始,通过手工选择方式确定运动目标的特征模板,并计算该搜索窗口的核函数加权直方图分布。假定目标模板为以 x_0 为中心的区域 A,颜色分布离散为 m 箱(bins),将像素 x_i 处的像素颜色值量化,并将其分配到相应的箱,则对于中心在 x_0 的目标模板的颜色直方图分布表示为 $p = \{\hat{p}_u(x_0)\}, u = 1, 2, \cdots, m$,其中

$$\hat{p}_u = C \sum_{x_i \in A} k\left(\frac{\|x_i - x_0\|}{a}\right) \delta[b(x_i) - u] \tag{5.31}$$

式中,a 表示区域 A 的面积,$\{x_i\}(i = 1, 2, \cdots, n)$ 为 A 中的点集,$b(x_i) : \mathbf{R}^2 \to \{1, 2, \cdots, m\}$ 为直方图函数,核函数 $k(\cdot)$ 为单调递减的凸函数,用来为目标区域内的 n 个像元分配权值系数,常用的核为 Epanechnikov 核,C 为规范化常数,保证 $\sum_{u=1}^{m} \hat{p}_u = 1$。

用同样的方法,在当前图像中,中心为 y 的候选目标区域 D 的颜色直方图分布可以描述为 $q = \{\hat{q}_u(y)\}(u = 1, 2, \cdots, m)$,其中

$$\hat{q}_u(y) = C_h \sum_{x_i \in D} k\left(\frac{\|x_i^* - y\|}{d}\right) \delta[b(x_i^*) - u] \tag{5.32}$$

在实际跟踪中,参考模板与候选模板的相似关系通常利用颜色概率分布 p 与 $q(y)$ 之间的巴氏系数来度量,即

$$\rho[q(y), p] = \sum_{u=1}^{m} \sqrt{q_u(y) \cdot p_u(x_0)} \tag{5.33}$$

则巴氏距离 d 可通过下式计算：

$$d = \sqrt{1 - \rho[q, p]} \tag{5.34}$$

Mean Shift 算法基于两个分布的相似度（即巴氏系数）最大化准则，使搜索窗口沿梯度方向向目标真实位置移动。

在初始时刻，确定初始帧中目标的窗口位置 x_0，以此窗口作为特征模板，利用式（5.31）计算其颜色直方图分布。在开始跟踪的后续各时刻，Mean Shift 跟踪算法的迭代过程如下。

第 1 步：以上一时刻的跟踪中心 y 作为当前帧候选目标区域 D 的中心，利用式（5.32）计算颜色直方图分布，由式（5.33）估计其与特征模板的巴氏系数 $\rho[q(y), p]$。

第 2 步：计算候选区域内各像素点的权值，公式如下。

$$w_i = \frac{1}{\sqrt{2\pi}\sigma} e^{-\frac{d^2}{2\sigma^2}} = \frac{1}{\sqrt{2\pi}\sigma} e^{-\frac{1-\rho[q, p]}{2\sigma^2}} \tag{5.35}$$

第 3 步：计算目标的新位置，公式如下。

$$y_j = \frac{\sum_{i=1}^{H} \omega_i x_i g\left(\left\|\frac{y_{j-1} - x_i}{h}\right\|^2\right)}{\sum_{i=1}^{H} \omega_i g\left(\left\|\frac{y_{j-1} - x_i}{h}\right\|^2\right)} - x \tag{5.36}$$

第 4 步：计算新位置的颜色直方图分布 $p = \{\hat{p}_u(y_j)\} (u = 1, 2, \cdots, m)$，并估计其与特征模板的巴氏系数 $\rho[q(y_j), p]$。

第 5 步：判断，若 $\rho[q(y_j), p] > \rho[q(y_{j-1}), p]$，则 $y_j = (y_j + y_{j-1})/2$。

第 6 步：判断。若 $\|y_j - y_{j-1}\| < \varepsilon$，则跳出循环；否则，令 $y_{j-1} = y_j$，返回第 1 步。

在 Open CV 中，主要使用 cvMeanShift() 函数实现 Mean Shift 跟踪算法，其中输入的模板图像为反向投影图，效果如图 5.42 所示。

(a) 模板　　　　　　(b) Mean Shift 跟踪效果1　　　　(c) Mean Shift 跟踪效果2

图 5.42　Mean Shift 跟踪算法效果图

3. 算法特点

（1）Mean Shift 算法就是沿着概率密度的梯度方向进行迭代移动，最终达到密度分布的最值位置。其迭代过程本质上是最速下降法，下降方向为一阶梯度方向，步长为固定值。

（2）Mean Shift 算法基于特征模板的直方图，假定了特征直方图足够确定目标的位置，并且足够稳健，对其他运动不敏感。该方法可以避免目标形状、外观或运动的复杂建模，建立相似度的统计测量和连续优化之间的联系。但是，该算法不能用于旋转和尺度运动的估计。

为克服以上问题，人们提出了许多改进算法，如多核跟踪算法、多核协作跟踪算法和有效的最优核平移算法等。

5.7 主 动 视 觉

人的视觉是主动的,主动视觉理论强调视觉系统对人眼主动适应性的模拟,即模拟人的"头—眼"功能,使视觉系统能够自主选择和跟踪被注视的目标物体。

5.7.1 主动视觉与被动视觉

机器人视觉系统可分为主动视觉和被动视觉两大类。

1. 被动视觉的特点

视觉系统接收来自场景发射或反射的光能量,形成有关场景光能量分布函数,即灰度图像,然后在此基础上恢复场景的深度信息。最一般的方法是使用两台相隔一定距离的摄像机同时获取场景图像来生成深度图。另一种方法是一台摄像机在不同空间位置上获取两幅或两幅以上图像,通过多幅图像的灰度信息和成像几何来生成深度图。深度信息还可以使用灰度图像的明暗特征、纹理特征、运动特征间接地估算。被动视觉,含义是研究如何识别从外界接收到的图像,它不包含对外界的"行为"。

2. 主动视觉的特点

主动视觉强调以下两点。

(1) 视觉系统应具有主动感知的能力

(2) 视觉系统应基于一定的任务或目的。

主动视觉理论最初由宾夕法尼亚大学的大卫·马尔提出。它强调在视觉信息获取过程中应能主动地调整摄像机的参数、与环境的动态交互,根据具体要求分析有选择地得到视觉数据。显然,主动视觉可以更有效地理解视觉环境。

根据摄像机放置位置的不同,可以分为固定视点视觉系统和非固定视点视觉系统。非固定视点视觉系统主要指手眼系统和自主移动车的视觉系统。另外,云台 Pan/Tilt/Zoom (PTZ)主动控制摄像机也作为一种非固定视点视觉系统,以其可变视角和变焦能力被越来越多地应用于视频监控领域。

5.7.2 主动视觉的控制机构

主动视觉强调与环境的动态交互与主动适应和调整。从控制机构的角度,可以对主动视觉进行如下分类。

1. 根据环境条件控制视觉传感器

根据环境条件控制视觉传感器的特性,主动改变的有摄像系统的内部参数和外部参数。

(1) 改变摄像机内部参数。改变焦距、光圈或 CCD 的增益,可以对场景整体作宏观的观察,同时也能对特定细节作仔细辨认。

(2) 改变摄像机外部参数。改变摄像机的位置和姿态,实现对环境中特定部位的注视控制。

2. 根据环境控制光源

多视点图像的对应点匹配,是立体视觉的关键。合理的光源控制,使得这个问题比较容

易解决。结构光照明和基于干涉条纹的立体视觉系统便是光源控制的具体例子。

5.7.3 主动视觉与传感器融合

传感器融合是对特性互不相同的多个传感器输出进行综合,从而提高机器人对外观测的数量和质量的一种传感器搭配形式。从融合的效果看,可以分为竞争融合和互补融合。

1. 竞争融合

多个传感器获取同一种信息,比较彼此的精度、观测的可靠性与传感器的特性等,从而更准确地估计出需要的信息。

2. 互补融合

将不同种类信息的传感器组合起来进行观测。例如,一方面用彩色图像检测对象物的范围;另一方面又用距离传感器检测和识别物体的形状等。

智能机器人的主动视觉系统广泛采用不同特性的两种视觉传感器。例如,可以采用全景视觉传感器和注视控制传感器进行互补融合。全景视觉传感器的主要任务是观察周围环境,对机器人的周边状况作宏观的评测,并选择注视点。注视控制传感器的目的则在于获得更为详细的信息。

5.7.4 主动视觉的实时性

1. 实时视觉

实时视觉是为满足特定目的,对图像进行实时识别与在线处理。根据任务不同,需要的实时性程度也有区别。为做到实时性,通常采取的措施如下。

(1) 适当降低图像的清晰度。

(2) 注视处理仅把图像处理的对象限制在注视区域内,从而获得高速、连续的处理。

(3) 利用前后图像帧的相关性节省搜索时间。

2. 实时视觉系统的构成方法

实时视觉系统可以根据实际需求采用下列 4 种方案来构建。

(1) 通用计算机。

(2) 通用计算机+图像处理端口。

(3) DSP 系统。

(4) 专用视觉芯片。

基于 PC 的视觉处理系统价格低廉,存储空间大,性能易于升级;问题是大量图像数据输入和处理时总线带宽不够。专用视觉芯片处理方案处理速度快,但可扩展性能不足。DSP 系统在设计时就考虑到并行机器结构,特别适合并行图像的处理。

5.8 视 觉 伺 服

视觉伺服是利用机器视觉的原理,直接基于图像反馈信息快速进行图像处理,在尽量短的时间内给出控制信号,构成机器人的位置闭环控制。

5.8.1　视觉伺服系统的分类

根据不同的标准,机器人视觉伺服系统可以被划分为不同的类型。

1. 根据摄像机的数目分类

根据摄像机数目的不同,可分为单目视觉伺服系统、双目视觉伺服系统及多目视觉伺服系统。

1) 单目视觉

单目视觉无法直接得到目标的三维信息,一般通过移动获得深度信息。单目视觉适于工作任务比较简单且深度信息要求不高的工作环境。

2) 双目视觉

双目视觉可以得到深度信息,当前的视觉伺服系统主要采用双目视觉。

3) 多目视觉

多目视觉伺服可以得到更为丰富的信息,但视觉控制器的设计比较复杂,且相对于双目视觉伺服更加难以保证系统的稳定。

2. 根据摄像机放置位置分类

根据摄像机放置位置的不同,可以分为固定摄像机系统和手眼视觉系统。

1) 固定摄像机系统

在固定摄像机系统中,摄像机处于静止状态,要求摄像机得到大的工作空间场景,以便得到机器人末端相对于目标的相对速度。但这种配置可能无法得到目标的准确信息,且机器人运动可能造成目标图像的遮挡。

2) 手眼视觉系统

手眼视觉系统将摄像机固定在智能机器人手臂末端的执行器上,并随着末端执行器的移动而移动。手眼系统能得到目标的精确位置,实现精确控制,但只能得到小的工作空间场景。手眼系统能降低对摄像机标定精度的要求,还可避免末端手爪遮挡目标物、目标定位精度与视差的大小之间难以平衡等缺点。

图 5.43 给出了一种基于自主移动车平台的手眼视觉系统实例。Pioneer Ⅱ 型轮式智能服务机器人由 PTZ 摄像机和手眼摄像机组成了双目系统。系统中的两摄像机构成基线可变的双目配置,机器人本体通过独立控制装有摄像机的机械手和 PTZ 云台运动,可同时实现双目之间相对姿态和相对位置的调整,具备多方位、多分辨率的灵活观测能力。

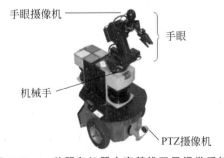

图 5.43　一种服务机器人变基线双目视觉系统

3. 根据误差信号分类

根据误差信号定义的不同,可将视觉伺服分为基于位置的视觉伺服和基于图像的视觉伺服。基于位置的误差信号定义在三维笛卡儿空间,而基于图像的误差信号定义在二维图像空间。

1) 基于位置的视觉伺服

如图 5.44 所示,基于位置的视觉伺服是根据得到的图像,由目标的几何模型和摄像机模型估计出目标相对于摄像机的位置,得到当前机器人的末端位姿和估计的目标位姿的误差,通过视觉控制器进行调节。

显然,基于位置的视觉伺服需要通过图像进行三维重构,在三维笛卡儿空间计算误差。优点在于误差信号和关节控制器的输入信号都是空间位姿,实现起来比较容易。但另一方面,由于根据图像估计目标的空间位姿,机器人的运动学模型误差和摄像机的标定误差都直接影响系统的控制精度,目标也容易离开视场。

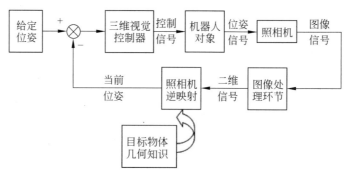

图 5.44　基于位置的视觉伺服系统结构

2) 基于图像的视觉伺服

如图 5.45 所示,基于图像的视觉伺服不需要三维重建,直接计算图像误差,产生相应的控制信号。

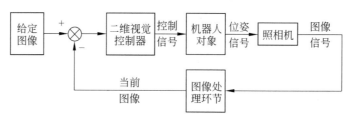

图 5.45　基于图像的视觉伺服系统结构

基于图像视觉伺服的突出优点是对标定误差和空间模型误差不敏感。缺点是设计控制器困难,伺服过程中容易进入图像雅可比矩阵的奇异点,一般需要估计目标的深度信息,而且只在目标位置附近的邻域范围内收敛。

3) 混合视觉伺服方法

图 5.46 是一种混合视觉伺服方法,旨在克服以上两种视觉伺服方法的局限性,并利用它们产生一种综合的误差信号进行反馈。2.5 维视觉控制器将二维图像信号与根据图像所提取的非完整的位姿信号进行了有机结合。

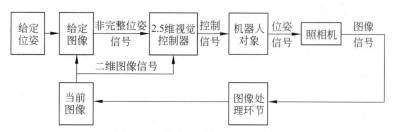

图 5.46　混合视觉伺服系统结构

5.8.2　视觉伺服的技术问题

图像处理,包括特征的选择及匹配,仍然是视觉伺服在实际应用中的瓶颈问题。而对于特征的选择和匹配,提高其鲁棒性仍然是主要问题。多视觉信息融合的方法以及自动特征选择的方法具有良好的发展前景。

视觉伺服的主要问题有以下两方面。

1. 稳定性

稳定性是所有控制系统首先考虑的问题。对于视觉伺服控制系统,无论是基于位置、基于图像或者混合的视觉伺服方法,都面临着系统稳定性问题。当初始点远离目标点时,应增大稳定区域,保证全局收敛。为避免伺服失败,应保证特征点始终处在视场内。

2. 实时性

图像处理速度是影响视觉伺服系统实时性的主要瓶颈之一。图像采集速度较低及图像处理需要较长时间给系统带来明显的时滞,此外视觉信息的引入也明显增大了系统的计算量,例如计算图像雅可比矩阵、估计深度信息等。现有的解决方法主要有基于 Smith 预估器的补偿方法和基于滤波器预测目标运动方法等。

5.9　深度学习在机器视觉领域的应用

随着深度学习方法在众多领域的快速研究和应用,人工智能的发展也迎来了又一个高峰,深度学习已成为当今发展最快、最令人兴奋的机器学习领域之一。下面将从深度学习在机器视觉领域四大基本任务中的应用,包括分类、检测和分割来具体展开。

5.9.1　图像分类

图像分类,是根据各自在图像信息中反映的不同特征,把不同类别的目标区分开来的图像处理方法。它利用计算机对图像进行定量分析,把图像或图像中的每个像元或区域划归为若干类别中的某一种,以代替人的视觉判读。具体分类方法包括以下几种。

1. 基于色彩特征的索引技术

色彩是物体表面的一种视觉特性,每种物体都有其特有的色彩特征。譬如人们说到绿色,往往和树木或草原相关,谈到蓝色,往往和大海或蓝天相关,同一类物体往往有着相似的色彩特征,因此可以根据色彩特征来区分物体。用色彩特征进行图像分类,可以追溯到斯温

和巴拉德提出的色彩直方图的方法。由于色彩直方图具有简单且随图像的大小、旋转变化不敏感等特点,因此得到了研究人员的广泛关注。目前几乎所有基于内容分类的图像数据库系统都把色彩分类方法作为分类的一个重要手段,并提出了许多改进方法。

2. 基于纹理的图像分类技术

纹理特征也是图像的重要特征之一,其本质是刻画像素的邻域灰度空间分布规律。由于它在模式识别和计算机视觉等领域已经取得了丰富的研究成果,因此可以借用到图像分类中。

20世纪70年代早期,哈拉里克等提出纹理特征的灰度共生矩阵表示法,它提取的是纹理的灰度级空间相关性。首先基于像素之间的距离和方向建立灰度共生矩阵,再由这个矩阵提取有意义的统计量作为纹理特征向量。基于一项人眼对纹理视觉感知的心理研究,塔姆瓦等提出可以模拟纹理视觉模型的6个纹理属性,分别是粒度、对比度、方向性、线型、均匀性和粗糙度。

3. 基于形状的图像分类技术

形状是图像的重要可视化内容之一。在二维图像空间中,形状通常被认为是一条封闭的轮廓曲线所包围的区域,所以对形状的描述涉及对轮廓边界的描述以及对这个边界所包围区域的描述。目前基于形状的分类方法大多围绕着从形状的轮廓特征和形状的区域特征建立图像索引。关于对形状轮廓特征的描述主要有直线段描述、样条拟合曲线、傅里叶描述及高斯参数曲线等。

5.9.2　目标检测

目标检测是一种基于目标几何和统计特征的图像分割。它将目标的分割和识别合二为一,其准确性和实时性是整个系统的一项重要能力。尤其是在复杂场景中,需要对多个目标进行实时处理时,目标自动提取和识别就显得特别重要。

图 5.47　目标检测

目标检测可以找到多个目标,并对它们进行分类,并找到它们在图像中的位置。目标检测模型可以为每个目标预测一个边界框和目标的分类概率。但目标检测常常会预测太多的边界框。每个锚框还有一个置信度分数,表示模型认为该锚框确实包含一个目标的可能性,如图5.47所示。为便于后续处理,需要筛选掉分数低于某个阈值的锚框,这个步骤也称为非最大值抑制。

常见的目标检测算法主要有R-CNN、Fast R-CNN、Faster R-CNN、SSD等,这里以R-CNN算法模型为例说明。

R-CNN借鉴了滑动窗口思想,采用对区域进行识别的方案。首先输入一张图片,使用选择性搜索算法从图片中提取出若干独立的候选区域。对于每个候选区域,利用卷积神经网络来获取一个特征向量。对于每个区域相应的特征向量,利用支持向量机进行分类,并通过一个边框回归调整目标包围框的大小。R-CNN的算法步骤如图5.48所示。

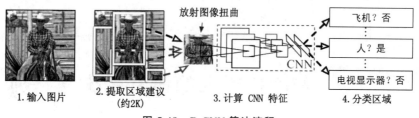

图 5.48　R-CNN 算法流程

5.9.3　图像分割

图像分割的定义和分类具体内容可见 5.3.2 节。基于深度学习的分割方法主要分为语义分割和实例分割,两者区别如图 5.49 所示。目前图像分割可应用于地理信息系统、无人车驾驶、医疗影像分析、机器人等领域。

(a) 语义分割

(b) 实例分割

图 5.49　图像分割

语义分割,从字面意思理解就是让计算机根据图像的语义来分割。语义在语音识别中指的是语音,在图像领域,语义指的是图像的内容,即对图片意思的理解,比如图 5.49(a)的语义就是一个牧羊人在保护羊群,并驱赶一头狼;分割的意思是从像素的角度分割出图片中的不同对象,对原图中的每个像素都进行标注,比如图中的牧羊人、羊群和狼。

实例分割是机器视觉研究中比较重要、复杂和具有挑战性的领域之一。不同于语义分割,实例分割的要求更难,它需要预测每个像素的类别,在预测类别的基础上区分开每一个实例,比如分辨图 5.49(b)的人、每一只羊、狼和背景。

第6章 智能机器人的语音合成与识别

语言是人类最重要的交流工具,自然方便,准确高效。让机器与人之间进行自然语言交流是智能机器人领域的一个重要研究方向。语音合成与识别技术包括语音声学、数字信号处理、人工智能、微机原理、模式识别、语言学和认知科学等众多前沿科学,是一个涉及面很广的综合性科学,其研究成果对人类的应用领域和学术领域都具有重要价值。近年来,语音合成与识别取得显著进步,逐渐从实验室走向市场,应用于工业、电子产品、医疗、家庭服务、机器人等各个领域。

6.1 语音合成的基础理论

语音合成是指由人工通过一定的机器设备产生出语音。具体方法是利用计算机将任意组合的文本转换为声音文件,并通过声卡等多媒体设备输出声音。简单地说,就是让机器把文本资料"读"出来。

由图 6.1 可知,语音合成系统完成文本到语音数据的转换过程中可以简单分为两个步骤。

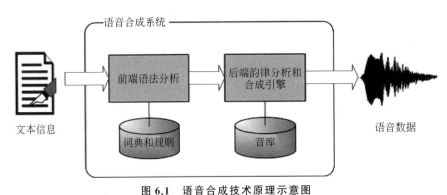

图 6.1 语音合成技术原理示意图

(1)文本经过前端的语法分析,通过词典和规则的处理,得到格式规范、携带语法层次的信息,传送到后端。

(2)后端在前端分析的结果基础上,经过韵律方面的分析处理得到语音的时长、音高等韵律信息,再根据这些信息在音库中挑选最合适的语音单元,语音单元再经过调整和拼接就能得到最终的语音数据。

在整个转换处理的过程中涉及大量语法和韵律知识、语法和语义分析算法、最佳路径搜索、单元挑选和调整算法以及语音数据编码方面的知识。

6.1.1　语音合成分类

1. 波形合成法

波形合成法是一种相对简单的语音合成技术，它把人发音的语音数据直接存储或进行波形编码后存储，根据需要进行编辑组合输出。这种语音合成系统只是语音存储和重放的器件，往往需要大容量的存储空间来存储语音数据。波形合成法适用于小词汇量的语音合成应用场合，如自动报时、报站和报警等。

2. 参数合成法

参数合成法也称为分析合成法，只在谱特性的基础上模拟声道的输出语音，而不考虑内部发音器官是如何运动的。参数合成法采用声码器技术，以高效的编码减少存储空间，是以牺牲音质为代价的，合成的音质欠佳。

3. 规则合成法

规则合成法通过语音学规则产生语音，可以合成无限词汇的语句。合成的词汇表不是事先确定，系统中存储的是最小语音单位的声学参数，以及由音素组成音节、由音节组成词、由词组成句子和控制音调、轻重音等韵律的各种规则。

规则合成法能够在给出需要合成的字母或文字后，利用规则自动地将它们转换成连续的语音流。规则合成法可以合成无限词汇的语句，是今后的发展趋势。

6.1.2　常用语音合成技术

1. 共振峰合成法

习惯上，声道传输频率响应上的极点称为共振峰。语音的共振峰频率（极点频率）的分布特性决定语音的音色。

共振峰合成模型是把声道视为一个谐振腔，利用腔体的谐振特性构成一个共振峰滤波器。共振峰语音合成器的构成原理是将多个共振峰滤波器组合起来模拟声道的传输特性，对激励声源发生的信号进行调制，经过辐射得到合成语音。

共振峰合成涉及共振峰的频率、带宽、幅度参数和基音周期等相关参数。要产生可理解的语音信号，至少要有 3 个共振峰；要产生高质量合成语音信号，至少要有 5 个共振峰。

基于共振峰合成法主要有以下 3 种实用模型。

1）级联型共振峰模型

在该模型中，声道被认为是一组串联的二阶谐振器，共振峰滤波器首尾相接，其传递函数为各个共振峰的传递函数相乘的结果。

5 个极点的共振峰级联模型传递函数如下。

$$V(z) = \frac{G}{1 - \sum_{k=1}^{10} a_k z^{-k}} \tag{6.1}$$

即

$$V(z) = G \times \prod_{i=1}^{5} V_i(z) = G \times \prod_{i=1}^{5} \frac{1}{1 - b_i z^{-1} - c_i z^{-2}} \tag{6.2}$$

式中,G 为增益因子。一个 5 个极点的共振峰级联模型如图 6.2 所示。

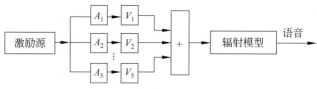

图 6.2　共振峰级联模型

2) 并联型共振峰模型

在并联型模型中,输入信号先分别进行幅度调节,再加到每个共振峰滤波器上,然后将各路输出叠加起来。其传递函数如下。

$$V(z) = \frac{\sum\limits_{r=0}^{R} b_r z^{-r}}{1 - \sum\limits_{k=1}^{p} a_k z^{-k}} \tag{6.3}$$

式(6.3)可分解为以下部分分式之和:

$$V(z) = \sum_{l=1}^{M} \frac{A_l}{1 - B_l Z^{-1} - C_l Z^{-2}} \tag{6.4}$$

其中,A_l 为各路的增益因子。

图 6.3 就是一个 $M=5$ 的并联型共振峰模型。

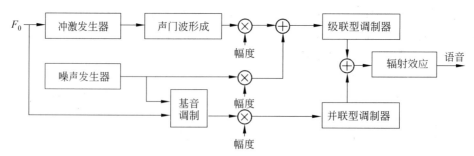

图 6.3　并联型共振峰模型

3) 混合型共振峰模型

比较以上两种模型,对于大多数元音,级联型合乎语音产生的声学理论,并且无须为每个滤波器分设幅度调节;而对于大多数清擦音和塞音,并联型则比较合适,但是其幅度调节很复杂。如图 6.4 所示,混合型共振峰模型将两者结合在一起。

图 6.4　混合型共振峰模型

对于共振峰合成器的激励,简单地将其分为浊音和清音两种类型是有缺陷的。为了得到高质量的合成语音,激励源应具备多种选择,以适应不同的发音情况。混合型共振峰模型中激励源有 3 种类型：合成浊音语音时用周期冲激序列；合成清音语音时用伪随机噪声；合成浊擦音语音时用周期冲激调制的噪声。

2. LPC(线性预测系数)合成

LPC 合成技术本质上是一种时间波形的编码技术,目的是降低时间域信号的传输速率。LPC 合成技术的优点是简单直观,其合成过程实质上只是一种简单的译码和拼接过程。另外,由于波形拼接技术的合成基元是语音的波形资料,保存了语音的全部信息,因而对于单个合成基元来说,能够获得较高的自然度。

自然语流中的语音和孤立状况下的语音有着极大的区别。如果只是简单地把各个孤立的语音生硬地拼接在一起,其整个语流的质量势必是不太理想的。而 LPC 技术本质上只是一种录音加重放,对于合成整个连续语流,LPC 合成技术的效果是不理想的。因此,LPC 合成技术必须和其他技术结合才能够明显改善合成的质量。

3. PSOLA 算法合成语音

早期的波形编辑技术只能回放音库中保存的东西。然而,任何一个语言单元在实际语流中都会随着语言环境的变化而变化。20 世纪 80 年代末,丹尼斯·德·维特和贝阿特·多瓦尔等提出了基音同步叠加(PSOLA)技术。PSOLA 算法和早期波形编辑有原则性的差别,它既能保持原始语音的主要音段特征,又能在音节拼接时灵活调整其基音、能量和音长等韵律特征,因而很适合汉语语音的规则合成。由于韵律修改针对的侧面不同,PSOLA 算法的实现目前有以下 3 种方式。

(1) 时域基音同步叠加 TD-PSOLA。

(2) 线性预测基音同步叠加 LPC-PSOLA。

(3) 频域基音同步叠加 FD-PSOLA。

其中,TD-PSOLA 算法的计算效率较高,已被广泛应用,是一种经典算法,这里只介绍 TD-PSOLA 算法原理。

信号 $x(n)$ 的短时傅里叶变换为

$$X_n(\mathrm{e}^{\mathrm{j}\omega}) = \sum_{m=-\infty}^{+\infty} x(m)w(n-m)\mathrm{e}^{-\mathrm{j}\omega m}, \quad n \in \mathbf{Z} \tag{6.5}$$

其中,$w(n)$ 是长度为 N 的窗序列,$\mathbf{Z}$ 表示全体整数集合。$X_n(\mathrm{e}^{\mathrm{j}\omega})$ 是变量 n 和 ω 的二维时频函数,对于 n 的每个取值,都对应一个连续的频谱函数,显然存在较大的信息冗余,所以可以在时域每隔若干(例如 R 个)样本取一个频谱函数来重构原信号 $x(n)$。

令

$$Y_r(\mathrm{e}^{\mathrm{j}\omega}) = X_n(\mathrm{e}^{\mathrm{j}\omega})\mid_{n=rR}, \quad r, n \in \mathbf{Z} \tag{6.6}$$

其傅里叶逆变换为

$$y_r(m) = \frac{1}{2\pi} \int_{-\infty}^{\infty} Y_r(\mathrm{e}^{\mathrm{j}\omega})\mathrm{e}^{\mathrm{j}\omega m}\mathrm{d}\omega, \quad m \in \mathbf{Z} \tag{6.7}$$

由以上公式可得

$$y(m) = \sum_{r=-\infty}^{\infty} y_r(m) = \sum_{r=-\infty}^{\infty} x(m)w(rR-m) = x(m)\sum_{r=-\infty}^{\infty} w(rR-m), \quad m \in \mathbf{Z} \tag{6.8}$$

通常选 $w(n)$ 是对称的窗函数，所以有

$$w(rR - n) = w(n - rR) \tag{6.9}$$

可以证明，对于汉明窗来说，无论 m 为何值，都有

$$\sum_{r=-\infty}^{\infty} w(rR - m) = \frac{W(\mathrm{e}^{\mathrm{j}\omega})}{R} \tag{6.10}$$

所以

$$y(n) = x(n) \cdot \frac{W(\mathrm{e}^{\mathrm{j}\omega})}{R^{\mathrm{e}}} \tag{6.11}$$

其中，$W(\mathrm{e}^{\mathrm{j}\omega})$ 为 $w(n)$ 的傅里叶变换。式(6.11)说明，用叠接相加法重构的信号 $y(n)$ 与原信号 $x(n)$ 只相差一个常数因子。

这里采用原始信号谱与合成信号谱均方误差最小的叠接相加合成公式。定义两信号 $x(n)$ 和 $y(n)$ 之间的谱距离测度，公式如下。

$$D[x(n), y(n)] = \sum_{t_g} \frac{1}{2\pi} \int_{-\pi}^{\pi} | X_{t_m}(\mathrm{e}^{\mathrm{j}\omega}) - Y_{t_g}(\mathrm{e}^{\mathrm{j}\omega}) |^2 \mathrm{d}\omega \tag{6.12}$$

式(6.12)可改写为

$$D[x(n), y(n)] = \sum_{t_g} \sum_{n=-\infty}^{\infty} \{w_1[t_m - (n + t_m)]x(n + t_m) - w_2[t_g - (n + t_g)]y(n + t_g)\}^2$$

$$= \sum_{t_g} \sum_{n=-\infty}^{\infty} [w_1(n + t_g)x(n + t_g + t_m) - w_2(n + t_g)y(n)]^2 \tag{6.13}$$

要求合成信号 $y(n)$ 满足谱距离最小，可以令

$$\frac{\partial D[x(n), y(n)]}{\partial y(n)} = 0 \tag{6.14}$$

解得

$$y(n) = \frac{\sum\limits_{t_g} w_1(n + t_g)w_2(n + t_g)x(n + t_g + t_m)}{\sum\limits_{t_g} w_2^2(n + t_g)} \tag{6.15}$$

$w_1(n)$ 和 $w_2(n)$ 可以是两种不同的窗函数，长度也可以不相等。式(6.15)就是在谱均方误差最小意义下的时域基音同步叠接相加合成公式。

实际合成时，$w_1(n)$ 和 $w_2(n)$ 可以用完全相同的窗，分母可视为常数，而且可以加一个短时幅度因子来调整短时能量，即

$$y(n) = \frac{\sum\limits_{t_g} \alpha_{t_g} w_1(t_g - n)w_2(t_g - n)x(n - t_g + t_m)}{\sum\limits_{t_g} w_2^2(t_g - n)} \tag{6.16}$$

概括起来，用 PSOLA 算法实现语音合成时主要有以下 3 个步骤。

1) 基音同步分析

同步标记是与合成单元浊音段的基音保持同步的一系列位置点，用它们来准确反映各基音周期的起始位置。同步分析的功能主要是对语音合成单元进行同步标记设置。在 PSOLA 技术中，短时信号的截取和叠加、时间长度的选择，均是依据同步标记进行的。对于

浊音段,有基音周期,而清音段信号则属于白噪声,所以这两种类型需要区别对待。

2) 基音同步修改

同步修改通过对合成单元同步标记的插入、删除来改变合成语音的时长;通过对合成单元标记间隔的增加、减小来改变合成语音的基频等。

若短时分析信号为 $x(t_a(s),n)$,短时合成信号为 $x(t_s(s),n)$,则有

$$x(t_a(s),n) = x(t_s(s),n) \tag{6.17}$$

式中,$t_a(s)$ 为分析基音标记,$t_s(s)$ 为合成基音标记。

3) 基音同步合成

基音同步合成是利用短时合成信号进行叠加合成。如果合成信号仅仅在时长上有变化,则增加或减少相应的短时合成信号;如果基频上有变化,则首先将短时合成信号变换成符合要求的短时合成信号,再进行合成。

6.2 语音识别的基础理论

语音识别技术是让机器能够理解人类语音,即在各种情况下准确地识别出语音的内容,从而根据其信息执行人的某种意图。

6.2.1 语音识别的基本原理

语音识别系统本质上是一个模式识别系统,其原理如图 6.5 所示。

外界的模拟语音信号经由麦克风输入计算机,计算机平台利用其 A/D 转换器将模拟信号转换成计算机能处理的语音信号,然后将该语音信号送入语音识别系统前端进行预处理。

预处理会过滤语音信息中不重要的信息与背景噪声等,以方便后期的特征提取与训练识别。预处理主要包括语音信号的预加重、分帧加窗和端点检测等工作。

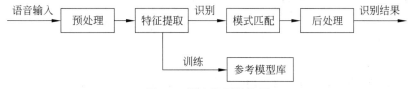

图 6.5 语音识别结构图

特征提取主要是为了提取语音信号中反映语音特征的声学参数,除掉相对无用的信息。语音识别中常用的特征参数有短时平均能量或幅度、短时自相关函数、短时平均过零率、线性预测系数(LPC)、线性预测倒谱系数(LPCC)等。

1. 语音训练

语音训练是在语音识别之前进行的,用户多次从系统前端输入训练语音,系统的前端语音处理部分会对训练语音进行预处理和特征提取,之后利用特征提取得到的特征参数可以组建起一个训练语音的参考模型库,或者是对此模型库中已经存在的参考模型进行适当的修改。

2. 语音识别

语音识别是指将待识别语音经过特征提取后的特征参数与参考模型库中的各个模式一一进行比较,将相似度最高的模式作为识别的结果输出,完成模式的匹配过程。模式匹配是整个语音识别系统的核心。

6.2.2 语音识别的预处理

一般而言,进行分析和处理之前,首先要将语音信号进行预处理。语音信号预处理包括采样量化、分帧加窗和端点检测等。

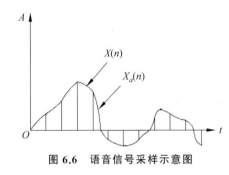

图 6.6 语音信号采样示意图

1. 采样量化

采样就是在时间域上等间隔地抽取模拟信号,得到序列模拟音频后,将其转换成数字音频。实际上就是将模拟音频的电信号转换成二进制码 0 和 1。0 和 1 便构成了数字音频文件。采样频率越大,音质越有保证。

如图 6.6 所示,采样过程可表达如下:

$$X(n) = X_n(nT) \tag{6.18}$$

其中,n 为整数,T 为采样周期,$F_s = \dfrac{1}{T}$ 为采样频率。

根据采样定理:如果信号 $x_a(t)$ 的频谱是带宽有限的,即

$$X_a(\mathrm{j}\omega) = 0, \qquad \omega > 2\pi F_a \tag{6.19}$$

当采样频率大于信号的两倍带宽时,采样过程就不会丢失信息,即

$$F_s = \frac{1}{T} > 2F_a \tag{6.20}$$

从 $x(n)$ 可精确重构原始波形,即 $x_a(t)$ 能够唯一从样本序列重构为

$$X_a = \sum_{n=-\infty}^{+\infty} X_a(aT)\sin\left[\frac{\pi}{T}\right]\left(t - \frac{n}{T}\right) \tag{6.21}$$

$F_s = 2F_a$ 时为奈奎斯特频率。

量化实际上是将时间上离散、幅度依然连续的波形幅度值进行离散化。量化时,先将整个幅度值分割成有限个区间,然后把落入同一区间的样本赋予相同的幅度值,这个过程取决于采样精度。量化决定了声音的动态范围,以位为单位,例如 8 位可以把声波分成 256 级。

2. 分帧加窗

语音信号本身是一种非平稳的信号。但研究发现,在一个很短的时间内(10~30ms),信号很平稳。所以可以对连续的语音信号进行 10~30ms 的分帧操作。

假定每帧内的信号是短时平稳的,可以对每帧进行短时分析,包括提取短时能量、短时自相关函数、短时过零率、短时频谱等。同时,为了保证特征参数变化比较平滑,帧之间会有部分重叠,重叠的部分可以是 1/2 帧或 1/3 帧,此部分称为帧移。对信号进行适当的加窗处理,可以减小语音帧之间的截断效果,使上一帧结束处和下一帧起始处的信号更加连续。加窗函数常用的有矩阵窗和汉明窗等(其中 N 均为帧长)。

矩阵窗为

$$W(n) = \begin{cases} 1, & 0 \leqslant n \leqslant N-1 \\ 0, & n < 0, n > N-1 \end{cases} \tag{6.22}$$

汉明窗为

$$W(n) = \begin{cases} w(n) = 0.54 - 0.46\cos\left(\dfrac{2n\pi}{N-1}\right), & 0 \leqslant n \leqslant N-1 \\ 0, & n < 0, n > N-1 \end{cases} \tag{6.23}$$

3. 端点检测

端点检测就是通过准确地判断输入语音段的起点和终点来减少运算量、数据量及时间，进而得到真正的语音数据。资料表明，在安静环境下，语音识别错误原因的一半来自端点检测。

语音段可以是音素、词素、词或音节等。通常采用时域分析方法进行端点检测，即端点检测主要依据提取语音信号的一些特征参数，如能量、过零率、振幅等。

比较常用的端点检测方法有两种：多门限端点检测法和双门限端点检测法。在语音信号检测过程中，多门限检测算法有较长的时间延时，不利于进行语音过程实时控制，所以大多采用双门限端点检测方法。

双门限端点检测方法是通过利用语音信号的短时能量和平均过零率的性质来进行端点检测的，其步骤如下。

(1) 设定阈值。预先设定高能量阈值 E_H、低能量阈值 E_l 及过零率阈值 Z_{th}。由于最初采集的语音信号中短时段大多数是无声或背景噪声，因此采用已知的最初几帧（一般取 10 帧）是"静态"的语音信号，计算其高、低能量阈值和及过零率阈值。

(2) 寻找语音信号端点检测的起点。假设第 n 帧的语音能量为 E_n，若 $E_n > E_H$，则进入语音段。之后在 $0 \sim n$ 范围内再次寻找准确的语音起点，则精确起点 A 如下。

$$A = \arg\min[E(i) > E_l \mid Z(i) > Z_{th}], \quad 0 \leqslant i \leqslant n \tag{6.24}$$

(3) 寻找语音信号端点检测的终点。假设第 m 帧的语音能量为 E_m，若 $E_m > E_H(m > n)$，确定检测点还在语音段中，否则在 m 帧到该语音段的总帧数 N 间寻找终点 B。

(4) 语音端点结果检测。首先设语音长度为 $L = A - B$，若 L 很小，则为噪声，继续对下一个语音段进行检测。此外，语音的端点检测中门限值设置都比较高，对实际采集语音信号的位置可能存在一定的偏后性，为弥补这些不足，得到检测位置以后，对数据进行追溯。方法为：首先计算语音信号的短时能量值和短时过零率，然后对此语音帧信号是否为起点进行判别，最后将指向语音数据缓冲区的指针改至前面语音数据采样的帧地址。

6.2.3　语音识别的特征参数提取

对语音信号完成端点检测和分帧处理后，下一步就是特征参数的提取。语音信号数据量巨大，为了减小数据量，必须进行特征提取。

特征提取就是对语音信号进行分析处理，从语音中提取出重要的反映语音特征的相关信息，而去掉那些相对无关的信息，如背景噪声、信道失真等对语音识别无关紧要的冗余信息，获得影响语音识别的重要信息。去除对于非特定人的语音识别，希望特征参数尽可能多

地反映语义信息,尽量减少说话人的个人信息。

在语音识别中,不能将原始波形直接用于识别,必须通过一定的变换提取语音特征参数来进行识别,而提取的特征必须满足特征参数应当反映语音的本质特征。特征参数各分量之间的耦合应尽可能地小。特征参数要计算方便。

语音特征参数可以是共振峰值、基本频率、能量等语音参数。目前,在语音识别中比较有效的特征参数为线性预测倒谱系数(LPCC)与 Mel 频率倒谱系数(MFCC)。

二者都是将语音从时域变换到倒谱域上,LPCC 从人的发声模型角度出发反映语音信号的动态特征,利用线性预测编码技术求倒谱系数。MFCC 符合人耳的听觉特性,构造人的听觉模型,而且在有信道噪声和频谱失真的情况下表现比较稳健。

1. 线性预测系数

线性预测(linear prediction,LP)普遍应用于语音信号处理的各方面。线性预测是基于全极点模型的假设,采用时域均方误差最小准则来估计模型参数。线性预测的计算效率很高,还能与声管发音模型相联系。

线性预测分析的基本思想是:每个语音信号采样值都可以用它过去取样值的加权和来表示,各加权系数应使实际语音采样值与线性预测采样值之间误差的平方和达到最小,即进行最小均方误差的逼近。这里的加权系数就是线性预测系数。线性预测是将被分析信号用一个模型来表示,即将语音信号看作某一模型的输出。因此,它可以用简单的模型参数来描述,如图 6.7 所示。

$$\text{模型输入}u(n) \longrightarrow \boxed{\text{系统函数}H(z)} \longrightarrow \text{模型输出}s(n)$$

图 6.7 信号模型图

$u(n)$ 表示模型的输入,$s(n)$ 表示模型的输出。模型的系统函数可以表示为

$$H(z) = \frac{G}{1 - \sum_{i=1}^{p} a_i z^{-i}} \tag{6.25}$$

式中,a_i 为线性预测系数,p 为预测模型的阶数。

$s(n)$ 和 $u(n)$ 的关系可用差分方程表示为

$$s(n) = \sum_{i=1}^{p} a_k s(n-i) + Gu(n) \tag{6.26}$$

即用信号的前 p 个样本预测当前样本,定义预测器如下。

$$\hat{s}(n) = \sum_{i=1}^{p} a_i s(n-i) \tag{6.27}$$

由于线性预测系数 a_i 在预测过程中可以看作常数,所以它是一种线性预测器。此线性预测器的系统函数可表示为

$$p(z) = \sum_{i=1}^{p} a_i z^{-i} \tag{6.28}$$

短时平均误差定义为

$$E(e^2(n)) = \sum_n [s(n) - \hat{s}(n)]^2 = \sum_n [s(n) - \sum_{i=1}^{p} a_i s(n-i)]^2 \tag{6.29}$$

$E[e^2(n)]$ 可以对短时语音波形进行预测,理论上遵循均方误差最小准则。若想得到 $E[e^2(n)]$ 最小时的 a_i,必定满足 $\dfrac{\partial E[e^2(n)]}{\partial a_i}=0(i=1,2,\cdots,p)$,由此可得 $\displaystyle\sum_i a_k \sum_n s(n-i)s(n-k)=\sum_n s(n)s(n-k)$,其中 $i=1,2,\cdots,p,k=1,2,\cdots,p$。为简化表达,定义 $\psi(i,k)=\displaystyle\sum_n s(n-i)s(n-k)$ 可得

$$\sum_{k=1}^{p} a_i\psi(i,k)=\psi(0,k) \tag{6.30}$$

正是这些高效的递推算法保证了线性预测技术广泛应用于语音信号的处理中。

2. 线性预测倒谱系数(LPCC)

线性预测倒谱系数(LPCC)是线性预测系数在倒谱中的表示。该特征是基于语音信号为自回归信号的假设,利用线性预测分析获得倒谱系数。LPCC 参数的优点是计算量小,易于实现,对元音有较好的描述能力;缺点是对辅音的描述能力较差,抗噪声性能较差。倒谱系数是利用同态处理方法,对语音信号求离散傅里叶变换(DFT)后取对数,再求傅里叶反变换(IDFT)就可以得到。基于 LPC 分析的倒谱,在获得线性预测系数后,可以用递推公式计算得出 L。

$$\begin{cases} a_n+\displaystyle\sum_{k=1}^{n-1}\dfrac{kc_k a_{n-k}}{n}, & 1\leqslant n\leqslant p+1 \\[3mm] a_n+\displaystyle\sum_{k=n-p}^{n-1}\dfrac{kc_k a_{n-k}}{n}, & n\geqslant p+1 \end{cases} \tag{6.31}$$

式中,c_n 为倒谱系数;a_n 为预测系数;n 为倒谱系数的阶数($n=1,2,\cdots,p$);p 为预测系数的阶数。

3. Mel 频率倒谱系数(MFCC)

基于语音信号产生模型的特征参数强烈地依赖模型的精度,模型假设的语音信号的平稳性并不能随时满足。现在常用的另一个语音特征参数为基于人的听觉模型的特征参数。

Mel 频率倒谱系数(MFCC)是受人的听觉系统研究成果推动而导出的声学特征,采用 Mel 频率倒谱系数运算特征提取方法,已经在语音识别中得到广泛应用。人耳听到的声音高低与声音的频率并不成线性正比关系,与普通实际频率倒谱分析不同,MFCC 的分析着眼于人耳的听觉特性。MFCC 的具体步骤如下。

运用式(6.32)将实际频率尺度转换为 Mel 频率尺度:

$$\text{Mel}(f)=2595\lg\left(l+\dfrac{f}{700}\right) \tag{6.32}$$

在 Mel 频率轴上配置 L 个通道的三角形滤波器组,每个三角形滤波器的中心频率 $c(l)$ 在 Mel 频率轴上等间隔分配。设 $o(l)$、$c(l)$ 和 $h(l)$ 分别是第 l 个三角形滤波器的上限、中心和下限,并满足

$$c(l)=h(l-1)=o(l+1) \tag{6.33}$$

根据语音信号幅度谱 $|X(K)|$,求每个三角形滤波器的输出公式如下。

$$m(l)=\sum_{k=o(l)}^{k(l)} W_l(k)\,|\,X_n(k)\,| \tag{6.34}$$

在式(6.34)中,$l=1,2,\cdots,L$,且

$$W_l = \begin{cases} \dfrac{k-o(l)}{c(l)-o(l)}, & o(l) \leqslant k \leqslant c(l) \\ \dfrac{h(l)-k}{h(l)-c(l)}, & c(l) \leqslant k \leqslant h(l) \end{cases} \tag{6.35}$$

对所有滤波器输出进行对数运算,再进一步做离散余弦变换(DCT),即可得到MFCC,即

$$c_{\text{MFCC}} = \sqrt{\frac{2}{T}} \sum_{l=1}^{L} \log m(l) \cos\left\{ \frac{(l+0.5)i\pi}{L} \right\} \tag{6.36}$$

6.2.4 模型训练和模式匹配

语音识别核心部分的作用是实现参数化的语音特征矢量到语音文字符号的映射,一般包括模型训练和模式匹配技术。模型训练是指按照一定的准则,从大量已知模式中获取表征该模式本质特征的模型参数,而模式匹配则是根据一定准则,使未知模式与模型库中的某一个模型获得最佳匹配。

从本质上讲,语音识别过程就是一个模式匹配的过程,模板训练的好坏直接关系到语音识别系统识别率的高低。为了得到一个好的模板,往往需要大量的原始语音数据来训练这个语音模型。因此,首先要建立起一个具有代表性的语音数据库,利用语音数据库中的数据来训练模板,在训练过程中不断调整模板参数,进行参数重估,使系统的性能不断向最佳状态逼近。

语音识别是根据模式匹配原则计算未知语音模式与语音模板库中的每个模板的距离测度,从而得到最佳的匹配模式。对大词汇量语音识别系统来讲,通常识别单元小,则计算量也小,所需的模型存储量也小,但问题是对应语音段的定位和分割较困难,识别模型规则也更复杂。通常大的识别单元在模型中应包括协同发音(指的是一个音受前后相邻音的影响而发生变化,从发声机理上看就是人的发声器官在一个音转向另一个音时,特性只能渐变,从而使得后一个音的频谱与其他条件下的频谱产生差异),这有利于提高系统的识别率,但要求的训练数据相对增加。

近几十年比较成功的识别方法有隐马尔可夫模型(HMM)、动态时间规整(DTW)、人工神经网络(ANN)等。

1. 隐马尔可夫模型

隐马尔可夫模型(HMM)是20世纪70年代被引入语音识别理论的,它的出现使得自然语音识别系统取得了实质性的突破。HMM方法现已成为语音识别的主流技术。目前,大多数大词汇量、连续语音的非特定人语音识别系统都基于HMM模型。

HMM是对语音信号的时间序列结构建立统计模型,将之看作一个数学上的双重随机过程:一个是用具有有限状态数的马尔可夫链来模拟语音信号统计特性变化的随机过程;另一个是与马尔可夫链的每个状态相关联的观测序列的随机过程。前者通过后者表现出来,但前者的具体参数是不可测的。人的言语过程实际就是一个双重随机过程,语音信号本身是一个可观测的时变序列,是由大脑根据语法知识和言语需要(不可观测的状态)发出音素的参数流。

可见,HMM 合理地模仿了这一过程,很好地描述了语音信号的整体非平稳性和局部平稳性,是较为理想的一种语音模型。

1) HMM 语音模型

HMM 语音模型 $M=(\pi,A,B)$ 由起始状态概率(π)、状态转移概率(A)和观测序列概率(B)3 个参数决定。其中,π 揭示了 HMM 的拓扑结构,A 描述了语音信号随时间的变化情况,B 给出了观测序列的统计特性。

2) HMM 语音识别过程

经典的 HMM 语音识别的一般过程如下。

首先,用前向后向(forward-backward,F-B)算法计算当给定一个观察值序列 $O=o_1,o_2,\cdots,o_T$ 及一个模型 $M=(\pi,A,B)$ 时,模型 M 产生 O 的概率 $P(O|M)$。

然后,用维特比算法解决当给定一个观察值序列 $O=o_1,o_2,\cdots,o_T$ 和一个模型 $M=(\pi,A,B)$ 时,在最佳意义上确定一个状态序列 $S=s_1,s_2,\cdots,s_T$ 的问题。这里最佳意义上的状态序列是指使 $P(S,O|M)$ 最大时确定的状态序列。

最后,用鲍姆-韦尔奇算法解决当给定一个观察值序列 $O=o_1,o_2,\cdots,o_T$ 时,确定一个 $M=(\pi,A,B)$,使得 $P(O|M)$ 最大。

3) 几种不同的 HMM 模型

根据随机函数的不同特点,HMM 模型分为离散 DHMM、连续 CHMM 和半连续 SCHMM 及基于段长分布的 DDBHMM 等类型。

(1) DHMM 的识别率略低些,但计算量最小,IBM 公司的 ViaVoice 中文语音识别系统就是该技术的成功典范。

(2) CHMM 的识别率虽高,但计算量大,其典型产品就是贝尔实验室的语音识别系统。

(3) SCHMM 的识别率和计算量则居中,其典型产品就是美国著名的 Sphinx 语音识别系统。

(4) DDBHMM 是对上述经典 HMM 方法的修正,其计算量虽大,但识别率最高。

2. 动态时间规整

动态时间规整是语音识别中较为经典的一种算法,它将待识别语音信号的时间轴进行不均匀的弯曲,使其特征与模板特征对齐,并在两者之间不断地进行两个矢量距离最小的匹配路径计算,从而获得这两个矢量匹配时累积距离最小的规整函数。

DTW 是一个将时间规整和距离测度有机结合在一起的非线性规整技术,保证了待识别特征与模板特征之间最大的声学相似特性和最小的时差失真。

作为较早的一种模式匹配和模型训练技术,它应用动态规划方法成功解决了语音信号特征参数序列时间对准问题,将一个复杂全局最优化问题转化为许多局部最优化问题,在孤立词语音识别系统中可以获得良好的性能。由于 DTW 算法本身既简单又有效,因此,其在特定场合下获得了广泛的应用,但不适合连续语音识别系统和大词汇量语音识别系统。

设测试语音参数共有 N 帧矢量,而参考模板共有 M 帧矢量,且 N 不等于 M。要找时间规整函数 $j=w(i)$,使测试矢量的时间轴 i 非线性地映射到模板的时间轴 j 上,并满足

$$D=\min_{w(i)}\sum_{i=1}^{M}d\left[\boldsymbol{T}(i),\boldsymbol{R}(w(i))\right] \tag{6.37}$$

式中, $d[\boldsymbol{T}(i),\boldsymbol{R}(w(i))]$ 表示第 i 帧测试矢量 $\boldsymbol{T}(i)$ 和第 j 帧模板矢量 $\boldsymbol{R}(j)$ 之间的距离测度; D 为在最优情况下的两矢量之间的匹配路径。

一般情况下,动态时间规零采用逆向思路,从过程的最后阶段开始逆推到起始点,寻找其中的最优路径。

3. 矢量量化

传统的量化方法是标量量化。标量量化中的整个动态范围被分成若干小区间,每个小区间有一个代表值,对于一个输入标量信号,量化时落入小区间的值就要用这个代表值代替。随着对数据压缩的要求越来越高,矢量量化迅速发展起来。与 HMM 相比,矢量量化主要适用于小词汇量、孤立词的语音识别中。

矢量量化技术是 20 世纪 70 年代后期发展起来的一种数据压缩和编码技术,广泛应用于语音编码、语音合成、语音识别和说话人识别等领域。

矢量量化的过程是:将语音信号波形的 k 个样点的每一帧,或有 k 个参数的每一参数帧构成 k 维空间中的一个矢量,然后对矢量进行量化。量化时,将 k 维无限空间划分为 M 个区域边界,然后将输入矢量与这些边界进行比较,并被量化为"距离"最小的区域边界的中心矢量值。

矢量量化的核心思想可以理解为:如果一个码书是为某一特定的信源而优化设计的,那么由这一信息源产生的信号与该码书的平均量化失真就应小于其他信息的信号与该码书的平均量化失真,也就是说编码器本身存在区分能力。

在实际的应用过程中,人们还研究了多种降低复杂度的方法,这些方法大致可以分为以下两类。

(1) 无记忆的矢量量化。无记忆的矢量量化包括树形搜索的矢量量化和多级矢量量化。

(2) 有记忆的矢量量化。

6.2.5 视听语音分离模型

视听语音分离模型(audio-visual speech separation model)的独特之处在于,通过结合分析输入视频的音、视频信号来识别分离所需的单一音轨。直观来说,例如特定人物对象的音频与其发声时的嘴部动作相关联,这也就帮助模型系统区分哪一部分音频(轨)对应着哪一个特定对象。对视频中的视觉信号进行分析,不仅能够在多种音频混合的场景下显著提升语音识别分离质量(相较于只借助音频来进行特定对象语音分离),更加重要的还在于它能将分离后的纯净单一音轨与视频中的可视对象联系起来,如图 6.8 所示。

模型方法是输入视频中有一个或更多的人在说话,而语音被其他演讲者或背景噪声干扰。输出则是将输入音轨分解为纯净的语音轨道,每个音轨来自视频中的每个发声者。

为了生成训练案例,研究者首先从 YouTube 收集了 10 万个高质量演讲和访谈视频。通过这些视频,研究者抽取了一些语音清晰的演讲片段(如没有混合的音乐、观众的声音或其他的发声者),并且在视频画面中只有一个可见人物。结果收集了大约 2000 小时的视频片段,每个片段都只有一个可见人物,且没有任何背景干扰。之后利用这些没被污染的数据生成"综合性鸡尾酒会"场景,即混合大量来自不同视频的面部和相关语音,以及从音频集获

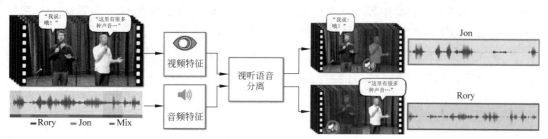

图 6.8　视听分离模型的输入输出

取的无语音的底噪。

利用这些数据能够训练一个多流的卷积神经网络模型,将混合的场景分离,视频中每个发言者都可以得到单独的音频流。从每帧中检测到的发声者的脸部缩略图及音轨频谱图中提取的视频特征进行神经网络的输入。在训练过程中,单独的网络学习为视频和音频信号编码,然后将它们融合,形成联合的视听表现。用这样的联合表现,神经网络学会为每个发声者输出时频掩模。这样的输出掩模由噪声输入频谱图放大,并转换回时域波形,为每个发声者提取出独立且纯净的语音信号,如图 6.9 所示。

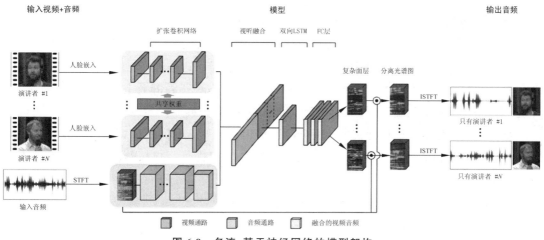

图 6.9　多流、基于神经网络的模型架构

6.3　智能机器人的语音定向与导航

与视觉一样,听觉是也是智能机器人的重要标志之一,是实现人机交互、与环境交互的重要手段。由于声音具有绕过障碍物的特性,在机器人多信息采集系统中,听觉可以与机器人视觉相配合,弥补其视觉有限性及不能穿过非透光障碍物的局限性。

以前,机器人导航主要使用测距传感器(如声呐),而跟踪主要依靠视觉。这种形式在视觉场景内被广泛作为定位目标的方式。但是像人和大部分动物那样,视觉场被限制在小于 180° 的范围内。

在真实世界中,听觉能带来 360° 的听觉场景。它能定位不在视觉场景内的声音目标,即

定位由物体遮挡造成的模糊目标或在拐角处的声音目标。因此,研究机器人听觉定位跟踪声源目标具有重要的理论意义和实际价值。

机器人听觉定位跟踪声源的研究主要分为基于麦克风阵列和基于人耳听觉机理的声源定位系统研究。基于麦克风阵列的声源定位系统具有算法多样、技术成熟、历史悠久、定位准确、抗干扰能力强等优点。但是,该方法也具有计算量大、实时性差等不足,尤其是当麦克风数量很大时,不足显得更加突出。随着 DSP 硬件的发展,这些问题会逐渐解决。基于人耳听觉机理的声源定位系统研究是当前国际前沿研究课题。它从人的听觉生理和心理特性出发,研究人在声音识别过程中的规律,寻找人听觉表达的各种线索,建立数学模型,用计算机来实现它,即计算听觉场景分析所要研究的内容。该方法符合人的听觉机理,是智能科学研究的成果。由于人耳听觉机理尚未完全被人类认识,所以该系统研究还处在低级阶段。

6.3.1 基于麦克风阵列的声源定位系统

麦克风阵列声源定位是指用麦克风阵列采集声音信号,通过对多道声音信号进行分析和处理,在空间中定出一个或多个声源的平面或空间坐标,得到声源的位置。

现有声源定位技术可分为以下 3 类。

(1) 基于最大输出功率的可控波束形成技术。它的基本思想是将各阵元采集来的信号进行加权求和,形成波束,通过搜索声源的可能位置来引导该波束,修改权值使得麦克风阵列的输出信号功率最大。在传统的波束形成器中,权值取决于各阵元上信号的相位延迟,相位延迟与声达时间延迟有关,因此称为延时求和波束形成器。

(2) 基于高分辨率谱估计技术。高分辨率谱估计主要有自回归模型、最大熵法、最小方差估计法和特征值分解方法等方法。该定位的方法一般都具有很高的定位精度,但这类方法的计算量往往都比前类大得多。

(3) 基于声达时间差的定位技术。基于麦克风阵列声源定位研究,国内外开发出多种不同系统。

麦克风阵列是指由若干麦克风按照一定的方式布置在空间不同位置上组成的阵列。麦克风阵列具有很强的空间选择性,而且不需要移动麦克风就可以获得声源信号,同时还可以在一定范围内实现声源的自适应检测、定位和跟踪。

6.3.2 基于人耳听觉机理的声源定位系统

人耳听觉系统能够同时定位和分离多个声源,这种特性经常被称作鸡尾酒会效应。通过这一效应,一个人在嘈杂声音的环境中能集中在一个特定的声音或语音。一般认为,声音的空间定位主要依靠声源的时相差和强度差确定。

从人类听觉生理和心理特性出发,研究人在声音或语音识别过程中的规律被称为听觉场景分析,而用计算机模仿人类听觉生理和心理机制建立听觉模型的研究范畴称为计算听觉场景析。

6.4　智能机器人的语音系统实例

6.4.1　Inter Phonic 6.5 语音合成系统

Inter Phonic 语音合成系统是我国自主研发的中英文语音合成系统,以先进的大语料和 Trainable TTS 这两种语音合成技术为基础,提供可比拟真人发音的高自然度、高流畅性、面向任意文本篇章的连续合成语音合成系统。Inter Phonic 6.5 语音合成系统致力于建立和改善人—机语音界面,为大容量语音服务提供高效稳定的语音合成功能,并提供从电信级、企业级到桌面级的全套应用解决方案,是新概念声讯服务、语音网站、多媒体办公教学的核心动力。

1. 主要功能

Inter Phonic 语音合成系统具有的主要功能如下。

(1) 高质量语音。

(2) 多语种服务。

(3) 多音色服务。

(4) 高精度文本分析技术。

(5) 多字符集支持。

(6) 多种数据输出格式。

(7) 提供预录音合成模板。

(8) 灵活的接口。

(9) 语音调整功能。

(10) 配置和管理工具。

(11) 效果优化。

(12) 一致的访问方式。

(13) 背景音和预录音。

2. 产品特点

(1) 独创的语料信息统计模型。

(2) 前后端一致性的语料库设计方法、语料库的自动构建方法。

(3) 在听感量化思想指导下,以变长韵律模板为基础的高精度韵律模型。

(4) 高鲁棒性的智能化文本分析处理技术。

(5) 基于听感损失最小的语料库裁减技术。

(6) 特定语种知识和系统建模方法分离的多语种语音合成系统框架。

(7) 面向特定领域应用的定制语音合成技术。

(8) Hmm-based 波形拼接技术。

3. 产品应用

语音合成技术是一种能够在任何时间、任何地点、向任何人提供语音信息服务的高效便捷手段,非常符合信息时代海量数据、动态更新和个性化查询的需求。

Inter Phonic 6.5 语音合成系统提供高效、灵活的服务,可以在多个领域内使用,如 PC

语音互动式娱乐和教学；电信级、企业级呼叫中心平台（united message service，UMS）和 Voice Portal 等新兴语音服务系统。

6.4.2　Translatotron 2

1. Translatotron 的起源

2019 年，谷歌公司推出了 Translatotron，这是有史以来第一个能够直接在两种语言之间翻译语音的模型。这种直接的 S2ST 模型能够有效地进行端到端的训练，还具有在翻译语音中保留源说话者的声音（非语言信息）的独特能力。然而，尽管它能够以高保真度生成听起来自然的翻译语音，但与强大的基线级联 S2ST 系统（如由直接语音到文本翻译模型 [1,2] 和 Tacotron 2 组成）相比，表现仍然不佳。

在论文 "Translatotron 2: high-quality direct speech-to-speech translation with voice presentation" 中，谷歌描述了 Translatotron 的改进版本，该版本显著提高了性能，还应用了一种将源说话者的声音转换为翻译语音的新方法。即使输入语音包含多个说话者轮流说话，修改后的语音转移方法也是成功的，它减少了误用的可能性，并更好地符合谷歌的 AI 原则。在 3 个不同语料库上的实验一致表明，Translatotron 2 在翻译质量、语音自然度和语音鲁棒性方面大大优于原始的 Translatotron。

2. Translatotron 2 简介

Translatotron 2 由 4 个主要组件组成：语音编码器、目标音素解码器、目标语音合成器和将它们连接在一起的注意力模块。编码器、注意力模块和解码器的组合类似典型的直接语音到文本翻译模型。合成器以解码器和注意力的输出为条件。

Translatotron 和 Translatotron 2 之间的 3 个新变化是提高性能的关键因素。

虽然目标音素解码器的输出在原始 Translatotron 中仅用作辅助损失，但它是 Translatotron 2 中频谱图合成器的输入之一。这种强大的条件使 Translatotron 2 更容易训练，并产生更好的性能。

原始 Translatotron 中的频谱图合成器是基于注意力的，类似 Tacotron 2 TTS 模型。因此也存在 Tacotron 2 的稳健性问题。相比之下，Translatotron 2 使用的频谱图合成器是持续时间——类似 Non-Attentive Tacotron 使用的，大大提高了合成语音的鲁棒性。

Translatotron 和 Translatotron 2 都使用了基于注意力的机制来处理编码后的源语音。然而，在 Translatotron 2 中，这种注意力是由音素解码器而不是频谱图合成器驱动的。这确保了频谱图合成器看到的声学信息与其正在合成的翻译内容一致，有助于在说话者轮流中保留每个说话者的声音。

最初的 Translatotron 能够在翻译后的语音中保留源说话者的声音，方法是将其解码器调节到由单独训练的说话人编码器生成的说话人嵌入。但是，如果目标说话者的录音片段被用作说话者编码器的参考音频，或者目标说话者的嵌入直接可用，则这种方法还使其能够以不同说话者的声音生成翻译后的语音。虽然此功能很强大，但它有可能被滥用，欺骗包含任意内容的音频，给生产部署带来了担忧。

为了解决这个问题，谷歌将 Translatotron 2 设计为仅使用单个语音编码器，该编码器负责语言理解和语音捕获。这样，训练好的模型就不能被引导去再现非源语音。这种方法也可以应用于原始的 Translatotron。

为了在整个翻译过程中保留说话者的声音,研究人员通常更喜欢在两侧具有相同说话者声音的平行话语上训练 S2ST 模型。这样一个两边都有人类录音的数据集极难收集,因为它需要大量流利的双语使用者。为了避免这种困难,谷歌使用了 PnG NAT 的修改版本,这是一种能够跨语言语音传输的 TTS 模型。修改后的 PnG NAT 模型已与之前 TTS 工作相同的方式(与原始 Translatotron 的策略相同)结合了一个单独训练的扬声器编码器,因此它能够进行零次语音传输。

当输入语音包含多个说话者轮流说话时,为了使 S2ST 模型能够在翻译后的语音中保留每个说话者的声音,谷歌提出了一种简单的基于串联的数据增强技术,即 ConcatAug。该方法随机采样成对的训练示例,并将源语音、目标语音和目标音素序列连接到新的训练示例中,动态增加训练数据。生成的样本在源语音和目标语音中都包含两个说话人的声音,这使模型能够学习说话人轮流的示例。

3. Translatotron 2 的性能

Translatotron 2 在各方面都大大优于原始的 Translatotron:更高的翻译质量(由 BLEU 衡量,越高越好);语音自然度(由 MOS 衡量,越高越好)和语音鲁棒性(由 UDR 衡量,越低越好)。它在更难的 Fisher 语料库中表现尤为出色。Translatotron 2 在翻译质量和语音质量方面的性能接近强基线级联系统的性能,并且在语音鲁棒性方面优于级联基线。

4. 多语言语音到语音翻译

除了西班牙语到英语 S2ST,谷歌还评估了 Translatotron 2 在多语言设置上的性能,其中模型从 4 种不同语言输入语音,并将它们翻译成英语。没有提供输入语音的语言,迫使模型自行检测语言。

在这项任务上,Translatotron 2 再次大幅超越了原来的 Translatotron。虽然 S2ST 和 ST 的结果不能直接比较,但接近的数字表明 Translatotron 2 的翻译质量与基线语音到文本翻译模型相当,这表明 Translatotron 2 在多语言 S2ST 上也非常有效。

6.4.3 百度深度语音识别系统

1. 主要功能

1)技术领先,识别准确

系统采用 deep peak2 端到端建模技术,经过超过 10 万小时的广泛语音数据训练,实现了细致的声学模型优化。通过对多采样率和不同场景的声音进行深入分析,系统能够在近场环境下对中文普通话进行高精度识别,确保了高达 98% 的准确率。

2)多语种识别

支持普通话和略带口音的中文识别;支持英文识别。

3)智能语言处理

使用大规模数据集训练语言模型,对识别中间结果进行智能纠错,并根据语音的内容理解和停顿智能匹配合适的标点符号"、""!""?"等。

4)多种调用方式

支持 WebSocket API、Android、iOS、Linux SDK,可以在多种操作系统、多种设备终端

上调用,快速上手,简单易用。

5) 毫秒级实时识别音频流

首包响应时间为毫秒级,并实时展示中间文字结果,快速识别音频流。

6) 文字识别结果支持时间戳

识别返回的文字结果带有时间戳,展示 VAD 切分句子的开始和结束时间,方便进行功能开发。

2. 应用场景

1) 实时语音输入

语音输入准确高效,解放双手,说话内容实时展示在屏幕上,聊天顺畅。

2) 视频直播字幕

直播新玩法,主播说话可以直接将说话内容实时转写为字幕,展示在屏幕上,或者进行二次字幕编辑。

3) 演讲字幕同屏

大会演讲可以在屏幕上实时展示嘉宾的演讲字幕,逐字展示并智能纠错。

4) 实时会议记录

在会议场景中,每个说话人的语音可以进行实时记录,提升会议记录效率。

5) 课堂音频识别

对老师课堂内容进行实时记录,校方可以进行教学内容记录以及教学质量评估。

3. 产品优势

1) 识别效果领先

基于 deep peak2 端到端建模,采用多采样率、多场景声学建模,近场中文普通话识别准确率达 98%。

2) 支持多设备终端

支持 WebSocket API、Android、iOS、Linux SDK 方式调用,适用于多种操作系统、多设备终端均可使用。

3) 服务稳定高效

企业级稳定服务保障,专有集群承载大流量并发,高效灵活,服务稳定。

4) 模型自助优化

中文普通话模型可在语音自训练平台上零代码自助训练,上传文本语料即可有效提升业务水平,词汇的识别准确率为 5%～25%。

6.5　自然语言处理

6.5.1　定义

自然语言处理(natural language processing,NLP)是计算机科学与人工智能领域中的一个重要方向。它研究能实现人与计算机之间用自然语言进行有效通信的各种理论和方法。自然语言处理是一门融语言学、计算机科学、数学于一体的科学。因此,这一领域的研究涉及自然语言,即人们日常使用的语言,所以它与语言学的研究有着密切的联系,但又有重要的区别。自然语言处理并不是一般地研究自然语言,而是研制能有效实现自然语言通信的计算机系统,特别是其中的软件系统,因而它是计算机科学的一部分。

现在世界上的所有语种语言,都属于自然语言,如汉语、英语、法语、俄语等,但这些都是人与人交流所使用的语言。人类通过语言来交流,机器也有自己的交流方式,那就是数字信息。要实现人机交流,就要搭建起一座机器语言和人类语言沟通的桥梁,以实现人机交流的目的,而自然语言处理就是这座桥梁。

计算机毕竟不是人,无法像人一样处理文本,需要有自己的处理方式。因此自然语言处理,简单来说即是计算机接受用户自然语言形式的输入,并在内部通过人类所定义的算法进行加工、计算等一系列操作,以模拟人类对自然语言的理解,并返回用户期望的结果。正如机械解放人类的双手一样,自然语言处理的目的在于用计算机代替人工来处理大规模的自然语言信息。它是人工智能、计算机科学、信息工程的交叉领域,涉及统计学、语言学等知识。由于语言是人类思维的证明,故自然语言处理是人工智能的最高境界,被誉为“人工智能皇冠上的明珠”。

6.5.2　发展历程

1948 年,香农把马尔可夫过程模型应用于建模自然语言,并提出把热力学中“熵”的概念扩展到自然语言建模领域。此时尚未有 NLP,但由于熵也是 NLP 的基石之一,在此也算作是 NLP 的发展历程。

1. NLP 规则时代

1956 年,乔姆斯基提出了“生成式文法”这一大胆猜想。他假设客观世界存在一套完备的自然语言生成规律,每一句话都遵守这套规律而生成。

1966 年,完全基于规则的对话机器人 ELIZA 在 MIT 人工智能实验室诞生了,如图 6.10 所示。

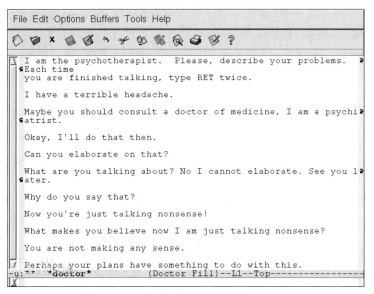

图 6.10　基于规则的聊天机器人 ELIZA

然而同年,自动语言处理顾问委员会提出的一项报告中提出,十年来的机器翻译研究进度缓慢,未达预期。该项报告发布后,机器翻译和自然语言的研究资金大为减缩,自然语言处理和人工智能的研究进入寒冰期。

2. NLP 统计时代

1980 年,由于计算机技术的发展和算力的提升,个人计算机可以处理更加复杂的计算任务,自然语言处理研究复苏,研究人员开始使用统计机器学习方法处理自然语言任务。此时的核心是具有马尔可夫性质的模型(包括语言模型、隐马尔可夫模型等)。

2001 年,神经语言模型将神经网络和语言模型相结合,这是历史上第一次用神经网络得到词嵌入矩阵,是后来所有神经网络词嵌入技术的实践基础。它也证明了神经网络建模语言模型的可能性。

2003 年,LDA 模型提出,从此大放异彩,NLP 进入"主题"时代。主题模型变种极多,如参数模型 LDA、非参数模型 HDP、有监督模型 LabelLDA、PLDA 等。

2008 年,分布式假设理论提出,作为词嵌入技术的理论基础。

在统计时代,NLP 专注于数据本身的分布,如何从文本的分布中设计更多更好的特征模式是这一时期的主流。这期间,还有其他许多经典的 NLP 传统算法诞生,如 tfidf、BM25、PageRank、LSI、向量空间与余弦距离等。值得一提的是,20 世纪八九十年代,卷积神经网络、循环神经网络等就已经提出,但受限于计算能力,NLP 的神经网络方向不适于部署训练,多停留于理论阶段。

3. NLP 深度时代

2013 年,word2vec 的提出是 NLP 的里程碑式技术。随着算力的发展,神经网络可以越做越深,之前受限的神经网络不再停留在理论阶段。在图像领域证明过超强实力后,Text CNN(卷积神经网络)问世;与此同时,RNNs(循环神经网络)也开始崛起。在如今的 NLP 技术上,一般都能看见 CNN/LSTM 的影子。有了深度神经网络,加上嵌入技术,人们发现虽然神经网络是个黑盒子,但能省去好多设计特征的精力。至此,NLP 深度学习时代开启。

2014 年,seq2seq 提出,在机器翻译领域,神经网络碾压基于统计的 SMT 模型。

2015 年,attention 提出,可以说是 NLP 另一里程碑式的存在。带 attention 的 seq2seq 碾压上一年的原始 seq2seq。

2017 年年末,Transformer 提出,NLP 任务的性能再次提升一个台阶。

2018 年年末,BERT 提出,横扫 11 项 NLP 任务,奠定了预训练模型方法的地位,NLP 又一里程碑诞生。SQuAD2.0 上前 6 名都用了 BERT 技术,由此可见 BERT 的可怕。

在深度学习时代,神经网络能够自动从数据中挖掘特征。人们从复杂的特征中脱离出来,得以更专注于模型算法本身的创新以及理论的突破,并且深度学习从一开始的机器翻译领域逐渐扩散到 NLP 的其他领域,传统的经典算法地位大不如前。但神经网络的可解释性一直是个痛点,相比于经典算法,由于其复杂度更高,因此在工业界中,经典算法还是占据主流。

6.5.3　NLP 的分类

NLP 的细分领域和技术很多。根据 NLP 的终极目标,大致可以分为自然语言理解

（NLU）和自然语言生成（NLG）两种。

自然语言理解是所有支持机器理解文本内容的方法模型或任务的总称。NLU 在文本信息处理系统中扮演着非常重要的角色，是推荐、问答、搜索等系统的必备模块，侧重于如何理解文本，包括文本分类、命名实体识别、指代消歧、句法分析、机器阅读理解等。

自然语言生成是为了跨越人类和机器之间的沟通鸿沟，将非语言格式的数据转换成人类可以理解的语言格式，侧重于理解文本后如何生成自然文本。它在很多 NLP 领域或任务都有涉及，比如视觉问答、自动摘要、机器翻译、撰写文献、问答系统、对话机器人等。

两者不存在明显的界限，如机器阅读理解实际属于问答系统的一个子领域。

大致来说，NLP 可以分为以下几个领域。

（1）文本检索：多用于大规模数据的检索，典型的应用有搜索引擎。

（2）机器翻译：跨语种翻译，该领域目前已较为成熟。目前谷歌翻译已用上机翻译技术。

（3）文本分类/情感分析：本质上就是个分类问题。目前也较为成熟，难点在于多标签分类以及细粒度分类。

（4）信息抽取：从不规则文本中抽取想要的信息，包括命名实体识别、关系抽取、事件抽取等。应用极广。

（5）序列标注：给文本中的每一个字/词打上相应的标签。它是大多数 NLP 底层技术的核心，如分词、词性标注、关键词抽取、命名实体识别、语义角色标注等。曾是 HMM、CRF 的天下，近年来逐步稳定为 BiLSTM-CRF 体系。

（6）文本摘要：从给定的文本中聚焦到最核心的部分，自动生成摘要。

（7）问答系统：接受用户以自然语言表达的问题，并返回以自然语言表达的回答。常见形式为检索式、抽取式和生成式 3 种。近年来交互式也逐渐受到关注。典型的应用有智能客服。

（8）对话系统：与问答系统有许多相通之处，区别在于问答系统旨在直接给出精准回答，回答是否口语化不在主要考虑范围内；而对话系统旨在以口语化的自然语言对话的方式解决用户问题。对话系统目前分闲聊式和任务导向型。前者的主要应用有 siri、小冰等；后者的主要应用有车载聊天机器人（对话系统和问答系统是最接近 NLP 终极目标的领域）。

（9）知识图谱：从规则或不规则的文本中提取结构化的信息，并以可视化的形式呈现实体间以何种方式联系表现出来。图谱本身不具有应用意义，建立在图谱基础上的知识检索、知识推理、知识发现才是知识图谱的研究方向。

（10）文本聚类：一个古老的领域，但现在仍未研究透彻。从大规模文本数据中自动发现规律。核心在于如何表示文本以及如何度量文本之间的距离。

6.5.4　基本技术

（1）分词：是所有 NLP 任务中最底层的技术。不论解决什么问题，分词永远是第一步。

（2）词性标注：判断文本中的词的词性（名词、动词、形容词等），一般作为额外特征使用。

（3）句法分析：分为句法结构分析和依存句法分析两种。

（4）词干提取：从单词各种前缀后缀、时态变化等变化中还原词干，常见于英文文本处理。

（5）命名实体识别：识别并抽取文本中的实体，一般采用 BIO 形式。

（6）指代消歧：文本中的代词，如"他""这个"等，还原成其所指实体。

（7）关键词抽取：提取文本中的关键词，用以表征文本或下游应用。

（8）词向量与词嵌入：把单词映射到低维空间中，并保持单词间相互关系不变，是 NLP 深度学习技术的基础。

（9）文本生成：给定特定的文本输入，生成需要的文本，主要应用于文本摘要、对话系统、机器翻译、问答系统等领域。

6.5.5　常用算法举例

TF-IDF：TF-IDF（term frequency-inverse document frequency）是一种用于信息检索与数据挖掘的常用加权技术。TF 是词频（term frequency），IDF 是逆文本频率指数（inverse document frequency）。

LSI：隐性语义索引（latent semantic indexing，LSI），也叫 latent semantic analysis（LSA），是信息检索领域一类非常重要的技术思想。它通过对词项—文档矩阵的奇异值分解，在理论上成功地解决了潜在语义（隐性语义）的检索问题。

Glove：Glove 算法是一种基于全局词频统计的回归算法。它不是基于神经网络，而是基于最小二乘原理。

LSTM：长短期记忆网络（long short-term memory，LSTM）是一种时间循环神经网络，是为了解决一般的 RNN 存在的长期依赖问题而专门设计出来的，所有的 RNN 都具有一种重复神经网络模块的链式形式。

CNN：CNN 是深度学习中常见的算法（模型），在图像处理中应用广泛，基于 CNN 的专利申请近些年也增长迅速。

6.5.6　终极目标

从计算机诞生，NLP 这个概念提出伊始，人们便希望计算机能够理解人类的语言，于是便有了图灵测试。

让计算机能够确切理解人类的语言，让 NLP 系统通过参与到社会当中进行学习，让用户与系统自由交流，使得系统在探索与试错中逐渐达成对其身份的社会语言学构建，是 NLP 的最终目标，也是大多数 NLPer 的最高信仰。

为此，各路大佬挥舞手中的代码不断挖坑填坑，攻克一个又一个难题，推动 NLP 一直向前发展。

6.5.7　研究难点

仍有很多制约 NLP 发展的因素，它们构成了 NLP 的难点，而且要命的是，大多数难点是基础技术的难点。

中文分词，这条是专门针对中文说的。众所周知，汉语博大精深，外国人学汉语尚且困难重重,更别提计算机了。同一个任务、同一个模型,在英文语料的表现上一般要比中文语料好。无论是基于统计的还是基于深度学习的 NLP 方法,分词都是第一步。分词表现不好,后面的模型最多也只能尽力纠偏。研究的难点主要如下。

(1) 词义消歧:很多单词不只有一个意思,BERT 推出后就可以解决这个难题,通过上下文学到不同的意思。另一个较难的是指代消歧,即句子中的指代词还原,如"小明受到了老师的表扬,他很高兴",这个"他"是指"小明"还是指"老师",需要确认。

(2) 二义性:有些句子往往有多种理解方式,其中以两种理解方式的最为常见,称为二义性。

(3) OOV 问题:随着词嵌入技术大热,使用预训练的词向量似乎成为一个主流。但有个问题就是,数据中的词很可能不在预训练好的词表里面,此即 OOV(out of vocabulary)。主流方法是要么当作未知处理,要么生成随机向量或零向量处理,当然都存在一定的弊端。

(4) 文本相似度计算:文本相似度计算依旧是 NLP 的难点之一。说是难点,主要是至今没有一种方法能够从理论上证明。主流认可的是用余弦相似度。但看论文就会发现,除了余弦相似度外,有人用欧氏距离,有人用曼哈顿距离,有人直接用向量内积,且效果还都不错。

(5) 文本生成的评价指标:文本生成的评价指标多用 BLEU 或 ROUGE,但尴尬的是,这两个指标都是基于 n-gram 的,也就是说会判断生成的句子与标签句子词粒度上的相似度。然而,由于自然语言的特性(同一个意思可以有多种不同的表达),会出现生成的句子尽管被人为判定有意义,在 BLEU 或 ROUGE 上仍可能会得到很低分数的情况。这两个指标用在机翻领域倒是没多大问题(本身就是机翻的评价指标),但用在文本摘要和对话生成中就明显不合适了。

6.5.8　社会影响

NLP 发展迅速,对社会的影响越来越大。从语言翻译到语音识别,从聊天机器人到识别情感,NLP 正在提供有价值的见解,使生活更高效。近几年来,NLP 取得的成果远远超过我们所见。

由于自然语言是人类社会信息的载体,使得 NLP 不只是计算机科学的专属。在其他领域,同样存在着海量的文本,NLP 也成为重要的支持技术。

在社会科学领域,关系网络挖掘、社交媒体计算、人文计算等,国内一些著名的大学实验室,如清华的自然语言处理与社会人文计算实验室、哈工大的社会计算与信息检索研究中心均冠有社会计算的关键词。

在金融领域,单 A 股就有 3000 多家上市公司,这些公司每年都有年报、半年报、一季报、三季报等,加上瞬息万变的金融新闻,金融界的文本数量是海量的。

在法律领域,中国裁判文书网上就有几千万公开的裁判文书,此外还有丰富的流程数据、文献数据、法律条文等,且文本相对规范。

在医疗健康领域,除了影像信息,还有大量的体检数据、临床数据、诊断报告等,同样也是 NLP 大展身手的好地方。

在教育领域,智能阅卷、机器阅读理解等都可以运用 NLP 技术。

6.6 人机对话

6.6.1 概述

人机对话是计算机的一种工作方式,即计算机操作员或用户与计算机之间通过控制台或终端显示屏幕,以对话方式工作。操作员可用命令或命令过程告诉计算机执行某一任务。

人们通过计算机终端使用机器,向机器发出指令要求,修改程序等,这好像人和机器在对话,故称人—机对话。目前流行的人机对话语言有 LISP、BERT、T5 等。未来的人机对话可能达到人说话,计算机就能分辨识别的程度。

计算机将计算、处理和控制的情况及时显示出来,供人观察与了解;而人通过一些输入设备把各种数据与指令输入机器,进行操纵和控制,即人与机器对话,如图 6.11 所示。通过人机对话交互,用户可以查询信息,例如查询天气信息和高校的基本信息等。

图 6.11 人机对话实例

人机对话是人工智能领域的重要挑战。近几年,随着人工智能的兴起,人机对话的研究也越来越火热。图 6.12 是 NLP 顶级会议 ACL 和 EMNLP 自 2010 年以来相关论文的数量,可以看出从 2016 年开始,对话类论文的数量增长迅猛,2018 年相比于 2010 年,论文数量有数倍的增长。对话相关技术的逐步成熟也引发了工业界研发对话产品的热潮,产品类型主要包括语音助手、智能音箱和闲聊软件等。

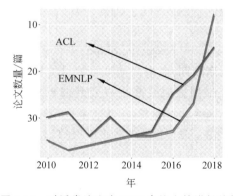

图 6.12 对话类论文在 NLP 会议上的增长趋势

6.6.2　人机对话研究领域

人机对话又称自然语言理解,是当代新兴边缘学科,也是人工智能的一个重要研究领域。它研究如何使计算机能理解和运用人类社会的自然语言,如汉语、英语等,实现人机之间的自然语言通信,使计算机能代替人的部分脑力劳动,真正起到延伸人类大脑的作用。这是当前人工智能研究的核心课题之一。研制第五代计算机的主要目标之一,就是要使计算机具有理解和运用自然语言的功能。

研究分为语音对话和书面对话两方面。需要解决的中心问题是:语言究竟是怎样组织起来传输信息的,人又是怎样从一连串的语言符号获取信息的。

在对话过程中,计算机可能要求回答一些问题,给定某些参数或确定选择项。通过对话,人对计算机的工作给以引导或限定,监督任务的执行。该方式有利于将人的意图、判断和经验纳入计算机的工作过程,增强计算机应用的灵活性,也便于软件编写。

与人机对话相对应的是批处理方式,它用一批作业控制卡顺序完成逐个作业,作业执行过程中没有人的介入和人机对话功能。

6.6.3　人机对话技术

随着深度学习技术的兴起,以对话语料为基础使用神经网络模型进行对话学习成为人机对话的主流研究方法。人机对话根据功能不同可以分为任务完成、问答和聊天 3 种类型,不同类型采用的技术手段和评价方法也不同。下面对这 3 种类型对话进行简单的介绍。

1. 任务完成类型

用于完成用户的特定任务需求,比如电影票预订、机票预定、音乐播放等,以任务完成的成功率作为评价标准。这类对话的特点是用户需求明确,需要通过多轮方式解决,主流的解决方案是 2013 年史蒂夫·杨提出的 POMDP 框架,如图 6.13 所示,它涉及语言理解、对话状态跟踪、回复决策、语言生成等技术。

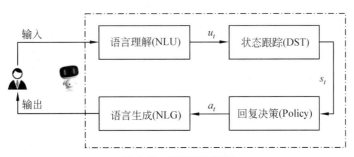

图 6.13　POMDP 框架

系统实现上分为 Pipeline 方式和 End2End 方式。Pipeline 方式是指每个技术模块单独实现,然后以管道形式连接成整个系统。End2End 方式是指一个模型同时实现各个技术模块的功能,使模块之间进行充分的信息共享。

2. 问答类型

用于解决用户的信息查询需求,主要是一问一答的对话形式,如"美国总统是谁",以回

复答案的准确率作为评价标准。和 NLP 传统 QA（Question Answering）任务不同的是，对话中的问答会涉及上下文的成分补全和指代消解技术。

3. 聊天类型

用于解决用户的情感倾诉需求以及其他类型对话之间的衔接需求。和前两种对话类型的区别是该类型对话是开放性对话，用户的输入是开放的，用户可以输入任何合理的自然语言句子；系统的输出也是开放的，比如图 6.14 示例中用户输入"看来今天不适合出门啊"，系统可以回复"是啊，还是待在家好"，也可以回复"可以去电影院看电影"，甚至可以回复"知足吧，至少你有机会出门，我没脚只能天天待机房"等。由于对话的开放性，其技术难度和挑战性要远高于其他类型的对话，目前的解决方案主要是检索和生成两种。

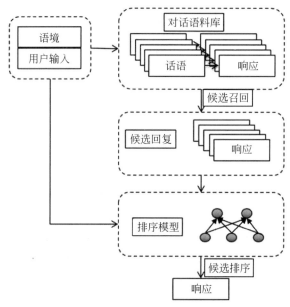

图 6.14　检索方案

（1）检索方案：采用信息检索的技术，分为候选回复召回和候选回复排序两个阶段，如图 6.14 所示。召回阶段先离线对对话语料建立倒排索引库，在线对话时根据用户输入从索引库中检索候选回复。排序阶段根据对话上下文进一步计算候选回复的相关性，以选出最佳候选作为系统输出。

检索方案从百亿级的语料库中检索回复，可以有效解决聊天类型对话的开放性问题，而且检索出的回复语义丰富度和流畅性都很好，在单轮对话中表现很好，但在多轮对话中就问题重重了。对话具有很强的语境关联性，多轮对话确立的语境在语料库中基本不存在，使用检索方案从语料库中选出的回复很难适用于当前的语境，会存在多轮逻辑冲突、语义相关性差等问题，这是检索方案的致命缺陷。

（2）生成方案：生成方案不是从语料库中选出历史回复，而是生成全新的回复，语料库只用于对话逻辑的学习，是目前学术界的一个研究热点。生成方案主要采用机器翻译的 Seq2Seq 对话框架，对话的上文作为模型输入，下文作为模型输出，使用编码器表示输入，解码器预测输出，如图 6.15 所示。除了 Seq2Seq 框架，有不少研究人员也开展了基于 GAN 和强化学习的对话框架,GAN 模型中的 generator 模型用于生成回复,discriminator 模型用于判断输入回复是标准回复还是预测回复;强化学习模型中的 reward 为语义相关性、句子流畅性等,action 为生成的回复句子。

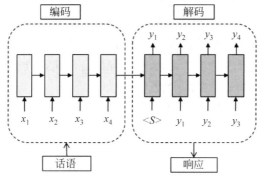

图 6.15　生成方案

采用生成方案训练时,从对话语料中学习对话逻辑,预测时根据用户输入预测和上下文相关的回复输出。目前,生成模型还存在安全回复、机器个性化和效果评估等几个挑战性问题。

由于聊天型对话的开放性特点,对话模型的效果评估具有很大的挑战性,常见的评估方法——预测结果和标准结果的匹配程度,难以准确地衡量聊天型对话的效果,目前可靠的评估方法依然是人工评估。

6.6.4　人机对话的发展阶段

关于人机对话分成 3 代的观念,最早是由亚略特公司的知名生物识别专家杨若冰提出来的。对"人机对话"一词,不同的机构和人都有不同的理解,我们的定义是:人与智能语伴沟通的方式,就是人机对话。这里的机器在一般情况下都是指计算机,但在某些特殊情况下,也可以指具有一定计算机特征的终端设备,如智能手机、PDA 等。第一代人机对话指的是字符命令时代,即以 DOS 和 UNIX 为代表的字符操作时代;第二代指的是苹果 OS 和微软 Windows 操作系统出现后的图形操作时代。

第一代人机对话,人机交流使用的语言全部是经过定义并有数量限制、由字符集组成的被双方牢记的密码式语言,在此体系外的人基本不了解语言含义。

第二代人机对话,采用的是接近人类自然思维的"所见即所得"的图形式交流方式,交流的内容已经非常接近人类的自然交流习惯(以类似人类书写形式的视觉交流为主),但其交流方式仍主要是通过按键(键盘、鼠标等)实现,而不是按照人类本来的交流方式进行。

第三代人机对话则完全与第一、第二代人机对话方式不同,人机交流的内容主要是人习惯的自然交流语言,交流方式也是人习惯的自然语言交流方式(包括智能语伴、语音和手写等,甚至人的表情、手势、步态等)。

6.6.5　人机对话展望

人机对话经过半个世纪的发展,有了长足的进步。不过现在的技术水平还处于初级阶

段,展望人机对话的发展未来,可总结为以下 3 个特征。

(1)集成化:即集成了语音识别、手势识别、表情识别、肢体动作识别的对话和交互形式,通过融合各种识别结果输出最终判断。

(2)智能化:在人机对话中,使计算机更好地自动捕捉人的姿态、手势、语音和上下文等信息,了解人的意图,并做出合适的反馈或动作,提高交互活动的自然性和高效性,是计算机科学家正在积极探索的新一代交互技术的一个重要内容。人机交互与人工智能的结合,使得交互技术有了极大的提升。简单来说,人机交互的智能化,终极追求就是使人类与机器间的互动变得像人与人的互动一样自然、流畅。

(3)标准化:人机交互设备的标准化可降低制造成本、提高不同设备之间的兼容性,让交互设备慢慢走进人们的日常生活中,鼠标和键盘就是一个很好的案例。当先进的人机交互技术逐渐从"百花齐放"走向"大一统"的时候,标准化就是用户乃至整个社会的必然需求。

第7章　智能机器人自主导航与路径规划

7.1　导　　航

导航,最初是指对航海的船舶抵达目的地进行的导引过程。这一术语和自主性相结合,已成为智能机器人研究的核心和热点。

莱纳德和德兰特·怀特将智能机器人导航定义为以下3个子问题。

(1) 我在哪里?——环境认知与机器人定位。

(2) 我要去哪里? —— 目标识别。

(3) 我怎么到那里?——路径规划。

为了完成导航,机器人需要依靠自身的传感系统对内部姿态和外部环境信息进行感知,通过对环境空间信息的存储、识别、搜索等操作寻找最优或近似最优的无碰撞路径,并实现安全运动。

7.1.1　导航系统分类

对于不同的室内与室外环境、结构化与非结构化环境,机器人完成准确的自身定位后,常用的导航方式主要有磁导航、惯性导航、视觉导航、卫星导航等。

1. 磁导航

磁导航是在路径上连续埋设多条引导电缆,分别流过不同频率的电流,通过感应线圈对电流的检测来感知路径信息。磁导航技术虽然简单实用,但成本高,传感器发射和反射装置的安装复杂,改造和维护相对困难。

2. 惯性导航

惯性导航是利用陀螺仪和加速度计等惯性传感器测量智能机器人的方位角和加速率,从而推知机器人的当前位置和下一步的目的地。由于车轮与地面存在打滑等现象,随着机器人航程的增长,任何小的误差经过累计都会无限增加,定位的精度就会下降。

3. 视觉导航

视觉导航方式具有信号探测范围广、获取信息完整等优点,近年来广泛应用于智能机器人的自主导航。智能机器人利用装配的摄像机拍摄周围环境的局部图像,再通过图像处理技术(如特征识别、距离估计等)将外部环境信息输入机器人内,为自身定位和规划下一步动作,从而使机器人能自主地规划行进路线,安全到达终点。视觉导航中的图像处理计算量大,实时性差是一个瓶颈问题。

在视觉导航系统中,视觉传感器可以是摄像头、激光雷达等环境感知传感器,主要完成运行环境中障碍和特征检测及特征辨识的功能。

依据环境空间的描述方式,可将智能机器人的视觉导航方式划分为 3 类。

(1)基于地图的导航(map-based navigaion):是完全依靠在智能机器人内部预先保存好的关于环境的几何模型、拓扑地图等比较完整的信息,在事先规划出的全局路线基础上应用路径跟踪和避障技术来实现的。

(2)基于创建地图的导航(map-building navigation):是利用各种传感器来创建关于当前环境的几何模型或拓扑模型地图,然后利用这些模型来实现导航。

(3)无地图的导航(mapless navigation):是在环境信息完全未知的情况下,可通过摄像机或其他传感器对周围环境进行探测,利用对探测的物体进行识别或跟踪来实现导航。

4. 卫星导航

GPS 全球定位系统是以距离作为基本的观测量,通过对 4 颗 GPS 卫星同时进行位距测量计算出接收机的位置。智能机器人通过安装卫星信号接收装置可以实现自身定位,无论其在室内还是室外。但是该方法存在近距离定位精度低、信号障碍、多径干扰等缺点,在实际应用中一般都结合其他导航技术一起工作。

7.1.2　导航系统体系结构

智能机器人的导航系统是一个自主式智能系统,其主要任务是把感知、规划、决策和行动等模块有机地结合起来。图 7.1 给出了一种智能机器人自主导航系统的控制结构。

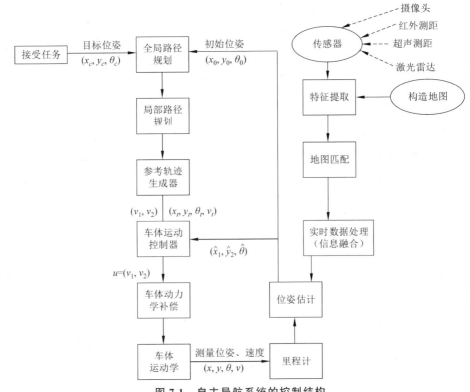

图 7.1　自主导航系统的控制结构

7.1.3　视觉导航

早期的视觉导航是为自主地面智能机器人而研发。近年来,由于视觉导航方法具有自主性、廉价性和可靠性等特点,已成为导航领域的研究热点。视觉导航在无人飞行器、深空探测器和水下机器人方面获得了广泛应用。

1. 视觉导航中的摄像机类型

按照传感器类型,视觉导航可分为被动视觉导航和主动视觉导航。

1) 被动视觉导航

被动视觉导航是依赖可见光或不可见光成像技术的方法。CCD 相机作为被动成像的典型传感器,广泛应用于各种视觉导航系统中。

2) 主动视觉导航

主动视觉导航是利用激光雷达、声呐等主动探测方式进行环境感知的导航方法。例如,1997 年着陆的火星探路者号使用编码激光条纹技术进行前视距离探测,可靠地解决了未知环境中的障碍识别问题。

在视觉信息获取过程中,主动视觉导航能够主动调整摄像机的参数,与环境动态交互,根据具体要求分析有选择地得到视觉数据,更有效地理解视觉环境。

2. 视觉导航中的摄像机数目

根据摄像机数目的不同,视觉导航可以分为单目视觉导航、立体视觉导航。

1) 单目视觉导航

单目视觉的特点是结构和数据处理较简单,研究的方向集中在如何从二维图像中提取导航信息,常用的技术有阈值分割、透视图法等。

(1) 基于阈值分割模型的导航通过对机器人行走过程中采集到的灰度图像计算出合适的阈值,进行分割,将图像分为可行走和不可行走的区域,从而得出避障信息进行导航。

这种算法基于视觉传感器的反馈,而不考虑先前的图片,不会产生任何地图。该方法阈值计算简单,总的处理速度很快,实时性很好。

(2) 基于单摄像机拍摄的图像序列的导航利用透视图法,通过不断地将目标场景图像与单摄像机拍摄到的图像相比较计算两者之间的联系,进而确定向目标行进的动作参数。

这种算法的关键问题是根据透视法从图像比较中提取必要的数学矩阵模型,进行相应计算。在导航过程中,无须定位机器人的 3D 位置,不需要人的参与,任何时候只需要保存3 幅图像:前一图像、当前图像、目标图像,所以实时性很好。

2) 立体视觉导航

一个完整的立体视觉系统分为图像获取、摄像机标定、特征提取、立体匹配、深度确定及内插重建等部分。

立体匹配是立体视觉中最困难的一步。立体匹配方法必须解决 3 个问题:正确选择图像的匹配特征;寻找特征间的本质属性;建立正确的匹配策略。

内插重建是为了获得物体的空间信息。重建算法的复杂度取决于匹配算法,根据视差图,通过插值或拟合来重建物体。匹配和内插之间存在一定的信息反馈,匹配结果约束内插重建,而重建结果又引导正确匹配。

3. 视觉导航中的地图依赖性

视觉导航系统按照对地图的依赖性可分为地图导航系统、地图生成型导航系统和无地图导航系统。

1）地图导航系统

地图导航系统是发展较早的机器人导航方法。自然地标和人工地标是地标跟踪的两个分类。

（1）自然地标导航算法使用相关性跟踪选定的自然景物地标，通过立体视觉信息计算机器人自身的位置，并在机器人行进中逐步更新景物地标。

（2）人工地标导航通过机器人识别场景中的交通标志，得出所处的位置、与目的地的距离等信息。常见的人工地标如图 7.2 所示。

(a) 公路路面交通标志　　　　　　　　　　　　　　　　(b) 较复杂的室内路标

图 7.2　常见的人工地标

2）地图生成型导航系统

地图生成型导航系统通过感知周围环境，并在线生成某种表示的导航地图，较好地解决了未知环境中同时完成实时定位、绘图和自定位任务的问题。

在 1986 年的 ICRA 会议上，SLAM 的概率视角第一次被提出。SLAM（simultaneous localization and mapping）也称为 CML（concurrent mapping and localization），即同步定位与地图构建或并发建图与定位，由于其具有重要的理论与应用价值，被很多学者认为是实现真正全自主智能机器人的关键。

SLAM 问题可以描述为：机器人在未知环境中从一个未知位置开始移动，在移动过程中根据位置估计和地图进行自身定位，同时在自身定位的基础上建造增量式地图，实现机器人的自主定位和导航。

3）无地图导航系统

无地图导航系统不需要对环境信息进行全面描述。光流法、基于特征跟踪基于模板的导航方法是无地图视觉导航系统的主要研究方向。

（1）光流法。通过机器人视场中固定特征的运动变化情况来估计机器人的运动。选择图像中有价值的特征点计算光流，可在保证运动估计精度的前提下降低计算量。随着计算能力的显著提高，基于光流法的视觉导航系统获得了较快的发展。

（2）基于特征跟踪的视觉导航方法。通过跟踪图像序列中的特征元素（角、线、轮廓等）获取导航信息。

（3）基于模板的导航方法。使用预先获得的图像为模板，而模板与位置信息或控制指令相对应，导航过程中用当前图像帧与模板匹配，进而获取导航信息。

7.2　环境地图的表示

构造地图的目的是用于绝对坐标系下的位姿估计。地图的表示方法通常有 4 种：拓扑图、特征图、网格图及直接表征法（appearance based methods）。不同方法具有各自的特点和适用范围，其中特征图和网格图的应用较为普遍。

7.2.1　拓扑图

拓扑图通常是根据环境结构定义的，由位置节点和连接线组成。环境的拓扑模型就是一张连接线图，其中的位置是节点，连接线是边。

1. 基本思想

地铁、公交路线图均是典型的拓扑地图实例，其中停靠站为节点，节点间的通道为边。在一般的办公环境中，拓扑单元有走廊和房间等，而打印机、桌椅等则是功能单元。连接器用于连接对应的位置，如门、楼梯、电梯等。

当机器人离开一个节点时，只需知道它正在哪一条边上行走就够了。其具体位置通常应用里程计就可实现机器人的定位。

2. 特点

拓扑图把环境建模为一张线图表示，忽略了具体的几何特征信息，不必精确表示不同节点间的地理位置关系，图形抽象，表示方便。

为了应用拓扑图进行定位，机器人必须能识别节点。因此节点要求具有明显可区分和识别的标识、信标或特征，并应用相关传感器进行识别。

7.2.2　特征图

利用环境特征构造地图是最常用的方法之一，大多数城市交通图就是采用这种方法绘制的。

1. 基本思想

在结构化环境中，最常见的特征是直线段、角、边等。这些特征可用它们的颜色、长度、宽度、位置等参数表示。

基于特征的地图一般用式（7.1）的特征集合表示。

$$M = \{ f_j \mid j = 1, 2, \cdots, n \} \tag{7.1}$$

其中，f_j 是一个特征（边、线、角等），n 是地图中的特征总数。

机器人所在位置可以采用激光测距传感器、超声波传感器进行定位。激光雷达能够提取水平直线特征，视觉系统可以提取垂直线段特征，使地图结构更加丰富。

人工标识的定位方法是比较常用的特征定位方法。该方法需要事先在作业环境中设置易于辨别的标识物。当应用自然标识定位时，自然信标的几何特征（如点、线、角等）得事先给定。

2. 特点

特征法定位准确，模型易于由计算机描述和表示，参数化特征也适用于路径规划和轨迹

控制。但特征法需要特征提取等预处理过程,对传感器噪声比较敏感,只适于高度结构化环境。

7.2.3　网格图

特征图的一个缺点是对所应用的特征信息必须有精确的模型描述。另一种替代的方法是应用网格图。

1. 基本思想

网格图把机器人的工作空间划分为网状结构,网格中的每个单元代表环境的一部分,每个单元都分配了一个概率值,表示该单元被障碍物占据的可能性大小。

2. 特点

网格法是一种近似描述,易于创建和维护,对某个网格的感知信息可直接与环境中的某个区域对应。机器人对所测得的障碍物具体形状不太敏感,特别适于处理超声测量数据。但当在大型环境中或网格单元划分比较细时,网格法计算量迅速增长,需要大量内存单元,使计算机的实时处理很困难。

7.2.4　直接表征法

直接表征法是直接应用传感器读入的数据来描述环境。由于传感器数据本身比特征或网格这一中间表示环节包含了更丰富的环境描述信息。

1. 基本思想

通过记录来自不同位置及方向的环境外观感知数据,这些图像中包括了某些坐标、几何特征或符号信息,利用这些数据作为在这些位置处的环境特征描述。

直接表征法与识别拓扑位置所采用的方法在原理上是一样的,差别仅在于该法试图从所获取的传感器数据中创建一个函数关系,以便更精确地确定机器人的位姿。

2. 特点

直接表征法数据存储量大,环境噪声干扰严重,特征数据的提取与匹配困难,其应用受到一定限制。

7.3　定　　位

定位是确定机器人在其作业环境中所处的位置。机器人可以利用先验环境地图信息、位姿的当前估计以及传感器的观测值等输入信息,经过一定处理变换,获得更准确的当前位姿。

智能机器人的定位方式有很多种,常用的有里程计、摄像机、激光雷达、声呐、速度或加速度计等。

从方法上来分,智能机器人的定位可分为相对定位和绝对定位两种。

7.3.1　相对定位

相对定位又称为局部位置跟踪,要求机器人在已知初始位置的条件下通过测量机器人相对于初始位置的距离和方向来确定当前位置,通常也称为航迹推算法。

相对定位的优点是结构简单、价格低廉；机器人的位置进行自我推算，不需要对外界感知信息。其缺点在于漂移误差会随时间积累，不能精确定位。

因此，相对定位只适于短时、短距离运动的位姿估计，长时间运动时必须应用其他的传感器配合相关的定位算法进行校正。

1. 里程计法

里程计法是智能机器人定位技术中广泛采用的方法之一。在智能机器人的车轮上安装光电编码器，通过编码器记录的车轮转动圈数计算机器人的位移和偏转角度。

里程计法定位过程中会产生两种误差。

1）系统误差

系统误差在很长的时间内不会改变，和机器人导航的外界环境并没有关系，主要由下列因素引起。

（1）驱动轮直径不等。

（2）驱动轮实际直径的均值和名义直径不等。

（3）驱动轮轴心不重合。

（4）驱动轮间轮距长度不确定。

（5）有限的编码器测量精度。

（6）有限的编码器采样频率。

在导航过程中，测程法的系统误差以常量累积，严重影响机器人的定位精度，甚至会导致机器人导航任务的失败。

2）非系统误差

非系统误差是在机器人和外界环境接触过程中，由于外界环境的不可预料特性引起的。主要误差来源如下。

（1）轮子打滑。

（2）地面不平。

（3）地面有无法预料的物体（例如石块）。

（4）外力作用和内力作用。

（5）驱动轮和地板是面接触而不是点接触。

对于机器人定位来说，非系统误差是非常严重的问题，因为它无法预测并导致严重的方向误差。

非系统误差包括方向误差和位置误差。考虑机器人的定位误差时，方向误差是主要的误差源。在机器人导航过程中，小的方向误差会导致严重的位置误差。

轮子打滑和地面不平都能导致严重的方向误差。在室内环境中，轮子打滑对机器人定位精度的影响要比地面不平对定位精度影响要大，因为轮子打滑发生的频率更高。

3）误差补偿

在机器人定位过程中，需要利用外界的传感器信息补偿误差。因此利用外界传感器定位机器人时，主要任务在于提取导航环境的特征，并和环境地图匹配。在室内环境中，墙壁、走廊、拐角、门等特征被实际地用于机器人的定位研究。

广泛用于机器人定位的外界传感器有陀螺仪、电磁罗盘、红外线、超声波传感器、声呐、

激光测距仪、视觉系统等。

2. 惯性导航定位法

惯性导航定位法是一种使用惯性导航传感器定位的方法。它通常用陀螺仪来测量机器人的角速度,用加速度计测量机器人的加速度。对测量结果进行一次和二次积分,即可得到机器人偏移的角度和位移,进而得出机器人当前的位置和姿态。

用惯性导航定位法进行定位不需要外部环境信息,但是由于常量误差经积分运算会产生误差的累积,因此该方法也不适用于长时间的精确定位。

7.3.2 绝对定位

绝对定位又称为全局定位,要求机器人在未知初始位置的情况下确定自己的位置。主要采用主动灯塔法、路标导航定位法、地图匹配法、卫星导航技术(比如 GPS)进行定位,定位精度较高。在这几种方法中,主动灯塔或标识牌的建设和维护成本较高,地图匹配技术处理速度慢,GPS 只能用于室外,目前精度还很差,绝对定位的位置计算方法包括三视角法、三视距法、模型匹配算法等。

1. 主动灯塔法

主动灯塔是可以很可靠地被检测到的信号发射源,将该信号进行最少的处理,就可以提供精确的定位信息。主动灯塔法的采样率可以很高,从而产生很高的可靠性。缺点是主动灯塔的安装和维护会导致很高的费用。

2. 路标导航定位法

路标导航定位法是利用环境中的路标给智能机器人提供位置信息。路标分为人工路标和自然路标。

人工路标是为了实现机器人定位而人为放置于机器人工作环境中的物体或标识。自然路标是机器人的工作环境中固有的物体或自然特征。两种路标相比较,人工路标的探测与识别比较容易,较易于实现,且人工路标中还可以包含其他信息,但需要对环境进行改造;而自然路标定位灵活,不需要对机器人的工作环境进行改动。

基于路标的定位精度取决于机器人与路标间的距离和角度。当机器人远离路标时,定位精度较低,靠近时,定位精度较高。另外,不管是人工路标还是自然路标,路标的位置都应是已知的。

3. 地图匹配法

基于地图的定位方法称为地图匹配法。机器人运用各种传感器(如超声波传感器、激光测距仪、视觉系统等)探测环境来创建它所处的局部环境地图,然后将此局部地图与存储在机器人中的已知的全局地图进行匹配。如果匹配成功,机器人就计算出自身在该环境中的位置。

4. GPS 定位

GPS 是适用于室外智能机器人的一种全局定位系统。它是一种以空间卫星为基础的高精度导航与定位系统,由美国国防部批准研制,为海、陆、空三军服务的一种新的军用卫星导航系统。该系统由三大部分构成:GPS 卫星星座(空间部分)、地面监控部分(控制部分)和 GPS 信号接收机(用户部分)。GPS 能够实施全球性、全天候、实时连续的三维导航定位服务。

7.3.3　基于概率的绝对定位

近年来,基于概率的绝对定位方法引起国内外学者的注意,成为机器人定位研究的热点,这一研究领域称为"概率机器人学"。

在概率定位中,最重要的是马尔可夫定位和蒙特卡洛定位。马尔可夫定位和蒙特卡洛定位不仅能够实现全局定位和局部位置跟踪,而且能够解决机器人的"绑架"问题。

机器人的"绑架"问题是指,由于机器人容易与外界发生碰撞而使机器人在不知情(里程计没有记录)的情况下发生移动。

1. 马尔可夫定位(Markov localization,ML)

福克斯等根据部分可观测马尔可夫决策过程首先提出马尔可夫定位方法。马尔可夫定位基于马尔可夫假设:机器人观测值独立性假设与运动独立性假设。

马尔可夫定位的基本思想是:机器人不知道它的确切位置,而是知道它可能位置的信度(belief,即机器人在整个位置空间的概率分布,信度值之和为 1)。马尔可夫定位的关键之处在于信度值的计算。当机器人收到外界传感器信息或利用编码器获得机器人移动信息时,基于马尔可夫假设和贝叶斯规则,每个栅格的信度值被更新。

根据初始状态概率分布 $p(x_0)$ 和观测数据 $Y_t = \{y_t | t = 0, 1, \cdots, t\}$ 估计系统的当前状态 x_t,其中 $x_t = (w_x, w_y, \theta)^\mathrm{T}$ 表示机器人的位姿(由位置和方向组成)。从统计学的观点看,x_t 的估计是一个贝叶斯滤波问题,可以通过估计后验密度分布 $p(x_t | Y_t)$ 实现。贝叶斯滤波器假设系统是一个马尔可夫过程,$p(x_t | Y_t)$ 可以通过以下 2 个步骤算得。

(1) 预测。

通过运动模型预测系统在下一时刻的状态,即通过如下公式计算先验概率密度 $p(x_t | Y_{t-1})$:

$$p(x_t \mid Y_{t-1}) = \int p(x_t \mid x_{t-1}, u_{t-1}) p(x_{t-1} \mid Y_{t-1}) \mathrm{d}x_{t-1} \tag{7.2}$$

式中,$p(x_t | x_{t-1}, u_{t-1})$ 称为系统的运动模型(状态转移先验密度)。

(2) 更新。

通过观测模型,利用新的观测信息更新系统的状态,即通过如下公式计算后验概率密度 $p(x_t | Y_t)$:

$$p(x_t \mid Y_t) = p(y_t \mid x_t) p(x_t \mid Y_{t-1}) p(y_t \mid Y_{t-1}) \tag{7.3}$$

式中,$p(y_t | x_t)$ 称为系统的观测模型(观测密度)。

当机器人获得编码器信息或利用外界传感器感知环境后,马尔可夫定位算法必须对所有的栅格进行计算,因此需要大量的计算资源和内存,导致定位处理的实时性很差。

2. 蒙特卡洛定位(Monte-Carlo localization,MCL)

基于马尔可夫定位方法,德拉特等提出了蒙特卡洛定位方法。MCL 也称为粒子滤波(particle filter)。

MCL 的主要思想是用 N 个带有权重的离散采样 $S_t = \{(x_t^{(j)}, w_t^{(j)}) | j = 1, \cdots, N\}$ 来表示后验概率密度 $p(x_t | Y_t)$。其中 $x_t^{(j)}$ 是机器人在 t 时刻的一个可能状态;$w_t^{(j)}$ 是一个非负的参数,称为权重,表示 t 时刻机器人的状态为 $x_t^{(j)}$ 的概率,也就是 $p(x_t^{(j)} | Y_t) \approx w_t^{(j)}$,且

$$\sum_{j=1}^{N} w_t^{(j)} = 1。$$

MCL 包括 4 个阶段：初始化、采样阶段、权重归一化和输出阶段。采样阶段是 MCL 的核心，它包括重采样、状态转移和权重计算 3 步。实际上，MCL 是按照提议密度分布抽取采样，然后利用权重来补偿提议密度分布与后验密度分布 $p(x_t|Y_t)$ 之间的差距。

当机器人发生"绑架"时，要估计的后验密度 $p(x_t|Y_t)$ 与提议密度分布的错位很大，在 $p(x_t|Y_t)$ 取值较大区域的采样数很少，需要大量的采样才能较好地估计后验密度。

和马尔可夫定位算法相比，MCL 具有如下优点。

（1）极大地减少了内存的消耗量，并有效地利用机器人资源。

（2）具有更好的定位精度。

（3）算法的实现更容易。

虽然 MCL 大大减少了计算机的资源损耗，但它仍然要花费较多时间实现机器人的位置更新，因此实时性不是很理想。分析可见，样本数量是影响计算量的关键。例如，科勒等在利用 MCL 定位机器人的过程中进行了自适应调整样本数量。当机器人进行全局定位时，采用较多的样本来定位机器人；当机器人进行局部位置跟踪时，采用较少的样本来定位机器人。该算法的实现可以充分利用计算机的资源，并提高机器人的定位精度。

3. 卡尔曼滤波（Kalman filter，KF）定位

卡尔曼滤波器是一个最优化自回归数据处理算法。其基本思想是采用信号和噪声空间状态模型，结合当前时刻的观测值和前一时刻的估计值来更新对状态变量的估计，从而得到当前时刻的估计值。对于非线性估计问题，可以通过线性近似去解决。相应的方法有 EKF（extended Kalman filter）、UKF（unscented Kalman filter）等。

卡尔曼滤波器通过预测方程和测量方程对系统状态进行估计，利用递推的方式寻找最小均方误差下的 $\boldsymbol{X}_k$ 的估计值 $\hat{\boldsymbol{X}}_k$。该滤波器的数学模型如下。

状态方程为

$$\boldsymbol{X}_k = \boldsymbol{A}\boldsymbol{X}_{k-1} + \boldsymbol{W}_{k-1} \tag{7.4}$$

测量方程为

$$\boldsymbol{Z}_k = \boldsymbol{H}\boldsymbol{X}_k + \boldsymbol{V}_k \tag{7.5}$$

其中，$\boldsymbol{X}_k$ 是 k 时刻系统的状态，$\boldsymbol{A}$ 是 $k-1$ 时刻到 k 时刻的状态转移矩阵，$\boldsymbol{Z}_k$ 是 k 时刻的测量值，$\boldsymbol{H}$ 是观测矩阵，$\boldsymbol{W}_{k-1}$ 为系统过程噪声，$\boldsymbol{V}_k$ 为系统测量噪声，假设为高斯白噪声。

如果不考虑观测噪声和输入信号，则 k 时刻的观测值 $\boldsymbol{Z}_k$ 和已知的最优状态估计值 $\hat{\boldsymbol{X}}_{k-1}$ 可通过以下方程求解 $\hat{\boldsymbol{X}}_k$ 的最优估计值。

状态预测方程为

$$\boldsymbol{X}_k^- = \boldsymbol{A}\hat{\boldsymbol{X}}_{k-1} \tag{7.6}$$

预测状态下的协方差方程为

$$\boldsymbol{P}_k^- = \boldsymbol{A}\boldsymbol{P}_{k-1}\boldsymbol{A}_k^{\mathrm{T}} + \boldsymbol{Q} \tag{7.7}$$

滤波器增益矩阵为

$$\boldsymbol{K}_k = \boldsymbol{P}_k^-\boldsymbol{X}^{\mathrm{T}}(\boldsymbol{H}\boldsymbol{P}_k^-\boldsymbol{H}^{\mathrm{T}} + \boldsymbol{R})^{-1} \tag{7.8}$$

状态最优化估计方程为

$$\hat{X}_k = X_k^- + K_k(Z_k - HX_k^-) \tag{7.9}$$

状态最优化估计的协方差方程为

$$P_k = (I - K_k H)P_k^- \tag{7.10}$$

通过卡尔曼滤波器的公式可以看出,只要给定了 X_0 和 P_0,就可以根据 k 时刻的观测值 Z_k,通过递推计算得出 k 时刻的状态估计。

图 7.3 给出了卡尔曼滤波器根据所有传感器提供的信息实现高效信息融合的一般方案。系统有一个控制信号和作为输入的系统误差源。测量装置能够测量带有误差的某些系统状态。卡尔曼滤波器是根据系统知识和测量装置产生系统状态最优估计数学机制,是对系统噪声和观测误差不确定性的描述。因此,卡尔曼滤波器以最优的方式融合传感器信号和系统知识。其最优性依赖于评估的特性指标和假设所选的判据。

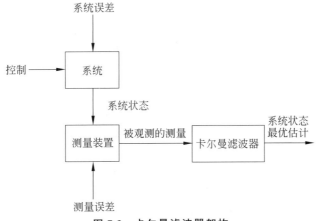

图 7.3　卡尔曼滤波器架构

卡尔曼滤波器已经广泛应用在各方面,比如机器人的同步定位与地图构建(SLAM)问题、雷达系统的跟踪等。图 7.4 描述了卡尔曼滤波器的机器人定位架构。

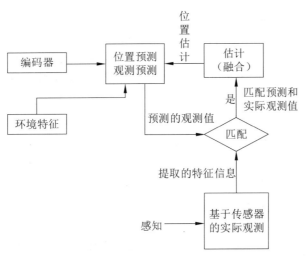

图 7.4　卡尔曼滤波器的机器人定位架构

机器人通常通过大量异质传感器提供机器人定位的消息。显然,各传感器也都是存在误差的。机器人的总传感器信号输入处理成了提取的特征信息集合。

（1）位置预测：基于带有高斯误差的运动系统模型,机器人根据编码器数据进行位置预测。

（2）传感器测量：机器人收集实际的传感器数据,提取合适的环境特征,产生一个实际的位置。

（3）匹配更新：机器人要在实际提取的特征和测量预测的期望特征之间辨识最佳的信息。卡尔曼滤波器可以将所有这些匹配提供的信息融合,递归估计更新机器人的状态。

7.4　路　径　规　划

7.4.1　路径规划分类

路径规划就是按照一定的性能指标（如工作代价最小、行走路线最短、行走时间最短,安全、无碰撞地通过所有障碍物等）,机器人从所处的环境中搜索到一条从初始位置开始的实现其自身目的的最优或次优路径。

路径规划本身可以分成不同的层次,从不同的方面有不同的划分。根据对环境的掌握情况,机器人的路径规划问题可以分为以下3种类型。

1. 基于地图的全局路径规划

基于地图的全局路径规划,根据先验环境模型找出从起始点到目标点的符合一定性能的可行或最优的路径。

全局规划的主要方法有栅格法、可视图法、概率路径图法、拓扑法、神经网络法等。

2. 基于传感器的局部路径规划

基于传感器的局部路径规划依赖传感器获得障碍物的尺寸、形状和位置等信息。环境是未知或部分未知的。

局部路径规划算法的主要方法有模糊逻辑算法、遗传算法、人工势场法等,也可以把两类算法结合使用,有效地实现机器人的路径规划。

在复杂工作环境下进行路径规划时,上述算法存在一些明显的不足。例如,在足球机器人比赛中,机器人之间不能发生碰撞,需要为足球机器人实时规划出一条路径。但算法可能存在计算代价过大,有时甚至得不到最优解等问题。

3. 混合型方法

混合型方法试图结合全局和局部的优点,将全局规划的"粗"路径作为局部规划的目标,从而引导机器人最终找到目标点。

现今的路径规划问题具有如下特点。

（1）复杂性。在复杂环境尤其是动态时变环境中,机器人路径规划非常复杂,且需要很大的计算量。

（2）随机性。复杂环境的变化往往存在很多随机性和不确定因素。

（3）多约束机器人的运动存在几何约束和物理约束。几何约束是指受机器人的形状制约,物理约束是指受机器人的速度和加速度制约。

（4）多目标机器人运动过程对路径性能存在多方面的要求，如路径最短、时间最优、安全性能最好、能源消耗最小，但它们之间往往存在冲突。

这也是未来路径规划所要解决问题的思路。

7.4.2　路径规划方法

1. 可视图法

如图 7.5 所示，可视图（visibility graph，VG）由一系列障碍物的顶点和机器人起始点及目标点用直线组合相连。要求机器人和障碍物各顶点之间、目标点和障碍物各顶点之间以及各障碍物顶点与顶点之间的连线均不能穿越障碍物，即直线是"可视的"。

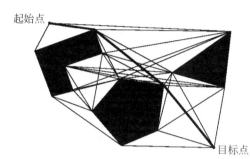

图 7.5　可视图法路径规划

这样，从起始点到目标点的最优路径转换为从起始点到目标点经过这些可视直线的最短距离问题。图中的粗实线即为由 VG 法得到的最短路径，但由于过于靠近障碍物，得到的路径安全性较差。可视图法适用于环境中的障碍物是多边形的情况。

2. Voronoi 图法

Voronoi 图，又叫泰森多边形图。如图 7.6(a)所示，它由一组由连接两邻点直线的垂直平分线组成的连续多边形组成。

由图 7.6(b)可见，Voronoi 图的路径规划尽可能远离障碍物，从起始节点到目标节点的路径将会增长。但采用这种控制方式，即使产生位置误差，智能机器人也不会碰到障碍物，其缺点是存在较多的突变点。

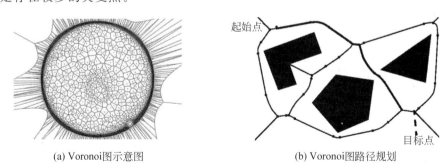

(a) Voronoi图示意图　　　　　　　(b) Voronoi图路径规划

图 7.6　Voronoi 图与 Voronoi 图路径规划

3. 单元分解法

如图 7.7 所示，首先把状态空间分解为与空间平行的许多矩形或立方体，称为单元

(cell),每个单元都标记为以下几项。

(1) 空的:如果单元内的每一点均与状态空间的障碍物不相交。

(2) 满的:如果单元内的每一点均与状态空间的障碍物相交。

(3) 混合的:如果单元内的点既有与状态空间的障碍物相交的,也有不相交的。

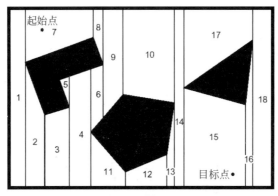

图 7.7　状态空间分解

单元分解法就是要寻找一条由空的单元所组成的包含有起始点和目标点的连通路径,如图 7.8 所示。如果这样的路径在初始划分的状态空间中不存在,则要找出所有的混合单元,将其进一步细分,并将划分的结果进行标记,然后在空的单元中搜索,如此反复,直至成功。

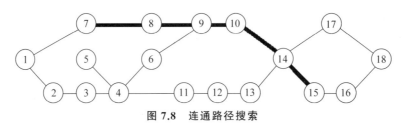

图 7.8　连通路径搜索

4. 人工势场法

传统的人工势场法把智能机器人在环境中的运动视为一种在抽象的人造受力场中的运动,目标点对智能机器人产生"引力",障碍物对智能机器人产生"斥力",最后通过求合力来控制智能机器人的运动。但是,由于势场法把所有信息压缩为单个合力,这就存在把有关障碍物分布的有价值的信息抛弃的缺陷,且易陷入局部最小值。

5. A^* 算法

1) A^* 算法原型

迪杰斯特拉(Dijkstra)算法是基于图论理论的遍历算法,能在一定时间内找到两点之间的最短路径,用于计算两节点间的最短路径。这实际上是一种枚举技术,枚举搜索目标函数的域空间中的每个节点,实现简单,但可能需要大量计算。常用的路径规划技术有深度优先搜索、广度优先搜索、反复加深搜索和 Dijkstra 搜索等。

Dijkstra 算法的基本思想如图 7.9 所示,从初始点 S 到目标点 E 寻求最低花费路径,粗黑的箭头代表寻找到的最优路径。圆圈代表节点,圆圈中间的数字代表从初始点经过最低花费的路径到达该点时的总花费,箭头上的数字代表从箭头始端指向末端所需的花费,算法通过比较各条路径选择了一条最短的花费,作为该点圆圈内的数字。

2）A* 算法流程

A* 算法是建立在 Dijkstra 算法基础之上的一种启发式搜索算法(heuristic search)。该算法的创新之处在于探索下一个节点的时候引入了已知的路网信息,特别是目标点的信息,增加了当前节点的有效评估,即增加了约束条件,作为评价该节点处于最优路线上可能性的量度。因此首先搜索可能性较大的节点,从而减少了探索节点的个数,提高了算法的效率。

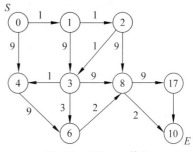

图 7.9　Dijkstra 算法

A* 算法具体引入了当前节点的估计函数 $f(i)$,节点的评价函数可以定义为

$$f(i) = g(i) + h(i) \tag{7.11}$$

式中,$g(i)$ 表示从起始点到当前节点的最短距离,$h(i)$ 表示从当前节点到目标点的最短距离的估计值,可取节点到终点的直线和球面距离。

若 $h(i)=0$,即没有利用任何路网信息,这时 A* 算法就变成了 Dijkstra 算法。可见,A* 算法的实质是 Dijkstra 算法的改进"算法"。对于 $h(i)$ 的具体形式,也可以依据实际情况选择。例如,除了可以用当前节点到终点的最短距离外,还可以引入方向。

A* 算法本身表述起来很简单,关键是在代码优化上,基本的思路一般都是以空间(即内存的占用)换取时间(搜索速度),另外还有诸如多级地图精度和地图分区域搜索等一些地图预处理技术。

算法的基本实现过程为:从起始点开始计算其每一个子节点的 f 值,从中选择 f 值最小的子节点作为搜索的下一点,往复迭代,直到下一个子节点为目标点。算法过程如图 7.10 所示,步骤如下。

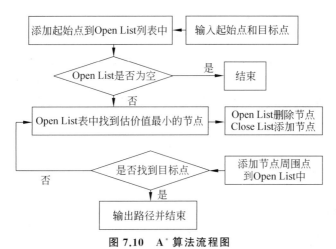

图 7.10　A* 算法流程图

（1）从起点 A 开始,把它加入 Open List 中,这个 Open List 实际上是一个待检查的方格列表。

（2）忽略墙壁和 Close List 中的方格，将与起点 A 相邻并且可到达的（reachable）方格也加入 Open List 中。把起点 A 设置为这些方格的父节点。

（3）把 A 从 Open List 中移除，加入 Close List 中，表示不再关注。

（4）把新得到的 $f(n)$ 值最小的方格 N 从 Open List 里取出，放到 Close List 中。

（5）忽略墙壁和 Close List 中的方格，检查所有与 N 相邻的方格，把它们加入 Open List 中，并把选定的方格设置为它们的父节点。

（6）如果某个与 N 相邻的方格 M 已经在 Open List 中，则检查它的 $g(n)$ 值是否更小。如果没有，不作任何操作。相反，如果 $g(n)$ 更小，则把 M 的父节点设为当前方格，然后重新计算 M 的 $f(n)$ 值和 $g(n)$ 值。

6. 基于模糊逻辑的路径规划

模糊方法是在线规划中通常采用的一种规划方法，包括建模和局部规划。基于模糊逻辑的机器人路径规划的基本思想是：各个物体的运动状态用模糊集的概念来表达，每个物体的隶属函数包含该物体当前位置、速度大小和速度方向的信息。然后通过模糊综合评价对各个方向进行综合考查，得到路径规划结果。

7. 基于神经网络的路径规划

神经网络具有并行处理性、信息分布式存储、自组织等特性。Hopfield 神经网络可用于求解优化问题，其能量函数的定义利用了神经网络结构。

Hopfield 神经网络用于机器人路径规划的基本思想：障碍物中心处空间点的碰撞罚函数有最大值。随着空间点与障碍物中心距离的增大，其碰撞罚函数的值逐渐减小，且为单调连续变化。在障碍物区域外的空间点的碰撞罚函数的值近似为 0。因此使整个能量函数 E 最小，便可以使该路径尽可能远离障碍物，不与障碍物相碰，并使路径的长度尽量短，即得到一条最优路径。

8. 基于遗传算法的路径规划

遗传算法是一种基于自然选择和基因遗传学原理的搜索算法。遗传算法借鉴物种进化的思想，将欲求解的问题进行编码，每一个可能解均被表示成字符串的形式，初始化随机产生一个种群的候选群，种群规模固定为 N，用合理的适应度函数对种群进行性能评估，并在此基础上进行繁殖、交叉和变异遗传操作。适应度函数类似于自然选择的某种力量，繁殖、交叉和变异这三个遗传算子则分别模拟了自然界生物的繁衍、交配和基因突变。

遗传算法用于机器人路径规划的基本思想：采用栅格法对机器人工作空间进行划分，用序号标识栅格，并以此序号作为机器人路径规划参数编码，统一确定其个体长度，随机产生障碍物位置及数目，并在搜索到最优路径后再在环境空间中随机插入障碍物，模拟环境变化。但是，规划空间栅格法建模还存在缺陷，即若栅格划分过粗，则规划精度较低；若栅格划分太细，则数据量又会太大。

9. 动态规划法

动态规划法是解决多阶段决策优化问题的一种数值方法。动态规划法将复杂的多变量决策问题进行分段决策，从而将其转换为多个单变量的决策问题。

杰罗姆·巴拉昆等以经典的动态规划法为基础，对全局路径规划问题进行了研究。结论表明，动态规划法非常适合动态环境下的路径规划。如何改进动态规划的算法，以提高计算效率,是当前动态规划研究的一项重要内容。

7.5 人工势场法

势场的方法是由卡提布最先提出的,他把机械手或智能机器人在环境中的运动视为在一种抽象的人造受力场中运动:目标点对机器人产生引力,障碍物对机器人产生斥力,最后根据合力来确定机器人的运动。

7.5.1 人工势场法的基本思想

人工势场实际上是对机器人运行环境的一种抽象描述。势场中包含斥力和引力极,不希望机器人进入的区域的障碍物为斥力极,子目标及建议机器人进入的区域为引力极。引力极和斥力极的周围由势函数产生相应的势场。机器人在势场中具有一定的抽象势能,它的负梯度方向表达了机器人系统受到的抽象力的方向,正是这种抽象力促使机器人绕过障碍物朝目标前进。

7.5.2 势场函数的构建

势场函数分为斥力势函数和引力势函数。势场函数应该满足连续和可导等一般势场的性质,同时需满足机器人避障的要求。在构建的势场中,由障碍物 O(obstacle)产生的势场对机器人 R(robot)产生排斥作用,且距离越近,排斥作用越大。由目标 G(goal)产生的势场对机器人 R 产生吸引作用,且距离越远,吸引作用越大。

在传统的势场法中,势场的构造是应用引力与斥力共同对机器人产生作用,总的势场 U 可表示为

$$U = U_o + U_g \tag{7.12}$$

式中,U_o 为斥力场,U_g 为引力场。

势场力可表示为

$$\bar{F} = \bar{F}_g + \bar{F}_o \tag{7.13}$$

式中,$\bar{F}_g$ 为引力;$\bar{F}_o$ 为斥力;$\bar{F}$ 为合力,决定了智能机器人的运动。

斥力 $\bar{F}_o$ 与引力 $\bar{F}_g$ 可分别表达为

$$\bar{F}_o = -\mathrm{grad}(U_o) = -\left(\frac{\partial U_o}{\partial x}i + \frac{\partial U_o}{\partial y}j + \frac{\partial U_o}{\partial z}k\right) \tag{7.14}$$

$$\bar{F}_g = -\mathrm{grad}(U_g) = -\left(\frac{\partial U_g}{\partial x}i + \frac{\partial U_g}{\partial y}j + \frac{\partial U_g}{\partial z}k\right) \tag{7.15}$$

在势场中,智能机器人的受力图如图 7.11 所示。

当机器人到达目标,目标点对智能机器人的引力等于障碍物对其产生的斥力时,$\bar{F}=0$。算法也可能产生局部极小点,在某个位置 $\bar{F}=0$ 时,并未到达目标。这时需要改进算法,例如引入其他的量对机器人进行控制。图 7.12 给出了一个人工势场分布示意图,从图中可以大致了解机器人在某个位置的运动趋势。

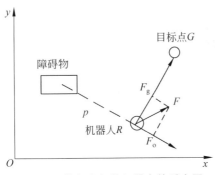

图 7.11　势场中智能机器人的受力图

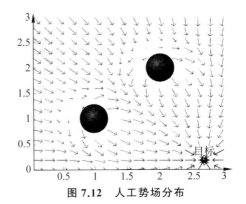

图 7.12　人工势场分布

1. 斥力场函数

Khatib 构造了人工感应力函数 FIARSO(force inducing an artificial repulsion from the surface of obstacle),将斥力函数分为两种情况考虑。

当障碍物形状规则时,障碍物的表面由隐函数 $f(X)=0$ 来表示,则斥力函数可表示为

$$U_0(X) = \begin{cases} \dfrac{1}{2}\eta\left(\dfrac{1}{f(X)} - \dfrac{1}{f(X_\circ)}\right)^2, & f(X) < f(X_\circ) \\ 0, & f(X) > f(X_\circ) \end{cases} \tag{7.16}$$

式中,η 为位置增益系数,$X_\circ$ 是障碍物附近的一点。势力场的影响范围局限于 $f(X)=0$ 和 $f(X_\circ)=0$ 两表面之间的空间。

当障碍物形状不规则时,斥力场函数可表示为

$$U_0(X) = \begin{cases} \dfrac{1}{2}\eta\left(\dfrac{1}{\rho} - \dfrac{1}{\rho_\circ}\right)^2, & \rho \leqslant \rho_\circ \\ 0, & \rho > \rho_\circ \end{cases} \tag{7.17}$$

式中,ρ 为智能机器人 X 与障碍物 O 之间的最短距离,$\rho_\circ$ 是一个常数,代表障碍物的影响距离。

相应地,将式(7.16)和式(7.17)代入式(7.13),可求得斥力

$$F_\circ(X) = -\mathrm{grad}(U_\circ(X)) = \begin{cases} \eta\left(\dfrac{1}{f(X)} - \dfrac{1}{f(X_\circ)}\right)\dfrac{1}{f(X)^2}\dfrac{\partial f(X)}{X}, & f(X) < f(X_\circ) \\ 0, & f(X) > f(X_\circ) \end{cases} \tag{7.18}$$

或

$$F_\circ(X) = -\mathrm{grad}(U_\circ(X)) = \begin{cases} \eta\left(\dfrac{1}{\rho} - \dfrac{1}{\rho_\circ}\right)\dfrac{1}{\rho^2}\dfrac{\partial \rho}{X}, & \rho \leqslant \rho_\circ \\ 0, & \rho > \rho_\circ \end{cases} \tag{7.19}$$

式中,

$$\frac{\partial f(X)}{X} = \left[\frac{\partial f(X)}{\partial x} \quad \frac{\partial f(X)}{\partial y}\right]^{\mathrm{T}} \tag{7.20}$$

$$\frac{\partial \rho}{X} = \left[\frac{\partial \rho}{\partial x} \quad \frac{\partial \rho}{\partial y}\right]^{\mathrm{T}} \tag{7.21}$$

2. 引力场函数

目标 G 的势函数 U_g 同样也可以基于距离的概念。目标 G 对智能机器人 X 起吸引作用，而且距离越远，吸引作用越大，反之就越小。当距离为 0 时，智能机器人的势能为 0，此时智能机器人到达终点。通常引力场函数可构建为

$$U_g(X) = \frac{1}{2}k_g(X - X_g)^2 \tag{7.22}$$

式中，k_g 为位置增益系数；$X - X_g$ 为智能机器人 X 与目标点 X_g 之间的相对距离。

相应地，将式(7.22)代入式(7.15)中，可得到吸引力为

$$F_g = -\mathrm{grad}[U_g(X)] = k_g(X - X_g) \tag{7.23}$$

式中，吸引力 F_g 的方向指向目标点，在智能机器人到达目标的过程中，这个力线性地收敛于零。

人工势场法的思想还可以引入多智能机器人的全局路径规划问题中。如图 7.12，对于静止的障碍物，智能机器人与其间的距离可由先验知识获得，而智能机器人可看成是移动的障碍物，各智能机器人之间的距离关系也可以通过相互传递位置信息而获得。

7.5.3　人工势场法的特点

1. 优点

应用人工势场法规划出来的路径一般是比较平坦且安全的，因为斥力场的作用，智能机器人总是要远离障碍物的势场范围；势场法结构简单、易于实现，所以在路径规划中被广泛地采用。

2. 缺点

势场法的缺点是存在一个局部最优点问题。许多学者进行了研究，他们期望通过建立统一的势能函数来解决这一问题，但这就要求障碍物最好是规则的，否则算法的计算量很大，有时甚至是无法计算的。

实际上，当用式(7.13)中的合力来控制智能机器人时，如果目标在障碍物的影响范围之内，智能机器人永远都到不了目标点。因为当智能机器人向目标点靠近时，距离障碍物也越来越近，这样吸引力减小，斥力增大，智能机器人受到的是斥力而不是引力。这个问题的原因是目标点不是势场的全局最小点，也就是局部最优点问题。

针对势场法存在的大计算量和局部最优点问题等缺点，可应用栅格法与势场法的结合降低势场法的计算复杂度；应用障碍物构造势场，避免局部最优点的问题。

7.5.4　人工势场法的改进

为了解决局部最优点问题，一些文献提出了一种改进的势场函数。以前的目标不可达问题的主要原因是当目标在障碍物的影响范围之内时，整个势场的全局最小点并不是目标点。因为当智能机器人向目标逼近时，障碍物势场快速增加。如果智能机器人向目标逼近时，斥力场趋于 0，那么目标点将是整个势场的全局最小点。因此，定义斥力场函数时，把智能机器人与目标之间的相对距离也考虑进去，从而建立一个新的斥力场函数。修改式(7.16)和式(7.17)如下：

$$U_o(X) = \begin{cases} \dfrac{1}{2}\eta\left(\dfrac{1}{f(X)} - \dfrac{1}{f(X_o)}\right)^2 (X - X_g)^n, & f(X) < f(X_o) \\ 0, & f(X) > f(X_o) \end{cases} \quad (7.24)$$

$$U_o(X) = \begin{cases} \dfrac{1}{2}\eta\left(\dfrac{1}{\rho} - \dfrac{1}{\rho_o}\right)^2 (X - X_g)^n, & \rho < \rho_o \\ 0, & \rho > \rho_o \end{cases} \quad (7.25)$$

式中，$X - X_g$ 为智能机器人与目标点之间的距离，障碍物的影响范围在距离 ρ_o 之内，η 是一个大于零的任意实数。与式(7.16)和式(7.17)相比，改进的势场函数引入了智能机器人与目标的相对距离，保证了整个势场仅在目标点全局最小。通过分析 η 取值不同时势场函数的数学特性，证明斥力函数在目标点是可微的，在此不再赘述。

7.5.5 仿真分析

假定机器人以不变的速度运动，在仿真环境选择 Matlab，小车的运动由合力决定。目标点为(10,10)(仿真中用倒三角表示)，起点为(0,0)(仿真中用小方框表示)，随机产生障碍物(仿真中用小圆圈表示)。相应的参数选取：①引力增益系数为 2；②斥力增益系数为 5；③小车运动的步长为 0.5；④障碍物影响距离为 2。

单障碍物的路径规划仿真结果如图 7.13 所示。

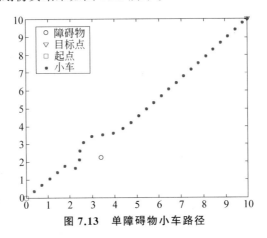

图 7.13　单障碍物小车路径

对于图 7.13 的单个障碍物，小车经过 30 步的行走，顺利绕过障碍物，成功到达目标点，不足之处就是当小车运行到第 6 步的时候，出现了一个小振荡，从图中可以看出，小车往斜下走了一步后，才寻找到避障的路径。

对多障碍物的仿真(因 FIRA 比赛中有 5vs5 比赛，故障碍物选取 5 个)。实验中就不同给定障碍物的条件下进行了大量的仿真。在绝大部分情况下，小车均能寻找到通往目标点的路径，并且顺利绕开障碍物。这说明人工势场法用于机器人的路径规划还是可行的。图 7.14 给出了其中几种不同条件下的路径规划图。

图 7.15 给出了目标点与障碍物较近时的路径规划情况。由图中可以看出：起初，机器人能够完成避障并向目标前进；当接近目标时，机器人被推开而达不到目标点的情况，这就是所谓的局部稳定，就是指在特殊情况下，由于障碍物的位置因素使得机器人在路径中的某一点受

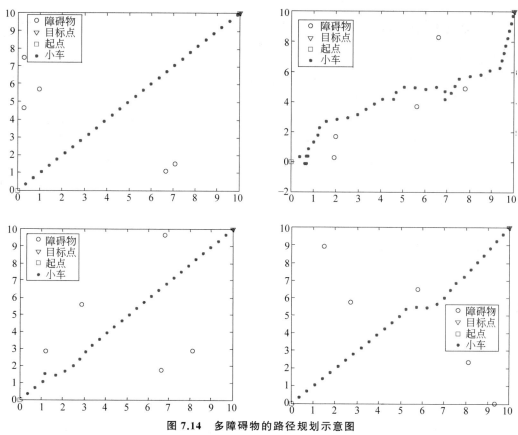

图 7.14　多障碍物的路径规划示意图

力平衡,达到稳定,从而使该点成为势场的全局最小点,机器人陷在该点无法到达目标。

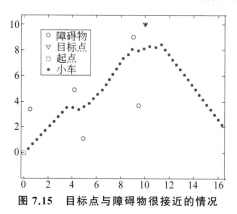

图 7.15　目标点与障碍物很接近的情况

7.6　栅　格　法

　　栅格法是豪顿在 1968 年提出的。应用栅格表示地图,处理障碍物的边界时,能够避免复杂的计算。栅格法采用矩形栅格划分环境来区分环境中的自由空间与障碍物。作为一种表示环境的有效方法,它越来越得到人们的重视,并表现出很好的发展前景。

7.6.1 用栅格表示环境

在传统栅格法中,用栅格表示环境就是用大小相同的栅格来划分机器人的工作空间,并用栅格数组表示环境。例如,可用黑格代表障碍物空间,用白格代表自由空间,则黑格区域在白格自由空间中所处的位置就是障碍物在机器人小车所处环境中的位置。

环境信息表示不仅要考虑如何将环境信息存储在计算机中,更重要的是要使用方便,使问题的求解有较高的效率。有些文献中采用正方形栅格表示环境,每个正方形栅格有一个表征值 CV,表示在此方法中障碍物对于机器人的危险程度,对于高 CV 值的栅格位置,机器人就要优先躲避。CV 值按其距车体的距离被事先划分成若干等级。每个等级对机器人的躲避方向会产生不同的影响。

障碍物的位置一旦被确定,则按照一定的衰减的方式赋给障碍物本身及其周围栅格一定的值,每个栅格的值代表了该位置有障碍物的可能性。障碍物栅格的初值和递减速度完全是由路径的安全性和最优性来共同决定的。图 7.16 给出一种障碍物的赋值示例,以被检测到的障碍物为中心向周围 8 个方向进行传播,障碍物所在的栅格值最大。

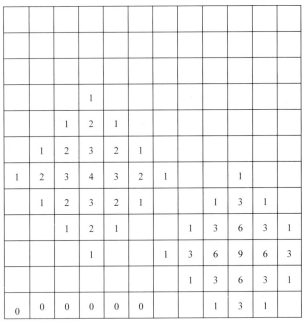

					1			
				1	2	1		
			1	2	3	2	1	
1	2	3	4	3	2	1		1
	1	2	3	2	1	1	3	1
		1	2	1	3	6	3	1
			1	3	6	9	6	3
				1	3	6	3	1
0	0	0	0	0	0	1	3	1

图 7.16　栅格值计算

7.6.2　基于栅格地图的路径搜索

当给定起点位置和目标位置后,应根据给定的目标点位置对整个地图进行初始化。确定初始值的各种方法都大致相同:每个栅格的初始值等于该栅格与目标栅格的横向距离加上该栅格与目标栅格的纵向距离。由此形成初始地图。初始地图与障碍物地图合起来就成了路径搜索用的地图了,在这个地图上进行路径的搜索。

在传统的栅格法中,路径搜索一般是将"起始点栅格"作为参考栅格,从参考栅格的 8 个相邻栅格中选择值最小的栅格;再将所选栅格作为新的参考栅格,重复此步骤,直到到达"目标栅格"。为了保证路径的平坦,要做一定的设置,即如果有多个可选栅格时,选择使智能机器人转动角度最小的栅格。那么此时就要记录智能机器人的移动方向。

7.6.3　栅格法的特点

栅格具有简单、实用、操作方便的特点,完全能够满足使用要求。

(1) 不要求障碍物为规则障碍物,在动态规划中,更加不需要知道障碍物的形状、大小。

(2) 无须考虑运动对象的运动轨迹、数目及形状。

(3) 算法实现简单,在很多场合都实用。

(4) 只要起始点与终点之间存在通路,栅格就一定能找到一条从起始点到终点的路径。

同时也能看到栅格大小的选择直接影响着控制算法的性能。栅格选得小,环境分辨率高,但是抗干扰能力弱,环境信息存储量大,决策速度慢;栅格选得大,抗干扰能力强,环境信息存储量小,决策速度快,但是分辨率下降,在密集障碍物环境中发现路径的能力减弱。所有单用栅格法对现在的智能机器人的研究已经行不通了。

7.7　智能机器人的同步定位与地图构建

智能机器人的同步定位与地图构建(simultaneous localization and mapping,SLAM),是指机器人在不确定自身位置的条件下,在部分已知或完全未知的环境中运动时,根据位置估计和传感器探测数据进行自定位,同时建造增量式地图。这种构建地图,同时利用地图进行自主定位和导航的能力,被认为是机器人真正实现自主作业的关键和基础。

(1) 环境建模(mapping)是建立机器人工作环境的各种物体,如障碍、路标等的准确的空间位置描述,即空间模型或地图。

(2) 定位(localization)是确定机器人自身在该工作环境中的精确位置。精确的环境模型(地图)及机器人定位有助于高效的路径规划和决策,是保证机器人安全导航的基础。

可见,定位和建图是一个"鸡和蛋"的问题,环境建模需要定位,定位又依赖于环境地图。为此,一些研究者提出了同步定位与地图构建的可能性。SLAM 被认为是实现真正全自主智能机器人的关键,是智能机器人导航领域的基本问题与研究热点。

7.7.1　SLAM 的基本问题

史密斯和奇斯曼 1986 年提出基于扩展卡尔曼滤波器(extended kalman filter,EKF)的随机建图方法,揭开了 SLAM 研究的序幕。此后,SLAM 的研究范围不断扩大。但从有人工路标到完全自主、从户内到户外的各种 SLAM 方法,归纳起来都是一个"估计—校正"的过程。SLAM 问题可以描述为:智能机器人从一个未知的位置出发,在不断运动的过程中,根据自身位姿估计和传感器对环境的感知,构建增量式地图,同时利用该地图更新自己的定位。定位与增量式建图融为一体,而不是独立的两个阶段。

自主智能机器人靠各种传感器获得信息,但传感器信息的获得与机器人的运动具有不确定性,同时也缺乏环境的先验信息。作为机器人导航领域的热点,SLAM 问题的研究主要

包括以下几方面。

（1）环境描述，即环境地图的表示方法。地图的表示通常可分为 3 类：栅格表示、几何特征表示和拓扑图表示。

（2）环境信息的获取。机器人在环境中漫游，并记录传感器的感知数据，涉及机器人的定位与环境特征提取问题。

（3）环境信息的表示。机器人根据环境信息更新地图，涉及对运动和感知不确定信息的描述和处理。

（4）鲁棒的 SLAM 方法。

7.7.2　智能机器人 SLAM 系统模型

智能机器人的 SLAM 问题涉及机器人自身的状态和外部环境的信息。图 7.17 简单描述了智能机器人 SLAM 的系统状态。假设机器人在未知环境中移动，同时使用自身携带的传感器探测外部未知的路标信息及自身的里程信息。x_t 表示 t 时刻智能机器人的位姿状态向量，m_i 表示第 i 个路标的位置状态向量，u_t 为机器人从 $t-1$ 时刻到 t 时刻的输入控制向量，z_t 为 t 时刻观测向量。

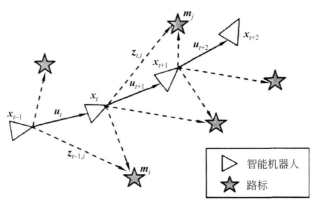

图 7.17　智能机器人 SLAM 系统状态图

若把 t 时刻智能机器人 SLAM 系统的状态记为 s_t，状态 s_t 包含了 t 时刻机器人的位姿（即机器人的位置和方向）和路标的位置。从概率学来看，假定智能机器人 SLAM 系统是先将机器人运动到当前位置，然后进行观测，则系统当前状态与之前的系统状态、观测信息及输入有关，即 $p(s_t \mid s_{0:t-1}, z_{0:t}, u_{1:t})$。假设系统当前的状态仅与前一时刻的系统状态和当前的输入有关，即前一时刻的系统状态已经包含了之前的系统状态、观测信息和输入，则当前系统状态的分布概率为

$$p(s_t \mid s_{0:t-1}, z_{0:t}, u_{1:t}) = p(s_t \mid s_{t-1}, u_t) \tag{7.26}$$

在此系统状态估计上获得的观测信息的估计为

$$p(z_t \mid s_{0:t-1}, z_{0:t-1}, u_{1:t}) = p(z_t \mid s_t) \tag{7.27}$$

可以看出，式（7.26）描述了系统状态的转移概率，它与式（7.27）共同组成了智能机器人和环境的一个隐马尔可夫模型（hidden Markov model，HMM）或动态贝叶斯网络（dynamic Bayes network，DBN），即智能机器人 SLAM 问题模型如图 7.18 所示。

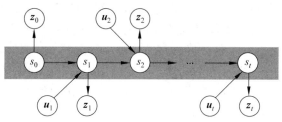

图 7.18　智能机器人 SLAM 问题模型

7.7.3　智能机器人 SLAM 解决方法

1. SLAM 解决思想

对于 SLAM 问题,根据之前的智能机器人位姿、观测信息以及控制输入信息,可以求得 t 时刻机器人位姿 x 和环境中路标位置 m 的联合后验概率[1]

$$p(x_t,m_t \mid z_t,x_{t-1},u_t)$$

$$= \eta p(z_t \mid x_t)\int p(x_t \mid x_{t-1},u_t) p(x_{t-1},m_{t-1} \mid z_{t-1},x_{t-2},u_{t-1})\mathrm{d}x_{t-1} \tag{7.28}$$

假定环境服从马尔可夫的前提,SLAM 问题可分为预测、更新两步递归执行。

预测:依据前一时刻状态的后验信度 $\mathrm{Bel}(x_{t-1},m_{t-1})$,也即 $p(x_{t-1},m_{t-1}\mid z_{t-1},x_{t-2},u_{t-1})$,结合运动模型预测当前 t 时刻状态 x_t 的先验信度 $\mathrm{Bel}^-(x_t,m_t)$。

$$\mathrm{Bel}^-(x_t,m_t) = p(x_t,m_t \mid z_t,x_{t-1},u_t)$$

$$= \int p(x_t \mid x_{t-1},u_t) p(x_{t-1},m_{t-1} \mid z_{t-1},x_{t-2},u_{t-1})\mathrm{d}x_{t-1}$$

$$= \int p(x_t \mid x_{t-1},u_t)\mathrm{Bel}(x_{t-1},m_{t-1})\mathrm{d}x_{t-1} \tag{7.29}$$

式中,$p(x_t\mid x_{t-1},u_t)$ 为运动模型,$\mathrm{Bel}(x_{t-1},m_{t-1})$ 为后验信度。

更新:利用感知模型,结合当前的感知测量信息 z_t 来更新当前 t 时刻状态 x_t 的后验概率分布 $\mathrm{Bel}(x_t,m_t)$。

$$\mathrm{Bel}(x_t,m_t) = p(x_t,m_t \mid z_t,x_{t-1},u_t)$$

$$= \eta p(z_t \mid x_t) p(x_t,m_t \mid z_{t-1},x_{t-1},u_t)$$

$$= \eta p(z_t \mid x_t)\mathrm{Bel}^-(x_t,m_t) \tag{7.30}$$

η 为标准化因子,$p(z_t\mid x_t)$ 为观测模型,$\mathrm{Bel}^-(x_t,m_t)$ 为先验信度。

上述预测更新过程可用如下示例说明。

机器人与 A、B、C 这 3 个路标的初始位置如图 7.19 所示。由于机器人相对于路标 A 的位置为估计值,所以路标 A 用圆圈表示 A 的实际可能值在圆圈内。

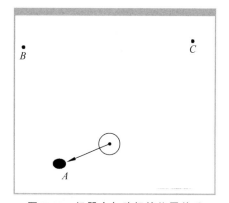

图 7.19　机器人与路标的位置关系

---

① Smith R,Cheeseman P. On the representation and estimation of spatial uncertainty[J]. The International Journal of Robotics Research,1986,5(4): 56-68.

如图 7.20(a)所示,机器人某时刻将向前移动一步,到达新位置。由于误差的存在,在新的位置,机器人相对于 A 的真实值可能落在圈内。在新的位置,路标 B、C 被观测到,路标 B、C 相对于 A 的位置也是一个估计值(更大的圈)。假设下一时刻机器人返回到初始位置,此时机器人的位置相对于没有移动前更加不确定。图中用一个超大的椭圆表示了其可能的真实位置值范围。通过对 A 的重新测量,图(e)中的超大椭圆值大大地缩小了,即位置真值落入了一个比较小的范围内。通过对 B 的重新测量,机器人的位置点被重新估计,其位置真值范围又进一步缩小,同时 B 和 C 点的位置真值范围也大大缩小了。

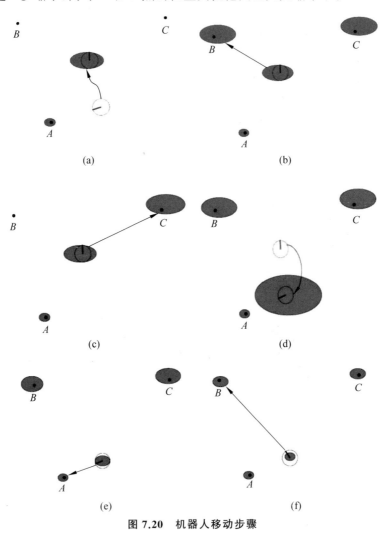

图 7.20　机器人移动步骤

一般而言,SLAM 由传感数据的获取、数据关联、定位和地图构建等环节构成,典型流程如图 7.21 所示。

在图 7.21 中,S_k 表示传感器测量所获取的数据,M_{k-1} 表示第 $k-1$ 时刻的局部地图,T_k 表示 k 时刻机器人的位姿。传感数据获取包括智能机器人本身的数据采集和环境的数据。

数据关联是 SLAM 的关键步骤,用于当前特征与已有特征的匹配。对于数据关联中没有关联上的特征,可先加入临时特征存储区,并对下一次观测进行预测,在下一次观测中将观测特征与其关联。如果一个特征连续两次没有关联成功,则作为假观测,从临时特征存储区剔除。如果一个特征第一次关联不成功,但第二次关联成功,则将该特征加入状态向量,同时对状态进行扩维。定位和地图构建是一个相互交互的过程,定位的结果用于地图构建,而已经构建的地图又用于机器人的定位。

事实上,目前智能机器人 SLAM 经典的算法主要包括扩展卡尔曼滤波器、最大似然估计、粒子滤波器以及马尔可夫定位等,而其中扩展卡尔曼滤波器(EKF)和粒子滤波的方法是来自上述贝叶斯滤波器的估计状态后验概率分布的思想。

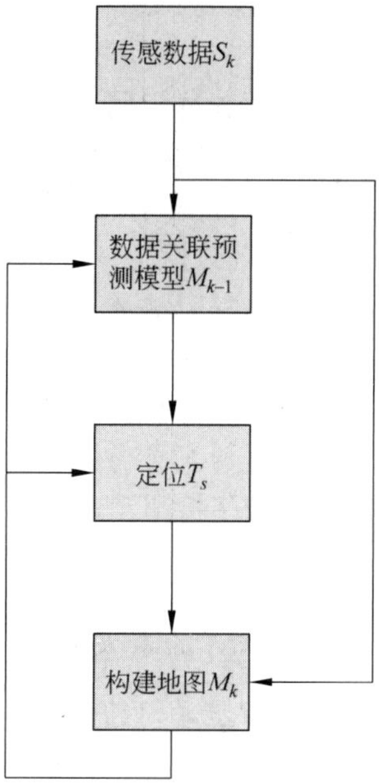

2.卡尔曼滤波

卡尔曼滤波在数学上是一种统计估算方法,是通过处理一系列带有误差的实际量测数据而得到的物理参数的最佳估算,其思想是利用前一时刻的数据和误差信息来估计当前时刻的数据。

图 7.21　SLMA 的典型流程

卡尔曼滤波器用反馈控制的方法估计过程状态:滤波器估计过程某一时刻的状态,然后以(含噪声的)测量变量的方式获得反馈。因此卡尔曼滤波器可分为两部分:预测和更新。预测负责及时向前推算当前状态变量和误差协方差估计的值,以便为下一个时间状态构造先验估计。更新方程负责反馈,即将先验估计和新的测量变量结合,以构造改进的后验估计。

卡尔曼滤波器估计一个用线性随机差分方程描述的离散时间过程。对于非线性系统,一般采用对其期望和方差进行线性化的 EKF。

3. 粒子滤波

粒子滤波器是一种典型的采用蒙特卡洛数值模拟求解贝叶斯滤波问题的方法,其基本思想是利用一组带有相关权值的随机样本,用这些样本的估计来表示系统状态的后验概率密度。当样本数非常大时,这种估计将等同于后验概率密度。粒子滤波通过非参数化的蒙特卡洛模拟方法来实现递推贝叶斯滤波,适用于任何能用状态空间模型表示的非线性系统,以及传统卡尔曼滤波无法表示的非线性系统,精度可以逼近最优估计。

7.7.4　SLAM 的难点和技术关键

在动态环境下,智能机器人的 SLAM 问题取得了一定进展,但依然存在许多问题。

1. 不确定性和计算量大的问题

无论是感知外部环境或感知机器人运动的传感器测量,都带有不确定性,即测量噪声。机器人的运动控制也同样带有不确定性。各种测量误差之间并非完全独立,因此 SLAM 对地图的估计和对机器人的位姿估计都有很强的不确定性。

为了处理不确定性,无论是扩展卡尔曼滤波方法还是粒子滤波方法,都需要很大的计算量。扩展卡尔曼滤波 SLAM 方法的计算量主要在于地图的更新计算,即协方差矩阵的计

算;而粒子滤波 SLAM 方法的计算量随着粒子数的增多而增大。如何减少 SLAM 过程的计算量,是 SLAM 研究的重要课题,对于动态环境下的 SLAM 技术更是紧迫的问题。

2. 数据关联问题

数据关联问题也称为一致性问题,是指建立在不同时间、不同地段获得的传感器测量之间、传感器测量与地图特征之间或地图特征之间的对应关系,以确定它们是否源于环境中同一物理实体的过程。

数据关联问题是 SLAM 本身面临的挑战之一,其正确与否对于 SLAM 的状态估计至关重要。在动态环境下,由于动态目标的影响,数据关联问题就更为困难和重要。

3. 动态目标检测与处理问题

智能机器人成功构建地图必须具备识别动态障碍物和静态障碍物的能力。目前的研究大部分就如何检测动态目标而展开,但是相关方法都有如下问题:检测的准确性;阈值难以确定;成功检测出动态目标后,如何在 SLAM 过程中处理等。

7.7.5 SLAM 的未来展望

1. 与深度学习结合

构建语义地图、在帧间匹配和回环检测中采用深度学习的方法是目前 SLAM 的研究热点之一。深度学习方法的引入使智能机器人可以理解周围环境的语义信息,完成一些更复杂的任务。但深度学习方法对于计算资源的需求巨大,在硬件条件较差的嵌入式场景难以使用,需要研究人员进一步改进网络。

2. 轻量化 SLAM

SLAM 本身是为了给上层应用提供自身位姿估计,在实际应用中,研究人员并不希望算法占用太多运算资源。使用者希望 SLAM 框架能够轻量化,不影响智能机器人或手机移动端所要完成的其他工作。相比于激光 SLAM 等成本高昂的方法,由于 VI-SLAM 系统只使用相机和惯性传感器,在无人机或手持移动设备上良好运行 SLAM 程序成为可能。通过继续改进算法,很多大厂均能够在移动端实现效果良好的定位效果。

3. 与更多传感器融合

视觉与 IMU 的融合已经在不同领域取得了较理想的效果,但是当场景特别大时,视觉和 IMU 传感器的效果不太理想,这就需要用到其他传感器。在自动驾驶领域,将激光雷达、GPS/GNSS(全球卫星导航系统)、相机以及 IMU 等多传感器进行融合已经成为一种趋势,引入激光雷达等传感器会为系统提供更准确的深度信息。但是更多的传感器会带来更复杂的标定与融合方面的问题,有待研究人员解决。

4. 嵌入式系统

智能机器人通常使用嵌入式设备作为平台的计算硬件,而随着计算能力的大力发展,嵌入式设备的使用频率逐渐增多。新型图形处理器(GPU)的出现使得嵌入式系统的性能更接近 PC,但是计算能力仍然有限。一些嵌入式硬件,如 Jetson Nano、TX1/2 使得研究人员可以在嵌入式系统中使用 GPU,便于智能机器人在恶劣的条件下应用 VI-SLAM 算法。随着一些代表性产品(谷歌探戈项目、微软全息透镜 Hololens、神奇的飞跃、太若科技)的应用,VI-SLAM 技术会逐步融入平常生活之中。

第8章 ROS机器人操作系统

8.1 ROS框架

8.1.1 ROS简介

机器人操作系统(robot operating system),简称ROS,是由Willow Garage公司于2010年发布并开源的高度灵活的软件架构,用于编写机器人软件程序。ROS极大地提高了研发效率,减少了重复工作,也降低了硬件设计和开发的难度。

ROS并不是传统意义上的操作系统,它是基于计算机操作系统开发的一个框架,提供了硬件抽象、底层设备管理与控制、常用功能实现、进程间消息、程序包发送等功能。ROS具备操作系统的许多功能,但是它需要运行在计算机操作系统之上,故一般被称作次级操作系统或元操作系统。ROS采用了分布式结构,基于TCP/IP的通信方式,其强大的耦合性使得每个功能模块都可以单独设计、编译,然后在运行时松散地进行合成。

总的来说,ROS的出现首先简化了机器人的控制,其次构建了一个开源的共享社区,以期望整合不同的研究成果,构造出一个实现算法开源、代码开源、程序开源的通用机器人平台。正是因为众多研究者将自己的研究成果进行开源,ROS系统才取得了极为广泛的应用,并吸引着更多的开发者投入社区开源共享的工作中,诸如目标识别、路径规划、运动仿生等高层次AI算法也不断地被开发者研究共享,因此平台的软件功能更加丰富,加快了平台的发展。

1. ROS的运行机制

ROS基于分布式处理框架,使得多种不同功能可单独设计,并能在运行时松散耦合。这种松散耦合的网络连接处理架构执行若干种类型的通信,包括基于服务的同步RPC(远程过程调用)通信、基于Topic的异步数据流通信(图8.1),还有参数服务器上的数据存储。这些功能还可以封装到数据包(packages)和堆栈(stacks)中,便于共享和分发。

在ROS中,具有一个完整功能的进程或进程组称为节点。节点间可通过订阅(subscribe)和发布(publish)来完成信息的交互。也可使用服务(service)来完成,每个节点可创建服务,其他节点可向该节点请求(request)服务。服务是应答形式的,具有高可靠性,而消息是广播形式的。

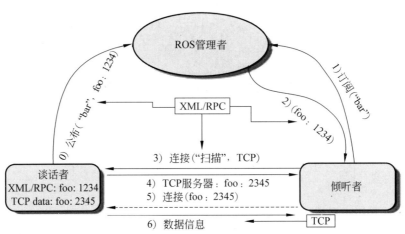

图 8.1　基于 Topic 的异步数据流通信

2. ROS 系统的特点

（1）点对点的设计。

ROS 有众多的任务进程，系统将其抽象为节点，由 Master 统一管理。其中每个节点的耦合程度较低，而 Master 为服务和客户建立连接充当媒介，各个节点功能间都可进行通信，这种消息传递机制使得 ROS 可分布式部署，并且更加简单高效。在很多应用场景下，节点可以运行在不同的联网平台上，通过主题和服务进行通信，例如在集群的无人机飞行中，每个飞行器可运行节点程序，由控制器统一管理。

（2）多语言支持。

ROS 利用了简单的、与语言无关的接口定义语言描述模块之间的消息传送。接口定义语言使用简短的文本描述每条消息的结构，也允许消息的合成。在 ROS 系统中，每个节点内部的程序可由各种语言编写，只要其发出的接口相符，通过网络套接字通信的方式便可获取节点想表达的数据信息，此种通信方式有利于代码的移植。ROS 现在支持许多种不同的语言，如 C++、Python、Octave 和 LISP，也包含其他语言的多种接口实现。

（3）集成程度高。

在设计之初，大多数已经存在的机器人软件工程都包含了可复用的驱动和算法，但是由于接口不兼容，大部分代码的中间层都非常混乱，故 ROS 建立的系统具有模块化的特点。在实际工程中，既可以编写或使用一两个节点单独运行，又可以通过代码复用令多个节点融合。ROS 将复杂的代码封装在库里，只是创建了一些小的应用程序，提供显示库的功能，可使用简单的代码对封装好的源码移植复用。ROS 利用了很多现在已经存在的开源项目的代码，比如从 Player 项目中借鉴了驱动、运动控制和仿真方面的代码，从 OpenCV 中借鉴了视觉算法方面的代码，从 OpenRAVE 借鉴了规划算法的内容。在每个实例中，ROS 都显示多种多样的配置选项，以及与各软件之间进行数据通信，也同时对它们进行更改。

（4）工具包丰富。

为了提升系统的管理效率，ROS 参考已有的计算机操作系统，构建采用了丰富的工具包。这些工具承担了各种各样的任务，例如，组织源代码的结构、获取和设置配置参数、形象化端对端的拓扑连接、测量频带使用宽度、生动地描绘信息数据、自动生成文档等。丰富的工具包使基于 ROS 的开发更有效率。

（5）源码开放。

ROS 的所有的源码都是公开发布，以分布式的关系遵循着 BSD 许可，即允许各种商业和非商业的工程开发。利用 ROS 构建的系统可以很好地实现代码复用，推进 ROS 系统的错误纠正和功能完善。并且构建新的工程时，可使用社区已开源的效果好的代码接口，提升开发效率。正是这种开放合作的源码社区使得 ROS 系统更加完善。

8.1.2　ROS 整体架构分析

如图 8.2 所示，从架构上看，ROS 架构分为 3 个层次：一是建立在 Linux 系统上的 OS 层；二是实现通信机制与机器人开发库的中间层；三是在 ROS Master 管理下保证各个节点功能运行的应用层。OS 层可直接使用官方支持的 Ubuntu 操作系统，也可以使用 macOS、Arch、Debian 等操作系统。

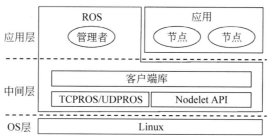

图 8.2　ROS 整体架构

在中间层中，ROS 做了大量工作，并专门设计了通信系统，各个节点之间均使用 ROS 提供的消息传递机制。ROS 的通信系统基于 TCP/UDP 网络，在此之上进行了再次封装，并更名为 TCPROS/UDPROS。通信系统使用发布/订阅、客户端/服务器等模型，实现多种通信机制的数据传输。除了 TCPROS/UDPROS 的通信机制外，ROS 还提供一种进程内的通信方法 Nodelet，可以为多进程通信提供一种更优化的数据传输方式，适合对数据传输实时性方面有较高要求的应用。

在通信机制之上，ROS 提供了大量机器人开发相关的库，如数据类型定义、坐标变换、运动控制等，可以提供给应用层使用。

应用层中负责管理整个系统的正常运行管理者为 Master。ROS 社区内共享了大量机器人应用功能包，它们的模块以 ROS 标准的输入输出作为接口，开发者不需要关注模块的内部实现机制，只需要了解接口规则即可实现复用，极大地提高了开发效率。所有可执行程序或功能包内的模块被称为节点（node），每个节点程序复杂多样，它们可以是传感器的数据采集程序、功能模块的控制程序、驱动电动机驱动程序等。

如图 8.3 所示，从应用层面看，ROS 系统可以分为 3 个级别，分别为计算图级、文件系统级、开源社区级。计算图集描述程序如何运行，以及各个进程与系统之间的通信。文件系统级表达的是硬盘中的代码程序以及软件是如何组织和构建的。开源社区级主要是 ROS 资源的获取和分享，如何开源代码。下面是对 3 部分的详细介绍。

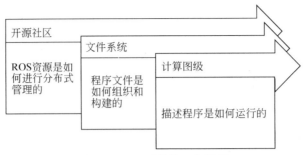

图 8.3　ROS 系统的 3 个级别

1. 计算图级

计算图级是 ROS 处理数据的一种点对点的网络形式,该网络是节点之间通过主题或服务来连接。系统运行时,任何节点都可以访问此网络,通过获取其他节点发布的消息,或是将自身数据发布到网络上来达到节点之间数据交换的目的。程序运行时,所有进程及它们所进行的数据处理将会通过一种点对点的网络形式表现出来,即通过节点、节点管理器、话题、服务等来表现,如图 8.4 所示。

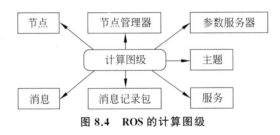

图 8.4　ROS 的计算图级

ROS 中的基本计算图级概念包括节点、节点管理器、参数服务器、消息、服务、主题和消息记录包。这些概念以各种形式来提供数据交互。

1) 节点(node)

节点是 ROS 中抽象出来的最基本的计算执行进程。在工程中,若要使用某个功能包,或是调用自己编写的可执行文件,必然要创建一个节点,并将此节点连接到 ROS 的网络中,定义好该节点的接口和通信形式,以便完成节点之间的数据交换。一般地,创建节点时,只会创建功能较为单一的节点,以便其他的节点调用,而创建功能过多的节点会导致建立的工程系统过于臃肿,不利于与其他节点的数据交换。

节点都是各自独立的可执行文件,每个节点通过主题、服务或参数服务器与其他节点通信,如图 8.5 所示。ROS 抽象出节点功能,使得系统耦合程度降低,令系统的设计相对简化,维护系统时,可通过对单一节点的功能分析准确找出

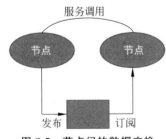

图 8.5　节点间的数据交换

数据错误,使系统的容错能力、维护便利性有很大的提升。

由于 ROS 系统可以在多个设备上部署,在同一网络下的节点在不同设备上必须用不同的名称命名,以便在节点数据交换中不产生歧义。

ROS 提供了处理节点的工具，rosnode 是专门用于节点的命令行工具。命令如下。

rosnode info node：显示当前的节点信息。

rosnode list：显示当前活动的节点。

rosnode machine hostname：显示特定设备上正运行的节点或列出设备名称。

rosnode pine node：检测节点之间的连通情况。

rosnode kill node：结束当前运行中的节点进程。

rosnode cleanup：清除无法访问的节点的注册信息。

在 ROS 的节点中，可以在节点运行时实时地改变节点的名称和参数，而不用将当前的进程停止编译。在大型的 ROS 工程中，可能会出现需要进行重命名的节点，通过 ROS 系统可以实时修改节点参数，简化操作流程。

2）节点管理器（master）

节点管理器是为了管理节点产生的，用于节点的主题、信息和参数修改等，而节点之间的通信完全是由节点管理器控制的。同时，对于部署在不同设备的节点来说，可以通过一个节点管理器统一管理。节点管理器一般使用 roscore 命令行运行，它会加载 ROS 节点管理器以及其他的 ROS 核心构件。

3）参数服务器（parameter server）

参数服务器是可以通过网络访问的共享的多变量字典，是节点存储参数的地方，通过关键字存储。使用节点时，通过参数服务器存储和检索参数，也通过参数服务器修改节点的工作任务。参数服务器使用互联网传输，在节点管理器中运行，实现整个通信过程。

参数服务器使用 XMLRPC 数据类型为参数赋值，包括以下类型：32 位整数、布尔值、字符串、双精度浮点、ISO 8601 日期、列表（list）、基于 64 位编码的二进制数据。

ROS 的参数服务器使用 rosparam 命令行，具体命令如下。

rosparam list：显示参数服务器中的所有参数。

rosparam get parameter：获取参数数值。

rosparam set parameter value：设置参数数值。

rosparam dump file：将参数服务器保存到一个文件夹之中。

rosparam load file：加载参数文件夹到参数服务器中。

rosparam delete parameter：删除参数。

4）消息（message）

节点之间的通信可以通过消息实现数据交换。消息包含了一个节点所发布的数据信息，消息的类型很多，前面已有了介绍，除了介绍的消息类型外，也可以进行自定义消息操作。

ROS 使用 rosmsg 命令行自定义消息类型。

rosmsg show：显示一条消息的内容字段。

rosmsg list：罗列所有的消息。

rosmsg package：罗列功能包中所包含的所有消息。

rosmsg packages：罗列所有包含该消息的功能包。

rosmsg users：检索使用此消息类型的代码文件。

rosmsg md5：显示一条消息的 MD5 检验码。

5）主题（topic）

主题是 ROS 网络对节点发布消息一种通信方式，它通过发布/订阅来实现，每一条消息都会发布到相应的主题上。当一个节点发送数据时，可称为此节点项主题发布消息，其他订阅此主题的节点可通过主题接收消息，这是 ROS 中常见的通信方式。节点可以订阅任何节点发布的主题，而不需要了解向该主题发布消息的节点的具体信息，这使得 ROS 系统耦合性减弱，消息的发布者和订阅者通过主题进行数据交换，而不需要建立节点之间的通信通道，以使 ROS 系统更加轻巧。同时，主题的名称也具有唯一性，出现同名的主题会导致消息发布与接收的紊乱。

发送与接收消息时，发布到主题上的消息必须与主题的消息类型一致，并且节点只能接受类型一致的消息。简而言之，通过主题这一通信机制进行节点间的通信，必须保证两个节点的消息类型相同。

在 ROS 基于主题的消息传送中，可以使用 TCP/IP 或 UDP 协议传输，ROS 系统对两类通信协议进行设计，生成了 ROS 独有的 TCPROS/UDPROS 传输机制。TCPROS 基于 TCP 协议设计，它使用 TCP/IUP 长连接，在 ROS 中是默认的通信机制。UDPROS 是基于 UDP 协议进行设计，在分布式部署中，UDP 有着无连接且低时延、高效率的特点，虽然有丢包的风险，但是对于远程连接任务有明显的优势。

ROS 使用 rostopic 命令行，具体命令如下。

rostopic info/topic：输出此主题的信息。

rostopic bw/topic：显示主题占用的带宽。

rostopic echo/topic：将主题对应的消息显示到屏幕上。

rostopic find message_typ：通过类型寻找主题。

rostopic hz/topic：显示主题发布的频率。

rostopic pub /topic type args：将数据发布到主题，可以直接使用命令行工具，对任意的主题创建和发布数据。

rostopic type /topic：输出主题发布的消息类型。

6）服务（service）

服务是 ROS 网络对节点发出请求的一种通信方式，它通过请求/应答来实现，服务也必须有唯一的名称。当一个节点提供了某一个服务后，ROS 中的所有节点都可以使用 ROS 编写的代码与其通信。

ROS 使用 rossrv 和 rosservice 命令行进行交互，rossrv 的用法与 rosmsg 相同。

rossrv show：显示服务消息详情。

rossrv info：显示服务消息相关信息。

rossrv list：列出所有服务信息。

rossrv mds：显示 mds 加密后的服务消息。

rossrv package：显示某个包下所有服务信息。

rossrv packages：显示包含服务消息的所有包。

rosservice call /service args：通过命令行参数调用服务。

rosservice find msg-typ：通过服务的类型查找服务。

resservice list：输出运行的服务列表。

rosservice type /service：输出服务的类型。

rosservice info /service：输出服务的信息。

rosservice uri /service：输出服务的 ROSRPCURI。

7）消息记录包（bag）

消息记录包是用来保存 ROS 消息数据的文件格式。在工程中,可以通过消息记录包记录各种难以收集的传感器数据,并且收集多次实验的数据,以便开发者的开发和调试。进行大体量的工作或是多设备分布式部署的条件下,使用消息记录包有助于完成复杂的工作。

消息记录包会记录消息发送的参数,可以还原在相同时间内向相同的主题发布的相同信息,可以再现实验时的场景,开发者可以通过此项功能不断调试代码。

其他交互命令行如下。

rosbag：用于录制、播放和执行其他的操作。

rxbag：用于环境中的数据可视化操作。

rostopic：用于查看节点所发送的主题。

2. 文件系统级

ROS 的内部结构、文件结构和所需的核心文件都在这一层。由于 ROS 有众多的文件,而这些文件需要进行统一的管理,不同的程序文件放在不同的文件夹下,根据不同的功能分类,如图 8.6 所示。

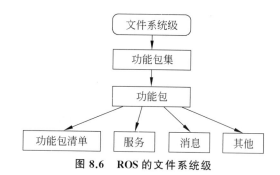

图 8.6　ROS 的文件系统级

1）功能包集（metapackage）

将多个功能接近甚至相互依赖的软件包放到一个集合之中,称为功能包集,在 ROS hydro medusa 版本之前,相似的概念为 stack（功能包集）。ROS 中常见的 metapackage 如表 8.1 所示。

表 8.1　日常工具案例平均表现

名　　称	描　　述
Navigation	导航相关的功能包集
Moveit	运动规划相关的（以机械臂为主）功能包集
Image_pipeline	图像获取、处理相关的功能包集

续表

名　称	描　述
Vision_opencv	ROS 与 OpenCV 交互的功能包集
Turtlebot	Turtlebot 相关的功能包集
Pr2_robot	Pr2 机器人驱动功能包集

以上是用于某一功能的功能包集,它们都依赖一些具体的功能包,例如导航相关的功能包集如表 8.2 所示。

表 8.2　日常工具案例平均表现

名　称	功　能	名　称	功　能
Navigation	定位、导航、避障	Move_base	路径规划节点
Amcl	定位	Nav_core	路径规划的接口类
Fake_localization	定位	Base_local_planner	局部规划
Map_server	提供地图	Dwa_local_planner	局部规划

从例中可以看到,功能包集中包含很多功能包,或者说功能包集的建立依赖于所有功能包。

功能包集中都会有 3 个文件,即 CMakeList.txt、Makefile 和 pacakge.xml。其中,CMakeLists.txt 加入了 catkin_metapackage() 宏,指定本软件包为一个 metapacakge。package.xml 用标签将所有软件包列为依赖项,标签中添加声明。

2) 功能包(package)

功能包在 ROS 中是组成软件的最基本形式,无论是单个节点的运行还是多个节点组织,都需要用功能包搭建。功能包的详细文件夹组合如下。

bin/:可执行文件文件夹,保存编译和链接后的可执行文件。

cMakeLists.txt:功能包的编译规则,定义功能包的包名、依赖、源文件等,是 CMake 的生成文件。

package.xml:功能包的描述信息,描述功能包的包名、版本号、作者、依赖等,说明此功能包的各类信息。

src/:存放 ROS 源代码文件,包括 C++ 的源码(cpp)和 Python 脚本(.py),可为节点创建文件夹。

include/:存放 C++ 源码对应的头文件,在功能包清单中会选择性调用,此部分用于代码复用。

scripts/:可执行脚本文件夹,包含 shell 脚本(.sh)、Python 脚本、bash 等任何脚本的可执行脚本文件。

msg/:自定义消息,存放自定义格式的消息(.msg),是非标准消息类型。

srv/:自定义服务,存放自定义格式的服务(.srv),是非标准服务类型。

models/:3D 模型文件,存放机器人或仿真场景的 3D 模型(.sda、.stl、.dae 文件等)。

urdf/：存放机器人的模型描述文件（.urdf 或.xacro 文件）。

launch/：存放 launch 文件（.launch 或.xml 文件）。

其中定义功能包的是 CMakeLists.txt 和 package.xml，这两个文件是功能包中必不可少的。catkin 编译系统编译前，首先就要解析这两个文件。这两个文件就定义了一个功能包。

通常 ROS 文件组织都是按照以上形式，这是大部分开发者遵守的命名规则。在以上路径中，只有 CMakeLists.txt 和 package.xml 是必需的，其余路径根据软件包是否需要来决定。

3）功能包清单（manifest）

功能包清单主要描述此功能包的依赖关系、名称、版本号、作者、维护者等信息。一般来说，每个功能包都会对应地提供一个功能包清单，以便更加方便地安装应用功能包，通过功能包清单实现对功能包的管理工作。

4）消息类型（message）

在 ROS 中，消息是节点之间进行数据交换的一种通信形式，它既有 ROS 设计时规定的消息格式，也可以根据工程需要进行消息格式的自定义。ROS 自带一系列消息，如 std_msgs（标准数据类型）、geometry_msgs（几何学数据类型）、sensor_msgs（传感器数据类型）等，这些数据类型可以满足大多数开发者的工程开发需要。ROS 也可以使用用户自定义消息，消息的类型是与语言无关的，无论是用 C++ 还是 Python 语言，都一样可以使用消息文件。每个功能包的 msg 文件夹中都会定义此功能包所需的消息类型，同时，当功能包之间产生依赖关系时，消息也可以使用所依赖的功能包的消息类型。如果用户自定义了新的消息类型，只需要将消息类型的定义放到对应功能包的 msg 文件夹下即可。

5）服务类型（service）

服务是节点之间通信的另一种方式，是一种简化的服务描述语言，以实现节点之间的请求/响应的通信。与消息的通信方式不同，此种通信方式面对一对一的节点数据交换。服务的描述存在于功能包对应的 srv 文件夹中。

3. 开源社区级

ROS 的资源共享机制主要来源于其开源社区，其共享途径有多种方式，通过独立的网络社区分享软件和知识。

（1）发行版（distribution）：类似 Linux 发行版，ROS 发行版包括一系列带有版本号、可直接安装的功能包，这使得 ROS 的软件管理和安装更加容易，而且可以通过软件集合来维持统一的版本号。

（2）软件源（repository）：ROS 依赖共享网络上的开源代码，不同的组织结构可以开发或共享自己的机器人软件。

（3）ROS wiki：记录 ROS 信息文档的主要论坛。所有人都可以注册、登录该论坛，上传自己的开发文档、更新、编写教程。

（4）邮件列表（mailing list）：ROS 邮件列表是交流 ROS 更新的主要渠道，也可以交流 ROS 开发的各种疑问。

（5）ROS Answers：ROS Answers 是一个咨询 ROS 相关问题的网站，用户可以在该网站提交自己的问题，并得到其他开发者的问答。

（6）博客（blog）：发布 ROS 社区中的新闻、图片、视频（http://www.ros.org/news）。

8.1.3 ROS 名称系统

在设计之初，ROS 便考虑到大型工程存在很多节点以及节点通信时的主题等，通过对各部分的名称加以组织，工程会进行得更加顺利，以便 ROS 处理和提取复杂的信息，如节点、主题、服务、参数服务器都有各自对应的名称。每一个对应的库都可以在运行时通过命令行工具进行重命名操作。

在 ROS 中，每个资源被定义在一个命名空间之中，此资源可以共享。资源可以在它们的命名空间内创建，在自己的命名空间内或上一级命名空间内连接资源，连接可以在不同命名空间的资源间进行。此种封装将系统的不同部分进行分离，避免命名错误导致占用全局名称，使得调用出错。

资源名称的解析可以是相对的，故资源不一定需要知道它们所在的命名空间的位置。编写节点时，可以假设它们在根命名空间中，如果编写更大的系统，它们可以被放到另一个指定的命名空间内。这种可以移动到其他命名空间的机制提升了 ROS 的可复用性。

ROS 的一般命名规则如下。

（1）第一个字符必须为字母、波浪线或斜线。

（2）后续的字符可以使用字母、数字、下画线或斜线。

（3）"基本名称"中不可以使用波浪线和斜线。

ROS 包含了 4 种名称，即基本名称、相对名称、全局名称和私有名称。

（1）基本名称：base。

（2）相对名称：relative/name。

（3）全局名称：/global/name。

（4）私有名称：～private/name。

在通常情况下，名称的解析是相对于命名空间进行的。没有命名空间修饰符的名称都是基本名称。基本名称实际上是一种特殊的相对名称，故其有相同的解析规则。基本名称主要用来初始化节点名称。

用斜线开头的名称是全局名称，它是被完全解析的，但是全局名称限制了代码的复用。

用波浪线开头的名称是私有名称，它把节点名称转换成一个命名空间。

8.2 ROS 通信机制

8.2.1 ROS 通信机制概述

ROS 在中间层做得最多的是通信机制的改动，它提供了点对点的通信机制，在机器人开发中可以轻松地处理单独模块，灵活地使用机器人。ROS 是基于 Socket 网络连接的构架，其中所有的消息通信都必须使用节点管理器。点对点的连接和配置通过 HTTP 协议制作的 xmlrpc 机制实现；节点之间的通信通过网络套接字实现。

ROS 的底层通信通过 HTTP 协议完成，故 ROS 的本质是一个 HTTP 服务器，地址一般为 http://localhost:11311/，即机器的 11311 端口，在分布式部署时，其他设备通过 11311

端口即可连接。

ROS 通信实现的要素在 8.1 节进行了详细讲解,包括节点、节点管理器、参数服务器、消息、服务、主题,定义如下。

(1)节点:节点是抽象出来的主要计算进程。

(2)节点管理器:节点管理器最主要的功能是管理节点,使节点之间可以通信,用于主题、服务的注册和查询,参数服务器的建立也是基于节点管理器。

(3)参数服务器:用于存储运行时的参数,可以通过命令行更改参数。

(4)消息:节点之间的通信是由消息实现的。ROS 中包含多种消息类型,也可由开发者自定义消息类型。

(5)主题:采用发布/订阅的方式实现主题通信,每条消息发送到相应的主题中,发布者和接收者不必知道相互的信息,主题的名称必须是唯一的。

(6)服务:采用请求/应答的方式实现服务通信,提供点对点的通信连接。服务的名称必须是唯一的。当一个节点提供某项服务时,所有节点都可以使用客户端编写的代码进行通信。

ROS 的架构是基于 ROS 的松耦合网络连接的处理架构,提供多种通信服务,包括使用主题的异步数据流通信、使用服务的远程电泳通信和通过参数服务器数据传输通信,可以实现多种情况下的网络连接。虽然这几种通信方式还存在着实时性较差的缺陷,但是已经满足大部分的智能机器人开发要求。

使用主题的异步数据流通信是 ROS 中最主要的通信方式,它实现了节点之间多对多的连接,并通过单向的数据通道传输数据。节点只需将数据发送到对应的主题,订阅者通过主题接收信息,实现了节点之间的通信解耦。

使用远程调用服务通信可实现节点间一对一的连接,采用了请求/应答的通信模式。当一个节点发送请求并要从其他节点获取数据时,可使用此种类型的通信方式。

使用参数服务器数据传输通信可实现通过 ROS 搭建的网络获取多元共享的参数字典,节点运行时可在参数服务器上存储或获取参数。参数服务器运行在节点管理器上,主要实现一些参数的配置。

8.2.2　主题异步数据流通信原理简介

主题使用发布/订阅模型进行消息的传递,名称是唯一的。在使用 ROS 的智能机器人中,一个节点若要与其他节点通信,只需在主题上发布消息,消息的发布者和订阅者不需要相互知晓,实现了两者之间的解耦,如图 8.7 所示。

图 8.7　主题异步数据流通信

在 ROS 中,一个主题可以有多个发布者和订阅者,同时,一个节点可发布或订阅多个主题,并且可以随时新建发布者或订阅者。但每个发布者只能向一个主题发布消息,订阅者只能订阅一个主题。

通过主题的方式发布接收消息，实现节点间的单向数据流，发布者通过数据流向主题发布消息，而不用关注订阅者是否接收到，订阅者从主题接收消息，也不用反馈给发布者是否收到消息。在 ROS 基于主题的消息传送中，使用 TCP/IP 或 UDP 协议进行传输，ROS 系统对两类通信协议进行设计，生成了 ROS 独有的 TCPROS/UDPROS 传输机制。TCPROS 是基于 TCP 协议的设计，它使用 TCP/IUP 长连接，在 ROS 中是默认的通信机制。UDPROS 是基于 UDP 协议进行设计，在分布式部署中，UDP 有无连接、低时延、高效率的特点，虽然有丢包风险，但对于远程连接任务有明显的优势。

在一个完整的 ROS 系统中，必须包含一个节点管理器 Master，用来管理发布者和订阅者，使消息可以正常地发布和订阅，故每创建一个新的发布者或订阅者，都要在 Master 上注册。当发布者在 Master 上注册时，Master 会保存发布者的统一资源标识符和发布者发布的主题，当有订阅者在 Master 上注册并订阅某个主题时，它会在保存的信息中寻找发布者，之后将发布者的统一资源标识符发送给订阅者，从而建立一对多的连接。

此通信主要分为 4 个步骤。

步骤 1：通过 XMLRPC，发布者与订阅者在 Master 上注册，订阅者和发布者统一通信协议。

步骤 2：发布者和订阅者互发 header，建立 TCPROS/UDPROS 连接。

步骤 3：若连接成功建立，即可进行数据通信。发布者向主题发布消息，订阅者从主题接收，之后消息保存在回调函数队列中，等待处理。

步骤 4：调用回调函数队列中已经注册的回调函数，处理接收到的信息。

8.2.3 同步远程过程调用服务通信

发布/订阅的通信方式属于单向的多对多的通信方式，发布者与订阅者之间解耦，这种通信方式不适合远程过程调用的请求/应答模型。请求/应答是分布式系统常用的信息交互方式，故 ROS 提供了远程过程服务通信方式，实现远程过程调用请求/应答模型。服务是由一对一的消息组成，一个用于实现请求，一个用来实现应答。节点用字符名定义服务，客户端通过发送一个请求消息调用服务，之后等待响应，如图 8.8 所示。

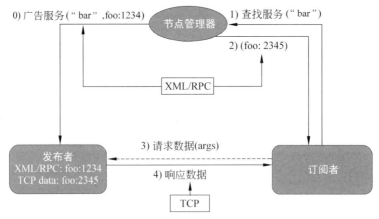

图 8.8　同步远程过程调用服务通信

在系统中,服务定义在文件 srv 中,通过 ROS 客户端库转换为源码。一个客户端可以和服务器端建立持久的连接,提高系统的实时性能,但是服务器端发生改变时,系统的稳定性会变差。

与发布/订阅类似,此种通信也需要通过 XMLRPC 在 Master 上注册服务,客户端节点通过 XMLRPC 和 Master 上寻找服务对应的服务器端节点,之后与其建立 TCPROS 连接,再进行通信。

与发布/订阅不同的是,此种通信仅支持 TCPROS 协议,客户端不需要通过 XMLRPC 与服务器端协商共同支持的协议。同时,此种通信时双向的,需要分别发送请求和响应来实现数据通信。

8.2.4　参数服务器数据传输简介

参数服务器是在 ROS 上的一种共享的多变量参数字典,节点运行时可在参数服务器上存储或获取参数。参数服务器通常用于存储静态的非二进制数据,并非是为了高性能数据存储。参数服务器是全局可见的,所有节点都可以获取和存储参数,可以删除、修改数据,如图 8.9 所示。

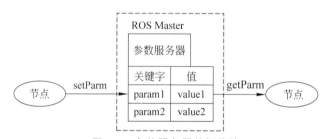

图 8.9　参数服务器数据传输

参数属于参数服务器,即节点创建了参数,在节点终止后,参数依然会保留在参数服务器中。这种模式提高了 ROS 节点的灵活性和可配置性。

参数服务器使用 XMLRPC 实现,且本身运行在 ROS 节点管理器中,这意味着其 API 可以通过 XMLRPC 库进行访问。

为了适应不同类型的数据库传递,参数服务器定义了以下参数类型。

32-bit integers:32 位整数。

booleans:布尔值。

strings:字符串。

doubles:双精度浮点。

iso8601 dates:ISO 8601 日期。

lists:列表。

base64-encoded binary data:基于 64 位编码的二进制数据。

8.3　ROS 开发实例——基于 ROS 的室内智能机器人导航与控制

8.3.1　搭建 ROS 开发环境

支持 ROS 的操作系统有多种,但正式支持的只有 Ubuntu 系统。以 Ubuntu 系统为例,本节介绍 ROS 开发环境的搭建。这里主要介绍 ROS 的安装和 ROS 开发环境的搭建,Ubuntu 系统的安装不再赘述。

ROS 的常规安装操作如下。

(1) 设置网络时间协议(network time protocol,NTP)。

该操作可以缩小 PC 间通信宏的 ROS Time 误差。设置网络时间协议首先要安装 chrony,然后用 ntpdate 命令指定 ntp 服务器。

```
$ sudo apt-get install -y chrony ntpdate
$ sudo ntpdate -q ntp.ubuntu.com
```

(2) 添加代码列表。

这里需要在 ros-latest.list 添加 ROS 版本库,命令如下。

```
$ sudo sh -c 'echo "deb http://packages.ros.org/ros/ubuntu $(lsb_release -sc)
main" >
/etc/apt/sources.list.d/ros-latest.list'
```

(3) 设置公钥。

设置公钥能获取从 ROS 库下载功能包的权限。由于服务器的操作变更,添加公钥的指令也会有所不同,参考命令如下。

```
$ sudo apt-key adv --keyserver
hkp://ha.pool.sks-keyservers.net:80 --recv-key
421C365BD9FF1F717815A389552
3BAEEB01FA116
```

(4) 更新软件包索引。

```
$ sudo apt-get update && sudo apt-get upgrade -y
```

(5) 安装 ROS Kinetic Kame。

此操作的目的是安装台式机的 ROS 功能包,功能包涵盖 ROS、rqt、RViz、机器人相关的一些库、仿真、导航等内容,命令如下。

```
$ sudo apt-get install ros-kinetic-desktop-full
```

(6) 初始化 rosdep。

使用 ROS 前,需要对 rosdep 进行初始化。rosdep 通过使用或编译 ros 核心组件时轻松安装依赖包来增强用户便利的功能,命令如下。

```
$ sudo rosdep init
$ rosdep update
```

（7）安装 rosinstall，命令如下。

```
$ sudo apt-get install python-rosinstall
```

（8）加载环境配置文件。

环境配置文件中定义了 ROS_ROOT 和 ROS_PACKAGE_PATH 等环境变量，命令如下。

```
$ source /opt/ros/kinetic/setup.bash
```

（9）创建并初始化工作目录。

为了使用 ROS 的专用构建系统 catkin，用户需要创建 catkin 工作目录，并将其初始化，命令如下。

```
$ mkdir -p ~/catkin_ws/src
$ cd ~/catkin_ws/src
$ catkin_init_workspace
```

然后用以下命令来构建：

```
$ cd ~/catkin_ws/
$ catkin_make
```

此时若构建成功，运行 ls 命令，除了前面创建的 src 目录，会出现一个 build 和 devel 目录。catkin 构建系统的文件保存在 build 中，构建后的可执行文件保存在 devel 中。

最后，加载 catkin 相关的环境文件，命令如下。

```
$ source ~/catkin_ws/devel/setup.bash
```

安装完 ROS，下面介绍 ROS 配置。

每次打开新的终端，都需要用以下命令加载配置文件。

```
$ source /opt/ros/kinetic/setup.bash
$ source ~/catkin_ws/devel/setup.bash
```

接下来配置 ROS 网络。

8.2 中介绍过，ROS 通过网络在节点之间传递消息，所以要进行 ROS_MASTER_URI 和 ROS_HOSTNAME 设置。首先，两个项目要输入各自网络 IP。在接下来的开发中，如果有专用于总机（MASTER PC）的 PC，并且机器人使用主机（HOST PC），则可以通过分别输入不同的 IP 地址通信。以 IP 为 192.168.2.1 的情况为例，命令如下。

```
# Set ROS Network
export ROS_HOSTNAME=192.168.1.100
export ROS_MASTER_URI=http://${ROS_HOSTNAME}:11311
```

至此，ROS 开发环境搭建完毕。

8.3.2 室内智能服务机器人的系统结构

1. 硬件结构

室内环境是一种结构化环境，并具有一定动态性。这要求室内智能服务机器人具备周

边环境感知、动态环境下的地图构建、面向任务的导航以及人机间交互与合作的能力。室内智能服务机器人的基本硬件组成主要包括运动底盘、地图构建设备、感知与导航设备等。

（1）运动底盘。虽然两轮差动底盘对地面的适应性能较差，并且存在运动约束，但从控制成本角度考虑，选择了 Yujin Robot 公司生产的智能机器人底盘 Kobuki。Kobuki 具有碰撞、高精度码盘以及陀螺仪等传感器，具有判别行进路面的情况以及自身姿态的能力。

（2）地图构建设备。地图构建的方式很多，一种是通过深度摄像机对环境进行 3D 建模，即 3D SLAM，这需要拥有能够采集到深度信息的视觉传感器，例如 3D 激光扫描器、Kinect、双目摄像头等。另一种为 2D SLAM，这种方式由激光雷达测距，再根据一定算法解析得出 2D 平面的信息。本书使用 RPLIDAR 激光雷达作为地图构建设备，它能够实现 360°、6m 范围内的激光测距扫描，在各类室内环境以及无日光直接照射的室外环境下表现不错。

（3）视觉导航与认知。为实现高性能的场景认知功能，本书采用具有深度信息获取功能的 Xtion PRO Live 摄像头完成。Xtion PRO Live 是华硕推出的一款用于 PC 端的体感设备，使用以色列公司 PrimeSense 的三维测量技术。Xtion PRO Live 原生支持 OPENNI，比 Kinect 更容易和 ROS 结合。

2. 软件结构

根据上述要求，室内智能服务机器人的系统结构如图 8.10 所示。硬件层包括移动底盘，用于地图构建的传感器以及用于完成任务的视觉传感器。虚线部分为驱动层，用于应用层与硬件的沟通。定位导航模块负责完成机器人的自主移动，可视化部分是人机交互的接口。

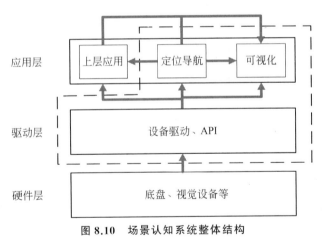

图 8.10　场景认知系统整体结构

8.3.3　系统实现

本文构建的基于 ROS 的软件系统主要分为 4 大部分：机器人运动控制模块、同步定位与地图构建模块、定位导航模块、三维视觉认知模块。所有模块独立完成，开发者可以根据需要拼接，如图 8.11 所示，模块运行时，统一由 ROS_Master 完成调度。

1. 同号定位与地图构建

SLAM 是机器人认知外界环境的一种方式，也是智能机器人实现自主行为规划的前提。

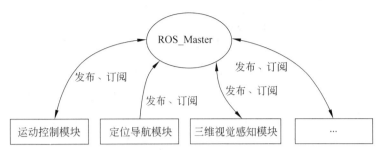

图 8.11　ROS 中各模块与 ROS_Master 的关系

其功能可以描述为：在未知的环境中，根据地图以及传感器信息进行定位估计，并在定位的基础上建造增量式地图。SLAM 程序的构成如图 8.12 所示。

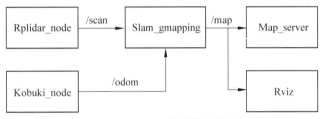

图 8.12　SLAM 的模块结构图

在图 8.12 中，Rviz 为 ROS 中的 3D 显示工具；Map_server 用于获取构建好的地图，并保存到本地；Rplidar_node 是激光雷达的数据发布程序，它会将激光雷达的数据转换成 ROS 中 Laser_scan 类型的数据，供其他模块使用。ROS 中常用的 SLAM 算法有 Hector Mapping 和 Gmapping。

（1）Hector Mapping。Hector Mapping 是一种不需要使用里程计辅助的 SLAM 算法，适用于高速激光雷达扫描器，如 Hokuyo-UTM30LX。它可以提供与扫描速度相同的 2D 定位信息。尽管 Hector Mapping 不支持闭环检测（因为不支持里程计），但凭借快速梯度近似法以及多分辨率栅格地图策略，它依旧能够在复杂地形中出色地完成地图构建任务。

（2）Gmapping。Rao-Blackwellized 滤波器是解决机器人 SLAM 问题较为有效的方式。但当机器人面临的环境十分复杂时，描述后验概率分布的样本数会变得十分庞大，导致算法复杂度增加。Giorgio Grisetti 等提出的 Gmapping 算法是一种改进的 Rao-Blackwellized 粒子滤波器，可以适时地调整粒子滤波器中的粒子数。

不同于 Hector Mapping，Gmapping 支持在计算中使用里程计。虽然增加了硬件需求以及计算量，但益处是，在与闭环算法相结合后，Gmapping 能够处理复杂的情景，例如特征比较少的长廊，或者具有多个环型路径的场景。

2. 定位与导航

智能机器人的定位导航是实现机器人自主运动的关键，本系统使用激光雷达和里程计为传感器，使用自适应蒙特卡洛方法完成定位。定位导航模块结构如图 8.13 所示。

在图 8.13 中，rplidar 为 RPLIDAR 激光雷达扫描节点，robot_base 为机器人基础节点，amcl 为基于自适应蒙特卡洛的机器人定位节点，move_base 为机器人导航节点。goal pose

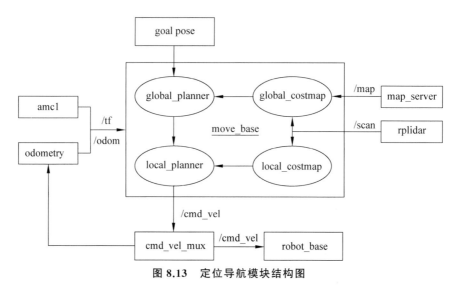

图 8.13　定位导航模块结构图

为指定导航目标。

amcl 节点运行时,会根据激光雷达扫描得到的点推算机器人在地图中的位置,并将计算出的点发布出去。除了定位点的信息,amcl 节点还会发送关于里程计坐标系和地图坐标系之间的转换关系,以及运算中生成的粒子点云。

move_base 节点是在给定目标位置的坐标后,根据机器人传感器的数据执行安全的导航行为。整个包可以分为 3 部分:costmap 地图、全局路径规划器、局部路径规划器。Costmap 地图将不同传感器发来的数据转换成统一的数据:栅格地图,地图的权值使用概率方法处理,以区分障碍物、未知与安全区域。costmap 会生成两份地图,一份用于全局路径规划,一份用于局部路径规划。局部路径规划生成的底盘控制指令需要先送至 Cmd_vel_mux 节点,判断是否送至底盘,以确保发送到底盘的指令没有冲突,保证底盘安全。

3. 运动控制

运动模块是智能机器人最基本的部分,主要责任是指令的解析下发和机器人状态的监控。良好的运动控制模块能够在保证机器安全的情况下正确地执行控制指令。按照此需求,设计并实现图 8.14 所示的机器人运动控制模块。

在图 8.14 中,第一部分为底层通信部分,用于完成和底盘的通信,这部分由多路选择节点、底盘通信节点、运动安全控制节点和移动底盘构成;第二部分为手动控制部分,用于手动控制机器人,由运动平滑节点、手柄操作节点以及手柄监控节点构成。第三部分为机器人结构描述及可视化,用于声明机器人硬件结构的空间关系,该部分由 TF 节点和机器人结构定义(URDF)文件构成。

运动控制的作用是使机器人能够按照既定路线平稳安全地移动。如图 8.15 所示,运动规划节点先从路径生成器中取出当前帧的目的路径点,然后根据定位信息以及里程计信息计算出当前帧机器人的运动矢量,最后使用系统中的运动控制模块发送给底盘,控制机器人运动。

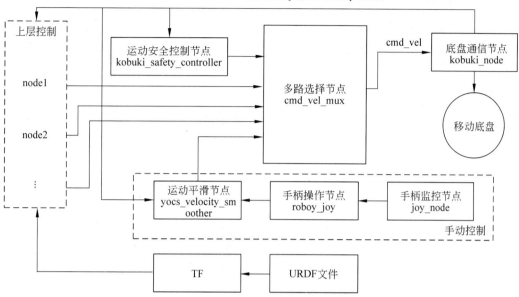

图 8.14　机器人控制模块结构图

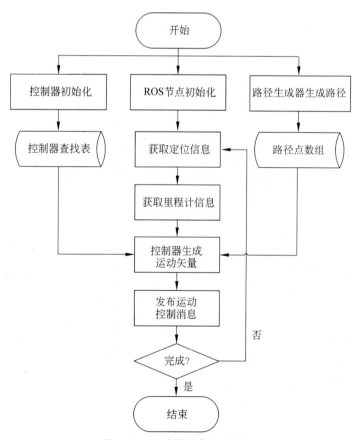

图 8.15　运动控制节点流程图

8.3.4 送餐服务测试

室内测试实验环境如图 8.16 所示,实验任务是让机器人从厨房送餐给位于主卧床边的主人(图 8.17 中五角星位置为任务的终点)。这就要求机器人既能保证机身平稳,又能迅速避让随意走动的家人。实验开始时,机器人接收到指令后开始规划行进路线。图 8.17 中实线部分为路径规划结果。

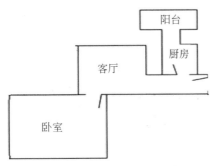

图 8.16 室内测试实验环境

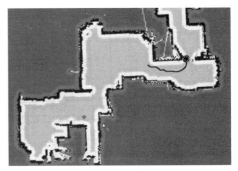

图 8.17 机器人构建的地图与规划路线

图 8.18 给出了系统对于人员走动处理的测试效果。图 8.18(a)中为机器人进入客厅,未检测到行人时的机器人规划路线,图 8.18(b)中是机器人进行避障并重新进行路径规划的路线,其中椭圆中的点为机器人识别到的行人障碍物。图 8.19 显示了机器人对突然出现的行人进行规避的过程。图 8.20 显示了机器人送餐完毕时的状态。

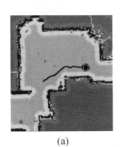
(a)

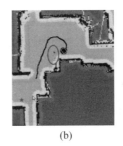
(b)

图 8.18 机器人检测到行人前后的规划路径图

(a)　　　　　　(b)　　　　　　(c)

(d)

图 8.19 机器人对人进行规避过程

(a)　　　　　　　　　　(b)

图 8.20　机器人送餐完毕时的状态

从图 8.18～图 8.20 可以看出,机器人定位导航模块发现路线上有行人遮挡后能够重新规划路线,避免与人发生碰撞。躲避障碍物后,仍能继续规划路线并完成任务。整体实验过程表明,机器人完成了室内送餐任务,运动平稳,并且能够对动态的障碍物进行规避,效果较好。

使用机器人操作系统 ROS 软件实现了室内移动服务机器人地图构建、定位导航与运动控制。该方案简化了硬件层和软件通信方面的工作,基于家庭服务场景,室内移动服务机器人实现了动态环境避障、机身平稳运动控制,完成家庭送餐服务。结果表明,利用 ROS 中既有的代码库,可快速有效地构建室内智能服务机器人系统,完成既定任务。

第9章 多机器人系统

9.1 智能体与多智能体系统

智能体(Agent)是一类在特定环境下能感知环境,并能自治地运行,以代表其设计者或使用者实现一系列目标的计算实体或程序。自主性是 Agent 区别于其他概念的基本必备特征。

明斯基曾经对 Agent 和多 Agent 系统有过这样一段描述:每个智能体本身只是做一些简单的事情,当某个方法将这些单个 Agent 组合成一个群体系统时,就生成了智能,而多 Agent 的协调与协作正是这种产生智能的组合方法。

目前,对 Agent 的研究大致可分为智能 Agent、多 Agent 系统和面向 Agent 的程序设计 (Agent-orient-programming,AOP)这 3 个相互关联的方面,涉及 Agent 和 MAS 的理论、Agent 结构和组织及 Agent 语言规划通信和交互技术 MAS 之间的协作和协商等内容。

9.1.1 Agent 的体系结构

将每个 Agent 系统分为几个控制模块:环境感知层、动作执行层、规划控制层、通信管理层和信息融合层,设计出的 Agent 的体系结构如图 9.1 所示。

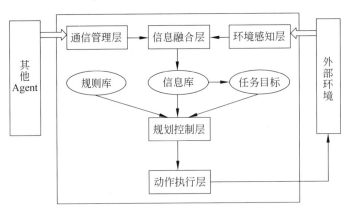

图 9.1 Agent 体系结构图

1. 动作执行层

动作执行层是执行智能机器人的行为动作,根据当前感知的环境信息和目标设定,将智能机器人的运动执行变量输送到电动机,改变动作的方向和速度。

2. 规划控制层

规划控制层是完成一些基本功能和行为,包括自定位、行为控制、目标检测和避障。自定位模块感知层输入局部地图、全局地图和机器人的感知信息、计算机器人的当前信息。规划控制根据规划的结果产生机器人完成任务的动作序列。避障模块采用基于免疫网络的局部路径规划,以实现在线避碰。目标检测根据传感器信息和目标信息识别目标。

3. 环境感知层

环境感知层是整个 Agent 系统的信息输入点,提供各种传感器,如声呐测量值、激光测距仪数据以及里程仪提供的位置信息、摄像头传感器提供的图像数据等,也负责对感知数据进行初步处理,完成局部地图的创建。

4. 通信管理层

通信管理层负责与其他 Agent 通信,包括将自己的信息通知其他 Agent 及接受从其他 Agent 发出的信息;同时信息融合层将所感知的外界信息或与其他 Agent 通信所获知的信息转变成自身能理解的信息表示符号,并与自身信息库中的信息相融合,再存入自身的信息库中。

每个 Agent 中还存有信息库、规则库和任务目标库:信息库中存储 Agent 知道的各类信息,包括其他 Agent 的状态和外部环境的信息;规则库中存放设计者制定的规则,当 Agent 进行行为规划时,根据设计者设计的规则和当时所知的信息进行行为规划;任务目标库中存放每个 Agent 需要完成的任务及目标,外界环境状态的改变和其他机器人状态的改变都有可能影响每个 Agent 的当前任务目标。

Agent 感知数据在开放动态的环境中不一定具备很强的推理能力,而可以通过不断的交互逐步协调与环境以及各自之间的关系,使整个系统体现出一种进化能力。

9.1.2　MAS 的相关概念

多 Agent 系统(multi agent system,MAS),是由多个可计算的 Agent 组成的集合,即 MAS,是一种分布式自主系统,其中每个 Agent 是一个物理的或抽象的实体,可作用于自身和环境,并与其他 Agent 进行通信,也可以定义 MAS 是由一些对所处环境具有局部观点并可对环境产生局部响应的 Agent 构成的网络系统。

MAS 的主要研究内容集中在以下几方面:Agent 结构和多 Agent 组织结构和模型的设计、Agent 协作策略模型和机制的研究、Agent 通信机制的研究等。

1. MAS 的组织体系结构

MAS 的组织体系结构包括 Agent 的模型结构和 Agent 之间的组织形式,是指系统中 Agent 之间的信息关系和控制关系以及问题求解能力的分布模式组织结构的研究。这对于整个 MAS 的研究具有重要意义,是多 Agent 系统研究的基础。确定 MAS 的组织结构,要确定它是分散的还是集中的,如果是分散的,还要确定是分布的还是分层的。

2. MAS 的通信

通信是 MAS 中最基本的问题,MAS 将独立的 Agent 个体通过通信模块实现相互协作与协调,构成一个有一定功能、可以运行的系统,因此通信问题是 MAS 中的基本问题。

3. MAS 的协调和协作

MAS 不同于传统的分布式处理系统,它侧重于研究一组 Agent 的自治能力,如独立的

推理、规划和学习等能力,以及为了联合采取行动求解问题,以达到某一全局目标,如何协调各自的目标、策略和规划能力等。

虽然单个 Agent 的智能是有限的,但可以通过适当的体系结构将 Agent 组织起来,弥补各个 Agent 的不足,使整个系统的能力超过任何单个 Agent 的能力。MAS 这种体系结构放松了对集中式、规划顺序控制的限制,提供了分散控制、应急和并行处理,将复杂问题简单化;同时还可以降低软件或硬件的费用,提供更快速的问题求解方法。

9.1.3 MAS 的体系结构

MAS 作为一个整体参与协作任务,并不是简单地将多个具有一定自主能力的智能体合并到一起,而是需要通过协商解决各自规划时产生的冲突与对抗,根据协作任务的目标,在个体之间交互大量信息,分析可能产生的冲突,制定协作策略。

多智能机器人采用协同的体系结构主要有集中式、分布式和混合式,图 9.2 所示为本节建立的一个多智能体协作模型。

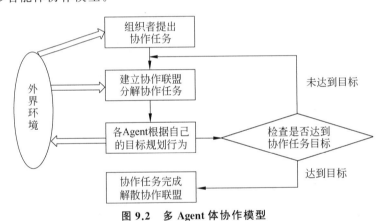

图 9.2 多 Agent 体协作模型

根据这个协作流程,当出现众多智能体协作任务时,可以采取以下措施。

(1) 首先提出协作任务,某个 Agent 或某个控制系统根据当前所处环境状态及当前任务判断是否需要多机器人协作完成任务,如果需要,那么提出协作任务——这里提出协作任务的 Agent 或控制系统就称为组织者。

(2) 建立协作联盟,组织者在已有的 Agent 中组织部分或全部 Agent 参与提出的协作任务中,并将协作任务分解为每个参与任务的 Agent 的子任务——协作联盟的建立过程可以通过组织者和所有 Agent 之间的协商来确定。

(3) 各个参与协作的 Agent 根据第二阶段分解的子任务规划自己的行为,当某个 Agent 根据行为规划并执行相应的动作后,必然会影响所处的环境。

(4) 每个 Agent 执行相应的动作后,组织者检查是否达到协作任务的目标,如果达到目标,那么协作任务完成,协作联盟解散;否则,组织者重新组织协作联盟,转过程(2)。

以上所给的协作流程既适用于一般的协作任务,如多机器人合作搬箱子、合作编队等,也适用于动态协作任务,如机器人围捕、故障处理等协作目标不断变化甚至协作出现的时间、地点及协作目标都不能事先确定的协作任务。

在 MAS 协作中,常见的协作规划模式是集中规划模式、分散规划模式和分散集中规划模式 3 种。

1. 集中规划模式

系统提供了一个具有全局性属性的机器人,通过它实现多机器人协作过程中的全局控制,比如任务的规划和分配。其他机器人仅为执行者。这种协作模式的问题是随着各机器人的复杂性和动态性的增加,控制的瓶颈问题愈加突出,一旦控制全局的机器人崩溃,将导致整个系统崩溃。

2. 分散规划模式

此时不存在用来综合协调各子(部分)规划的机器人,每一个机器人根据各自的目标独立制订各自的动作计划,所有的控制是分散的,知识是局部的。这种模式可以使得每个智能体获得一定的自主性,增加了灵活性;缺点是不仅要解决规划执行过程中可能出现的各种潜在冲突,还要分析各机器人规划执行过程中产生的各种有利或无利的状态。而且将全局目标分解为每个机器人的局部目标也存在一定困难,如果每个机器人的行为受限于局部和不完整的信息(如局部目标、局部规划),则很难实现全局一致的行为。

3. 分散集中规划模式

允许每个机器人制订自己的子(部分)规划,这些子规划统一提交给协调者,协调工作由某个机器人集中完成;协调者综合所有子规划形成一个整体规划,对于潜在冲突的发现和剔除,可采用合理安排动作执行顺序或确定必要的同步点来完成。

研究表明,集中式规划效率最高,适合于简单理想的环境,对协作任务的配合要求强;分布式规划复杂度最高,遇到的潜在冲突也最高,适合于复杂独立的环境,自主性强,对协作任务的配合要求弱;分布式集中协调规划的复杂度和效率位于上述两种模式之间,适合于有组织结构、各自有较强自主性的群体机器人。

9.2 多机器人系统综述

9.2.1 多机器人系统简介

1. 多机器人系统的优势

随着多机器人技术的日益发展,越来越多的复杂作业依靠单个机器人的能力已经难以完成,因此多机器人系统的应用越来越广泛。一个相互协调的多机器人系统有着单个机器人系统无法比拟的优势。

(1)通过对某些任务进行适当分解,多个机器人可以分别并行地完成不同的子任务,从而加快任务执行速度,提高工作效率,如执行战术使命、足球比赛,对未知区域建立地图和对某区域进行探雷等。

(2)可以将系统中的成员设计为完成某项任务的"专家",而不是设计为完成所有任务的"通才",使机器人的设计有更大的灵活性,完成有限任务的机器人可以设计得更完善。

(3)可以通过成员间的相互协作交换信息,增加冗余度,消除失效点,增加解决方案的鲁棒性,如野外作业的机器人和装配摄像机的多智能机器人系统建立某动态区域地图。

(4)可以提供更多的解决方案,降低系统造价与复杂度等。

2. 多机器人系统系统的任务模型

20 世纪 80 年代后期,协作多机器人系统的快速发展体现为 3 方面的相互影响:问题、系统和理论。为解决一个给定的问题,想象出一个系统,然后进行仿真、构建,借用别的领域理论进行协作。

将这些实际应用中多机器人合作所面临的任务加以抽象,列出了一些代表性的任务,这些任务可分为以下 3 类。

1) 交通控制

当多个机器人运行在同一环境中时,它们要努力避免碰撞。从根本上说,这可以看作是资源冲突的问题,可以通过引进交通规则、优先权或通信结构等来解决。从另一个角度来看,进行路径规划必须考虑其他机器人和全局环境。这种多机器人规划,本质上是配置空间—时间中的几何问题。

2) 推箱子/协作操作

许多工作是讨论推箱子问题的。有的集中在任务分配、容错和强化学习上,有的则研究通信协议和硬件。协作操作较大的物体也令人非常感兴趣,因为即使机器人之间相互不知道对方的存在,也可以实现协作行为。

3) 采蜜

它要求一群机器人去拣起散落在环境中的物体。这可以联想到有毒废物清除,收割、搜寻和营救等。采蜜任务是协作机器人学习的规范试验床,因为一方面这种任务可以由单个机器人来完成,另一方面可以从生物学获得灵感来研究协作机器人系统。解决方案有最简单的随机运动拾捡,还有将机器人沿着目标排成链型队形,将目标传递到目的地。研究这类问题时,群体的体系结构和学习也是主要的研究主题。

3. 多机器人系统的性能指标

各个应用领域要求多机器人系统有很高的性能,这些性能有下列衡量指标。

(1) 鲁棒性:对机器人出现故障具有鲁棒性。因为许多应用要求连续的作业,即使系统中的个别机器人出现故障或被破坏,这些应用要求机器人利用剩余的资源仍然能够完成任务。

(2) 最优化:对动态环境有优化反应。由于有些应用领域涉及动态的环境条件,具有根据条件优化系统的反应能力成为能否成功的关键。

(3) 速度:对动态环境反应要迅速。如果总是要求将环境信息传输到别的地方进行处理才能做出决策,那么当环境条件变化很快时,决策系统就有可能不能及时给机器人提供行动的指令。

(4) 可扩展性:根据不同应用的要求易于扩展,以提供新的功能,从而可以完成新的任务。

(5) 通信:要有处理有限的或不太好的通信的能力。要求应用领域为机器人之间提供理想的通信,这在许多情况下是不现实的。因此,协调体系结构对通信失效要具有很强的鲁棒性。

(6) 资源:合理利用有限资源的能力。优化利用现有的资源,是优化多机器人协调的重要因素。

（7）分配：优化分配任务。多协调机器人系统中一个主要难点就是确定个体机器人的任务，这是设计体系结构时要考虑的重要因素。

（8）异构性：能够应用到异构机器人团队的能力。为了易于规划，许多体系结构以同构机器人为假设条件。如果是异构机器人，协调问题将更困难。成功的体系结构应当对同构机器人和异构机器人都适用。

（9）角色：优化指定角色。许多体系结构将机器人限于完成一种角色的功能，但机器人拥有的资源可以完成多种任务。优化指定角色可以使机器人根据当时可以利用的资源尽可能地完成多个角色的功能，并且随着条件的变化而变化。

（10）新输入：有处理动态新任务、资源和角色的能力。许多动态性应用领域要求机器人系统能够在运行过程中处理一些变化，如处理新分配的任务、增加新资源或引进新角色。所有这些都由体系结构支持。

（11）灵活性：易于适应不同的任务。由于不同的应用有不同的要求，因此通用的体系结构需要有针对不同问题可以轻松重新配置的能力。

（12）流动性：易于适应在操作过程中增加或减少机器人。一些应用要求可以在系统运行过程中添加新的机器人成员。同样，在执行任务的过程中，系统也要适应减少成员或成员失效的现象。合理的体系结构可以处理这些问题。

（13）学习：在线适应特定的任务。虽然通用的系统非常有用，但将它用于特定应用时，通常需要调整一些参数。因此具有在线调整相关参数的能力是非常吸引人的，这在将体系结构转移到其他应用时可以节省许多工作时间。

（14）实现：能够在物理系统上实现和验证。和其他问题一样，用实际的系统证实更能令人信服。然而要想成功实现物理系统，需要解决那些在仿真软件系统上不能发现的细节问题。

9.2.2 多机器人系统的研究内容

由于协作机器人学是一个高度交叉的学科，研究协作多机器人系统需要借鉴这些学科或解决某些问题的理论和方法。具体来说，这些学科内容包括：

（1）分布式人工智能（distributed artificial intelligence，DAI）。

DAI 主要研究由 Agent 组成的分布式系统，分为两部分：分布式问题求解（DPS）和MAS。DPS 主要研究利用多个 Agent 解决同一个问题，Agent 独立地解决每个子问题或子任务，并周期性地交流结果。DPS 至少有 3 方面内容可以供多机器人系统借鉴：问题分解（任务分配）、子问题求解以及解综合。

MAS 研究多 Agent 的群体行为，它们的目标存在潜在的冲突。MAS 可以供协作多机器人学习借鉴的不只是 MAS 的一些具体结论，更重要的是它的方法，如 Agent 建模方法、Agent 的反射式行为驱动策略，Agent 的拓扑结构、组织方法，多机器人 Agent 系统的框架、通信协议、磋商和谈判策略以及系统的实现方法等。

（2）分布式系统（distributed system）。

多机器人系统实际上就是一个分布式系统的特例，因此分布式系统是解决多机器人系统问题的重要思想来源。但分布式计算仅仅提供理论基础，具体的应用还有具体分析。利用多机器人系统与分布式计算系统的相似性,一些学者已经利用分布式系统的理论试图解决死锁、消息传递、资源分配等问题。

(3)生物学(biology)。

生物学中的蚂蚁、蜜蜂及其他群居昆虫的协作行为提供了有力的证据:简单的智能体组成的系统能完成复杂的任务。这些昆虫的认知能力非常有限,但通过相互交互就可以实现复杂行为。研究其自组织机制和合作机制,对于实现多机器人系统的协作将很有帮助。

总体来说,多智能机器人的主要研究内容包括体系结构、通信、任务分配、环境感知与定位、可重构机器人以及多智能机器人的学习理论等。多机器人系统是一个复杂的系统,研究的内容涉及方方面面,主要如下。

1. 群体的体系结构

体系结构是多机器人系统的最高层部分和基础,多机器人之间的协作机制就是通过它来体现的,它决定了多机器人系统在任务分解、分配、规划、决策及执行等过程中的运行机制以及系统各机器人成员担当的角色,如各机器人成员在系统中的相对地位如何,是平等、自主的互惠互利式协作还是有等级差别的统筹规划协调。

一般地,根据系统中是否有组织 Agent 为标准,将体系结构分为集中式控制和分布式控制,分别如图 9.3 和图 9.4 所示。

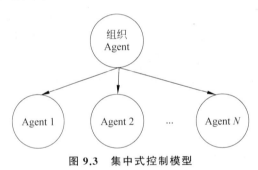

图 9.3　集中式控制模型

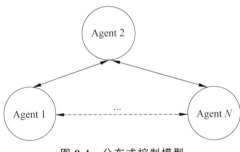

图 9.4　分布式控制模型

1)集中式结构

集中式结构以有一个组织 Agent 为特点,由该 Agent 负责规划和决策,其协调效率比较高,减少了协商的开销,最突出的优点是可以获得最优规划。但它难以解决计算量大的问题,因此实时性和动态性较差,不适于动态、开放的环境。

2)分布式结构

分布式结构没有组织 Agent,个体高度自治,每个机器人根据局部信息规划自己的行为,并能借助于通信手段合作完成任务,其所有 Agent 相对于控制是平等的,这种结构较好地模拟了自然社会系统,具有反应速度快、灵活性高、适应性强等特点,适用于动态、开放的任务环境。但这种结构增加了系统的复杂性,没有一个中心规划器,所以难于得到全局最优的方案,还可能带来通信的巨大开销。

普遍的看法是分布式结构在某些方面(如故障冗余、可靠性、并行开发的自然性和可伸缩性等)比集中式结构要好。

另外,有的学者将分布式结构和集中式结构相结合,相互取长补短,系统中的组织 Agent 对其他个体只有部分的控制能力。

虽然许多机器人协作结构已经在机器人系统上实现,并取得了不同程度的成功,但都需要满足一定的前提条件。至今仍然没有一种通用的体系结构可以满足动态环境中多机器人有效协作的所有准则。

2. 通信与协商

为进行合作,多 Agent 之间要协商。协商从形式上看是合作前或合作中的通信过程。因此,通信是多机器人系统动态运行时的关键。一些研究虽然在探讨无通信的合作,但依据通信使系统效率提高是更实际的。

按照交互方式,可以将通信分为以下 3 类。

(1) 通过环境实现交互。即以环境作为通信的媒体,这是简单的交互方式,但机器人之间并没有明确的通信。

(2) 通过感知实现交互。机器人之间的距离在传感器感知范围之内时,可以相互感知到对方的存在,感知是一种局部的交互,机器人之间也没有明确的通信。这种类型的交互要求机器人具有区分机器人与环境中物体的能力。在多智能体机器人系统中,由于每个机器人都可能具有自己的传感器系统,因此整个系统的传感器信息融合和有效利用是一个重要问题。

(3) 通过明确的通信实现交互。机器人之间有明确的通信,包括直接型通信和广播型通信。

目前计算机网络技术的迅速发展,为分布式信息处理系统带来极大便利。多机器人系统作为典型的分布式控制系统之一,网络结构将是其特征之一。但是,多机器人系统的通信与面向数据处理与信息共享的计算机网络通信有很大的不同。

3. 学习

找到正确的控制参数值,导致协作行为对于设计者来说是一项花费时间且困难的任务。学习是系统不断寻找或优化协作控制参数正确值的一种手段,也是系统具有适应性和灵活性的体现。因此,非常渴望多机器人系统能够学习,从而优化控制参数完成任务,且能适应环境的变化。强化学习(reinforcement learning)是多机器人协作系统中经常使用的一种学习方式。

4. 建模与规划

如果 Agent 对与之协作的其他 Agent 的意图、行动、能力和状态等进行建模,可使 Agent 之间的合作更有效。当 Agent 具有对其他 Agent 行为进行建模的能力时,对通信的依赖也就降低了。这种建模要求 Agent 能够具有关于其他 Agent 行为的某种表达,并依据

这种表达对其他 Agent 的行动进行推理。

5. 防止死锁与避免碰撞

多个 Agent 机器人在共同的环境中运行时,会产生资源(如时间和空间)冲突问题。碰撞实际上也是一种资源冲突。在解决资源冲突的过程中,如果没有适当的策略,系统会造成一种运行的动态停顿。通过规划(如事先确定某些规则、优先级等),可以避免一部分死锁与碰撞。

6. 合作

Agent 之间能否自发地产生合作,合作动机是什么,是一个令人感兴趣的问题。目前的多机器人系统研究中几乎都是人为地假设了合作必然发生。

麦克法兰定义了自然界中的两种群体行为。

(1) 纯社会行为可以在蚂蚁或蜜蜂这一类昆虫群体中发现,是个体行为进化所决定的行为。在这样的社会中,个体 Agent 的能力十分有限,但从它们的交互中却呈现出了智能行为。这种行为对生态群体中个体的生存是绝对必要的。

(2) 协作行为是存在于高级动物中的社会行为,是在自私的 Agent 之间交互的结果。协作行为不像纯社会行为,不是由天生行为激发的,而是一种潜在的协作愿望,以求达到最大化个体利益驱动。

生物学系统的群体行为对人是有启发的,但在目前机器人的智能水平上实现也许为时尚早,但这个问题的研究会有助于实际系统的设计与实现。

7. 多 Agent 机器人控制系统的实现

多 Agent 机器人控制器与传统的机器人控制器有很大区别,它不仅要求较高的智能与自治控制能力,而且要有易于协作、集成为系统工作的机制与能力。实现控制器时,要具备支持协作的新软件和硬件体系结构,如编程语言、人机交互方式、支持系统扩展的机制等。

在具有分布式控制器的多机器人系统中,构造与实现系统(包括支持多机器人协调合作的问题求解或任务规划机制、控制计算机系统架构、分布式数据库等)应能使系统具有柔性、快速响应性和适应环境变化的能力。

9.2.3 多机器人系统的应用领域及发展趋势

通过机器人之间的合作,多机器人系统整体上能呈现出高级智能行为。而单个复杂机器人不一定能拥有这样的智能行为。多机器人合作系统的研究可以从社会科学(组织原理、经济学等),生命科学(动物行为学和心理学等)等学科领域得到有益的启示,以更好地了解多机器人系统的内在特性,发挥多机器人系统的潜在优势,因此它的潜在应用领域非常广泛。

1. 自动化工厂

在工业领域未来自动化生产线中,高效、高鲁棒性的智能机器人系统的协作可以担负起人类的工作,如组织物料运输;承担生产加工和其他一些复杂的任务,如高楼大厦及大型空间设备的装配工作;在一些危险环境或恶劣环境中可以代替人类自主完成一些复杂作业,如机器人扫雷、清扫核废料及清扫灾区;以及多农业机器人系统完成重体力和单调重复工作,如喷洒农药、收割及分选作物。

2. 科学领域

在医学领域中,大量的微机器人进入肠道、胃或血管等人体内狭窄部位进行检查、发现和修补病变;在军事领域,使用机器人群体进行侦察、巡逻、排雷和架设通信设施等;在航天领域,利用机器人群体进行卫星和空间站的内外维护以及星球探索是可行和有意义的,利用系统内机器人能力的冗余性提高完成任务的可能性,增强系统的性能,如柔性和鲁棒性等。

3. 教育及娱乐系统

机器人玩具、教育工具及娱乐系统越来越风行,如机器人足球赛的仿真和实体,包括多机器人之间角色的划分、合作、决策、实时规划和机器学习等问题,涉及计算机、自动控制、传感、无线通信、精密机械和仿生材料等众多学科的前沿研究与综合集成。

4. 远地作业

这类远地作业包括科学探险,在煤矿、火山口等高危环境下作业以及在水下培育作物;又如协助震后搜救与营救,完成安全、有效的灾区空间搜索等任务。

5. 智能环境

通过把计算机和日常现象联系起来,能够使原来处于人—机范围之外的事情相互作用,利用计算机来改善日常活动的空间。许多环境,如办公楼、超市、教室及饭店,今后很可能逐渐发展成智能环境。在这些环境中,Agent 将会监视资源的优化使用,也会解决资源使用方面的冲突问题,还要跟踪环境中对各种资源的需求。另外,进入环境中的每个人都会拥有一个 Agent,它的目标是为用户优化环境中的条件。

9.3　多机器人系统实例：多机器人编队导航

多机器人编队导航是典型的多机器人系统协作课题。多机器人编队导航是指机器人群体通过传感器感知周边环境和自身状态,协作完成编队,实现在有障碍物的环境中向目标运动。

9.3.1　多机器人编队导航简介

编队导航行为在自然生物群中随处可见:大雁列队飞行,鱼群结队游行,狼群编队捕食等;在人类活动中,编队导航也被广泛应用,如军事上的机群编队、航母军舰混合编队等。

多机器人编队导航控制是指多个机器人编队向目标行进过程中保持某些队形,同时又要适应环境约束的控制技术;同时包括保持队形,根据环境约束而变换队形,以及驱动机器人根据队形需要到达指定位置的控制过程。多机器人编队导航是多机器人系统协同完成任务的前提,已经被广泛应用于国防和民用领域。

多机器人编队导航的关键技术如下。

1. 多机器人协同定位

定位在编队导航过程中起到至关重要的作用,自主智能机器人只有准确地知道自身位置,以及编队其他成员机器人的位置,才能安全有效地进行运动协作。

2. 路径规划

基本思想是寻找一条从起始点到目标点的无碰撞的最优或近似最优的路径,为编队的

机器人群组规划一条从初始化位置到目标地的路径,并包括在导航过程中避开静态和动态障碍物,以及避免与队列中的其他机器人之间发生冲突。

3. 多机器人通信

多机器人之间的信息交互是多机器人系统协作的前提,多机器人通信包括通信方式、通信策略等方面的研究。

4. 合作编队

合作编队包括队列初始化和队形的保持与变换。队形的保持与变换,指编队机器人群组在导航过程中根据需要保持或变换机器人之间的位置关系。编队导航都是机器人群组协同完成任务的前提条件,并非物理意义上多个机器人简单的几何排列,具体考虑因素包括协调与合作。

9.3.2 多机器人编队导航模型

1. 集中式:领导者—跟随者(leader-follower)

领导者—跟随者编队的基本思想是在编队的机器人群体中,某些机器人被指定为领导者机器人,其他的作为跟随者。跟随者同各自的领导者机器人之间存在位置和方向上的关系。

1)基本原理

领导者—跟随者编队控制器有以下两种形式。

(1)l—φ 控制器。根据距离与角度两个量控制机器人的位置,该算法控制跟随者机器人与领导者机器人维持某个固定的距离与角度。

(2)l—l 控制器。利用三角形的几何特性来控制机器人的位置,该算法考虑 3 个机器人,跟随者与两个领导者机器人之间达到某个固定距离,就认为队形稳定。

领导者—跟随者编队方法一般应用自上而下的 3 层编队控制算法。

(1)领导者机器人规划层。决定一个机器人为领导者机器人,领导者机器人负责规划所有跟随者机器人到达目标的路径。

(2)领导者—跟随者机器人配对层。除了第一层的领导者机器人外,其他所有机器人都要选择一个邻近的机器人作为跟自己配对的领导者机器人,所以包含 n 个机器人的队列将会出现 $n-1$ 个领导者-跟随者,每个跟随者机器人尽量保持与配对的领导者之间的距离与角度。

(3)实体控制层。领导者机器人控制协调成员机器人的运动,以及将整个队列带向目的地,跟随者机器人控制器保持与主机器人的相对位置关系,以及在行进过程中避让障碍物。

2)特点

只要给定领导者机器人的行为或轨迹,就可以控制整个机器人群体的行为。给定领导者与跟随者机器人之间的相对位置关系,就可以形成不同的网络拓扑结构,也就是形成不同的队形。

这种方法的不足之处在于系统中没有明确的队形反馈,如果领导者机器人前进得太快,那么跟随者机器人就有可能不能及时跟踪,另外如果领导者机器人失效,那么整个队形就无法保持。

2. 分布式：基于行为的编队控制方法（behavior）

基于行为的控制方法主要是通过对机器人基本行为以及局部控制规则的设计使得机器人群体产生所需的整体行为。

1）基本原理

基于行为的控制方法定义了一个包含机器人的简单基本行为的行为集，机器人的行为包括避障、驶向目标和队形保持，机器人在受到外界环境刺激做出反应等。而行为决策则通过一定的机制综合各行为的输出，并将综合结果作为机器人对环境刺激的反应而输出。

在基于行为的队形控制中，在对各行为输出的处理上，主要有以下 3 种行为选择机制。

（1）加权平均法：将各个行为的输出向量乘以一定的权重，再求出它们的矢量和，权值的大小对应相应行为的重要性矢量和经过正则化后作为机器人的输出。

（2）行为抑制法：对各个行为按一定的原则规定优先级，选择高优先级行为的输出作为机器人的输出，也就是高优先级的行为抑制低优先级的行为。

（3）模糊逻辑法：根据模糊规则综合各行为的输出，从而确定机器人的输出。

2）特点

基于行为的队形控制方法的优点在于，当机器人具有多个竞争性目标时，可以很容易地得出控制策略。由于机器人根据其他机器人的位置进行反应，所以系统中有明确的队形反馈，易于实现分布式控制。缺点在于不能明确地定义群体行为，很难对其进行数学分析，并且不能保证队形的稳定性等。

3. 虚拟结构法（virtual structure）

虚拟结构法是借鉴刚体以多自由度在空间中运动的状态提出的。刚体以多自由度在空间中运动时，虽然刚体上各个点的位置在变化，但是它们之间的相对位置是保持不变的。

1）基本原理

设想把刚体上的某些点用机器人来代替，并以刚体上的坐标系作为参考坐标系，那么当刚体运动时，机器人在参考坐标系下的坐标不变，机器人之间的相对位置也就保持不变。也就是说，机器人之间可以保持一定的几何形状，它们之间形成了一个刚性结构，这样的结构被称为虚拟结构。

在虚拟结构法中，协作是通过共享虚拟结构的状态等知识实现的。虚拟结构法的实现过程分为以下 3 步。

（1）定义虚拟结构的期望动力学特性。

（2）将虚拟结构的运动转化为每个机器人的期望运动。

（3）得出机器人的轨迹跟踪控制方法。

2）特点

虚拟结构法的优点是简化了任务的描述与分配，用刚性结构来描述队形，具有较高的队列控制精度，可以很容易地制定机器人群体的行为（虚拟结构的行为），并可以进行队形反馈，取得较高精度的轨迹跟踪效果；机器人之间没有明确的功能划分，不涉及复杂的通信协议。

缺点在于具备刚性结构，自由度与灵活性受到限制，导致容错能力下降，要求队形向一个虚拟结构运动，因此也就限制了该方法的应用范围。

9.3.3 多机器人编队导航的应用

多机器人编队导航是多机器人系统协同完成任务的前提,已经被广泛应用于国防和民用领域。

1. 军事机器人作战群

随着现代战争形态逐渐由机械化战争向信息战争、智能战争转变,组建智能机器人部队已成为各发达国家战略发展的重要目标。这些在战场部署的各种战争机器人,包括机器人步兵、机器人炮手、机器人侦察兵、机器人防化兵和机器人步战车等。图 9.5 所示为机器人步战车。

图 9.5 机器人步战车

在实际战争中,各异构机器人战士装备相应的传感器,通过对战场环境的感知实现对战友及敌军的定位,这是编队导航完成战斗任务的重要条件。同时,通过对战场复杂地形的感知,可以规划有效前进路径。大规模的异构机器人部队,从陆地、空中编队形成进攻之势,各机器人战士具备不一样的战斗能力,彼此协同互补,完成战斗任务。

2. 野外勘探机器人群

勘探工作往往需要在复杂的地形、多变的环境且充满了潜在威胁的区域进行,机器人正可以代替人类从事高危作业。野外勘探机器人团队编队出行,需要一定的智能程度,除了局部勘探专业能力外,还要具备能自主定位,适应复杂地形,以及跟人类沟通交互的能力。为应对野外的高危环境,各机器人之间时刻保持局部位置上的某种关系,通过能力上的互补及增加冗余度来增强多机器人系统的鲁棒性。图 9.6 所示为地质勘探机器人。

图 9.6 地质勘探机器人

3. 救灾机器人群

要多机器人按照某个几何队形编队开赴灾难现场,首先要利用外部传感器,对自身位置及周边环境进行定位,结合队列中各个体当前位置的几何模型,对现场进行二维或三维重构,重建灾难现场的地图。灾难现场的地形往往比较复杂而不易行动,搜救机器人可以按照实际地形环境编排搜救队列,有条不紊地实施搜救任务。搜救过程也会碰到很多需要多机器人合作搬运的情形,这实际是一个具有约束条件的多机器人系统队形保持问题。在该问题中,对多机器人系统的约束条件是,参与搬运工作的各个机器人的空间相对位置保持不变,每个机器人必须具有相同的运动速度和运动方向。图9.7所示为地震救灾搜寻机器人。

4. 无人搬运车

AGV(automated guided vehicles)又名无人搬运车、自动导航车、激光导航车。其显著的特点是无人驾驶,AGV装备自动导航系统,可以保障系统在不需要人工引航的情况下就能够沿预定的路线自动行驶,将货物或物料自动从起始点运送到目的地。在未知的环境中,AGV通过自身携带的内部传感器(编码器、IMU等)和外部传感器(激光传感器或视觉传感器)对自身进行定位,并在定位的基础上利用外部传感器获取的环境信息增量式地构建环境地图。图9.8所示为无人搬运车。

图9.7 地震救灾搜寻机器人

图9.8 无人搬运车

5. 无人机察打一体化系统

无人机察打一体化系统是采用认知无线电协议破解(cognitive radio protocol cracking,CRPC)技术及同频干扰技术解决无人机的侦测、识别、防御低空安防等问题。系统可对保护区的无人机进行无源侦测、区分敌我、大功率干扰,可用于机场、监狱、重要基地、体育场馆及重大活动场合的低空安全防御。察打一体化无人机是未来无人机发展的一个重要方向,西方各国纷纷投入大量财力、物力加以研究。美国"捕食者"系列无人机在几次高技术局部战争中表现优异,已经成为世界察打一体化无人机序列中的佼佼者。图9.9所示为美国"捕食者"系列无人机。

9.3.4 多机器人编队导航的发展趋势

从国内外的大量研究成果中可以归纳出多机器人编队导航的一些发展趋势。

(1)导航精度不断提升。突破传感器的使用限制,如在无人机上使用双目视觉传感器,在空空导弹上使用星敏感器等。更多传感器的组合应用,甚至新型传感器的研制及应用(如激光雷达、无陀螺捷联惯性导航系统、集成光波导陀螺)。对于组合导航传感器误差分析与补偿方法的突破,都从硬件层面上提高了导航精度。

图 9.9 美国"捕食者"系列无人机

（2）编队导航系统稳定性及智能化水平不断提高。神经网络、模糊算法等技术的应用，在获得信息冗余度高和智能信息处理技术的驱动下，自主编队、智能检测和诊断故障及导航容错处理等能力进一步增强。以上从软件层面改善了系统的导航稳定性。

（3）编队导航深度、导航对象数量不断提升。编队导航的区域范围不断扩大，并向协同体系"去中心化"方向发展。目前除了类似"蜂群式"的小型多对象协同外，其余编队导航系统的子对象相对较少。因此，未来会在保证良好信息交流与导航性能的前提下向大型集群系统的编队导航方向发展。

第 10 章　智能机器人的前沿 AI 技术

新一代人工智能正在全球范围内蓬勃兴起,智能机器人被广泛应用于工业制造、医疗卫生、交互服务等各个场景中。智能机器人的蓬勃发展离不开新一代人工智能技术的强有力支持。本章将主要从机器学习、智能交互技术等方面介绍智能机器人的前沿 AI 技术。

10.1　新一代人工智能技术

"人工智能"的概念第一次提出是在 1956 年的达特茅斯人工智能研究会议上。当时的科学家主要讨论了计算机科学领域尚未解决的问题,期待通过模拟人类大脑的运行解决一些特定领域的具体问题。首次提出了把利用计算机进行的复杂信息处理称为"人工智能"(artificial intelligence),简称 AI。简言之,人工智能是研究开发用于模拟、延伸和扩展人的智能的理论、方法、技术及应用系统的技术科学,其主要目标是使人工智能机器能够胜任那些需要人类智能才能完成的专业工作。

人工智能的发展一共经历了 3 次浪潮,如图 10.1 所示。

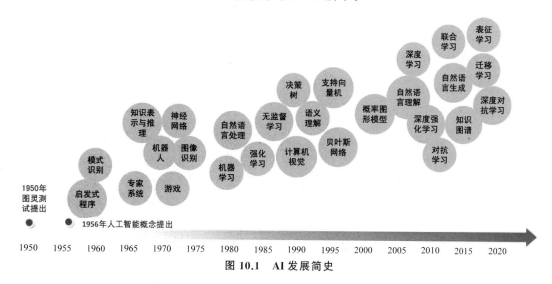

图 10.1　AI 发展简史

(1) AI 的第 1 次浪潮。第 1 次浪潮与图灵和他在 1950 年提出的"图灵测试"紧密相关。1966 年,MIT 的教授 Weizenbaum 发明了一个可以和人对话的小程序——Eliza,轰动世界。

图灵测试以及为了通过图灵测试而开展的技术研发都在相当长一段时间里推动了人工智能的飞速发展。

（2）AI的第2次浪潮。第2次浪潮出现在1980—1990年,语音识别是最具代表性的几项突破性进展之一。当时,语音识别主要分成两大流派:专家系统和概率系统。专家系统严重依赖人类的语言学知识,可拓展性和可适应性都很差,难以解决"不特定语者、大词汇、连续性语音识别"这三大难题。而概率系统则基于大型的语音数据语料库,使用统计模型进行语音识别工作。中国学者李开复在这个领域取得了很大成果,基本上宣告了以专家系统为代表的符号主义学派(symbolic AI)在语音识别领域的失败。

（3）AI的第3次浪潮。第3次浪潮始于2006年,很大程度上归功于深度学习的实用化进程。深度学习的兴起建立在以杰弗里·辛顿为代表的科学家数十年的积累基础之上。简单地说,深度学习就是把计算机要学习的东西视为大量的数据,丢进一个复杂的、包含多个层级的数据处理网络,检查结果数据是否符合要求。如果符合,就保留这个网络作为目标模型;如果不符合,就不断调整网络参数,直到输出满足要求为止。

10.2　机器人智能化

10.2.1　机器人是人工智能的实体化

在人工智能的加持下,智能化机器人应运而生。机器人的外延及边界已被扩大数倍,新物种的诞生及传统设备的智能化将共同驱动"机器人"产业以十倍及百倍速度增长。

人工智能技术带给机器人质的改变,主要在于以下两方面。

（1）智能化大幅提升。可升级:传统机器人无法实现软件算法的在线升级,智能化机器人能够通过软件算法的迭代持续提升性能,让机器人的能力在理论上没有上限。可进化:机器人应用规模越大,收集的数据越多,算法迭代越完善,机器人越好用。

（2）智能化场景适用性提升。随着AI的加持,机器人智慧程度线性增加,机器人适用性大幅增加,可适用的场景及价值以指数级别增加。AI技术将会是机器人全面爆发的最大变量,机器人产业的爆发极有可能导致不断出现"新物种"和新的机器人。

10.2.2　机器人智能化三要素

智能化是逐步让机器人具有自主智能,其发展路径从学习单一任务开始,举一反三,逐步达到与环境动态交互的主动学习,最终实现自我进化的高级智能。当前可通过迁移学习、元学习和自主学习等技术寻找生成自主智能的可行路径。尽管在智能的4个层面上(数据智能、感知智能、认知智能、自主智能)取得了重大进展,但目前仅通过计算/统计模型还难以从极其复杂的场景中实现机器人的完全智能。

人工智能主要解决机器人智能化所需要的算法和技术,具体包括以下3方面要素。

1. 感知要素

机器人的感觉器官用来认识周围环境状态以及和外界环境进行交互,包括能感知视觉、接近、距离等的非接触型传感器和能感知力、压觉、触觉等的接触型传感器等。

提升机器人的智能感知能力,在机器人系统中有至关重要的作用。感知智能的重点是多模态感知、数据融合、智能信号提取和处理。机器人感知智能研究中最热门的领域是模拟人类的 5 种感觉能力,即视觉、听觉、嗅觉、味觉和触觉,还包括温度、压力、湿度、高度、速度、重力等传统物理量采集。数据识别是感知智能的核心功能,需要对图像、视频、声音等各类数据进行大规模的数据采集和特征提取,完成结构化处理,结合大量的计算或数据训练来提高其性能。

2. 决策要素

决策要素也称为思考要素,根据传感器收集的数据思考出采用什么样的动作。智能机器人的决策要素是 3 个要素中的关键,包括判断、逻辑分析、理解等方面的智力活动。这些智力活动实质上是一个信息处理过程,而计算机则是完成这个处理过程的主要手段。

在机器人决策环节中,让机器人自身的硬件处理多少计算任务是一个关键问题。通常情况下,如果任务的执行依赖多个机器人采集的多点数据,那么计算任务就更可能在多点数据汇集起来后被放在远端的云服务器上处理,在一个“大脑中枢”规划了每一个机器人的路径后,每个机器人执行自己接收到的指令。

3. 控制要素

控制要素也称为运动要素,是对外界做出反应性动作;对控制要素来说,智能机器人的移动机构可以是轮子、履带、支脚、吸盘、气垫等,以适应平地、台阶、墙壁、楼梯、坡道等不同的地理环境。实时控制不仅要包括位置控制,还要有力度控制、位置与力度混合控制、伸缩率控制等。

人工智能技术进行机器人的智能控制,是通过传感器获取周围环境的知识,根据近年来人工神经网络、模糊算法、专家系统、遗传算法等技术,根据自身内部的知识库做出相应的决策动作,使得机器人具有很强的环境适应能力和自学习能力。生肌电一体化是近年来快速发展的前沿科学技术,它通过生物体运动执行系统,感知系统,控制系统等与机电装置(机构、传感器、控制器等)的功能集成,使生物体或机电装备的功能得到延伸。

10.3　机　器　学　习

人工智能技术发展需要 3 个要素:数据、算法和算力。今天的人工智能热潮主要就是由于机器学习,特别是其中的深度学习、强化学习、迁移学习技术取得巨大进展,而且是在大数据、大算力的支持下发挥出巨大的威力,才使 AI 在机器人领域具有巨大的应用前景。

10.3.1　深度神经网络

机器人发展的趋势是人工智能化,深度学习是智能机器人的前沿技术,也是机器学习领域的新课题。深度学习被广泛应用于各个领域,与机器人的有机结合能设计出具有高效率、高实时性、高精确度的智能机器人。

深度学习可以简单理解为多层的神经网络模型,这里简约介绍几种典型的神经网络架构。

1. CNN 网络

CNN 的本质是一种采用监督方式训练的面向两维形状不变性识别的特定多层感知机,

每层由多个二维平面组成,而每个平面由多个独立神经元组成,专门用来处理具有类似网格结构的数据的神经网络。如图 10.2 所示,CNN 的结构大致可以分为 3 层:卷积层、池化层和全连接层。

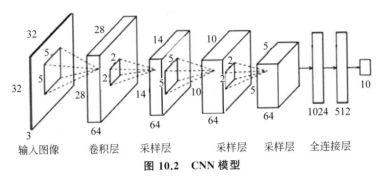

输入图像　　卷积层　　采样层　　　采样层　　采样层　　全连接层

图 10.2　CNN 模型

1) 卷积层

卷积层依赖于卷积计算,通过卷积运算可以提取输入图像的特征,使得原始信号的某些特征增强,并且在一定程度上降低噪声。利用不同卷积算子对图像进行滤波,得到显著的边缘特征。同时,为了使特征提取更加充分,可以添加多个卷积核(滤波器)提取不同的特征。

2) 池化层

池化层的原理是对图像进行下采样,在减少数据处理量的同时保留有用信息。采样可以混淆特征的具体位置,因为某个特征找出来后,它的位置已经不重要了,只需要知晓这个特征和其他特征的相对位置即可。因此池化层的主要作用是在语义上把相似的特征合并起来,具有一定程度的位移、尺度、形变的鲁棒性,可以消除输入图像的部分畸变与位移等的影响。

3) 全连接层

全连接层采用 softmax 全连接,得到的激活值即卷积神经网络提取到的图片特征。卷积后得到多组特征,池化后会对特征进行聚合。卷积池化的多次叠加自动提取图片中的低级、中级、高级特征,实现对图片的高精度分类。

2. VGG 网络

VGG 是牛津大学科学工程系计算机视觉组(visual geometry group)2014 年提出的。在其发表的论文中,一共提及 4 种不同深度层数的卷积神经网络,分别是 VGG11、VGG13、VGG16 和 VGG19。如图 10.3 所示,这几种网络结构除了网络深度,本质并没有什么区别,增加网络的深度能够在一定程度上影响网络的最终性能。

在 VGG 网络中,通过使用多个较小卷积核(3×3)的卷积层可以替代一个卷积核较大的卷积层,这也是 VGG 系列网络的一大特色之一。使用小卷积核不仅可以减少参数,还可以进一步增加网络的拟合能力。更深的层数和逐渐递增的通道数,也使得 VGG 网络可以从数据中获取更多的信息。

3. ResNet 网络

ResNet(residual neural network)由微软研究院的何凯明等 4 名华人提出,通过使用 ResNet Unit 成功训练出了 152 层的神经网络,并在 ILSVRC 2015 比赛中取得冠军,在 Top

ConvNet Configuration					
A	A-LRN	B	C	D	E
11 weight layers	11 weight layers	13 weight layers	16 weight layers	16 weight layers	19 weight layers
input(224×224 RGB image)					
conv3-64	conv3-64 **LRN**	**conv3-64** conv3-64	conv3-64 conv3-64	conv3-64 conv3-64	conv3-64 conv3-64
maxpool					
conv3-128	conv3-128	**conv3-128** conv3-128	conv3-128 conv3-128	conv3-128 conv3-128	conv3-128 conv3-128
maxpool					
conv3-256 conv3-256	conv3-256 conv3-256	conv3-256 conv3-256	conv3-256 conv3-256 **conv1-256**	conv3-256 conv3-256 **conv3-256**	conv3-256 conv3-256 conv3-256 **conv3-256**
maxpool					
conv3-512 conv3-512	conv3-512 conv3-512	conv3-512 conv3-512	conv3-512 conv3-512 **conv1-512**	conv3-512 conv3-512 **conv3-512**	conv3-512 conv3-512 conv3-512 **conv3-512**
maxpool					
conv3-512 conv3-512	conv3-512 conv3-512	conv3-512 conv3-512	conv3-512 conv3-512 **conv1-512**	conv3-512 conv3-512 **conv3-512**	conv3-512 conv3-512 conv3-512 **conv3-512**
maxpool					
FC-4096					
FC-4096					
FC-1000					
softmax					

图 10.3　VGG 系列的网络模型

5 上的错误率为 3.57%，同时参数量比 VGG 神经网络低，效果非常突出。

　　ResNet 中最重要的结构就是残差块，是由多个卷积层相互连接形成的。形成的每个残差块相互连接，每个残差块利用了恒等跳跃式连接的方式。如图 10.4 所示，输入直接来自给定的图像数据，然后用于训练每个残差块中的网络结构，这也被称为恒等映射。传统的卷积网络或全连接网络在信息传递时或多或少会存在信息丢失、损耗等问题，还有导致梯度消失或者梯度爆炸，导致很深的网络无法训练。ResNet 在一定程度上解决了这个问题，通过直接将输入信息绕道传到输出保护信息的完整性，整个网络只需要学习输入、输出差别的那一部分，简化学习目标和难度。

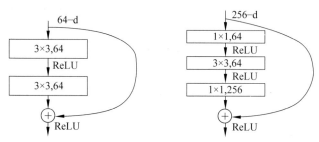

图 10.4　残差块结构

　　可见，ResNet 的结构可以极快地加速神经网络的训练，模型的准确率也有较大的提升。同时 ResNet 的推广性非常好，甚至可以直接用到 InceptionNet 网络中。

4. YOLO 算法

YOLO 算法是经典的目标检测算法之一,随着算法的改进,版本也从 YOLO V1 逐渐演变到了 YOLO V7。最经典的 YOLO V1 是典型的端到端目标检测算法,采用卷积神经网络提取特征,主干特征提取网络的基础是 GooLeNet,与其他目标检测算法不同的是,它使用划分网格的策略来对目标进行检测。

1) YOLO V1 算法流程

如图 10.5 所示,YOLO V1 的检测流程如下。

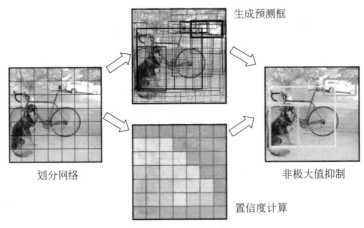

图 10.5　检测流程

(1) 划分网格。将原图像划分为 7×7 的网格。

(2) 生成预测框。每个网格生成 2 个边界预测框和置信度信息,进行物体的框定和分类,一共有 98 个边界预测框。

(3) 置信度计算。计算每个预测框的置信度信息。

(4) 去除重复框。通过非极大值抑制得到最后的预测框。

置信度包含预测框中含有目标的可能性和预测框的准确度。假设 YOLO V1 算法可以检测出 n 种类别的目标,则该单元格中检测出的目标属于 n 个分类的置信度概率可以表示为 $P_r(\text{class}_i | \text{object})$。各个边界框类别的置信度如下所示:

$$P_r(\text{class}_i | \text{object}) * P_r(\text{object}) * \text{IoU}_{\text{pred}}^{\text{truth}} = P_r(\text{class}_i) * \text{IoU}_{\text{pred}}^{\text{truth}} \qquad (10.1)$$

式中,$P_r(\text{class}_i) * \text{IoU}_{\text{pred}}^{\text{truth}}$ 是置信度,而 $\text{IoU}_{\text{pred}}^{\text{truth}}$ 是预测框和实际框的交并比。

2) YOLO 算法的优势

(1) 执行速度快。由于 YOLO V1 算法的流程比较简单,执行检测任务时,不需要提取输入内容的候选区域,因此与其他目标检测算法相比,执行速度很快,基本能达到 40～50fps。而在 V1 算法的基础上进行轻量化处理的 Fast YOLO 算法,其检测速度甚至能达到标准 YOLO V1 算法的 3 倍以上。

(2) 准确率高。当输入的图片中待检测目标与背景相近时,不会将背景误检成目标,背景误检率比较低;除此之外,其他目标检测算法是基于滑动窗口的,每个滑动窗口的大小不一,无法在整体上对输入图片进行检测,而 YOLO V1 支持输入整张图片,无须采用滑动窗口的方式,所以极少会出现将背景误检为目标的情况,因此检测的准确度较高。

（3）泛化能力强。检测比较抽象的图片时，例如国画、油画等画作，能够很好地学习目标的概化特征，降低检测的错误率。因此，YOLO 系列算法具有优秀的检测速度和通用性。

10.3.2 生成式对抗网络 GAN

2014 年，兰·古德费罗等首次提出生成式对抗网络（generative adversarial nets，GAN），通过生成器和判别器互相竞争对抗来生成数据，引起学术界的关注。经理论与工程验证，GAN 网络在图像、文本、音频等领域具有广泛的适用性。

GAN 的基本结构如图 10.6 所示，它由一个生成模型（generative model，G）和一个判别模型（discriminative model，D）构成。生成模型可以看作一个样本生成器，通过输入一个随机噪声 Z 并且模仿真实数据样本的分布，尽可能使生成的假样本拥有与真实样本一致的概率分布。判别模型用来判别输入的样本是否为真实样本，输出值为 0 或 1，相当于一个二分类过程。

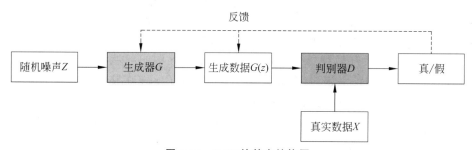

图 10.6　GAN 的基本结构图

目标函数如式（10.2）所示：

$$\min_G \max_D V(G,D) = E_{x \sim p_{\text{data}}(x)} \log D(x_i) + E_{x \sim p_z(z)} \log(1 - D(G(z_i))) \qquad (10.2)$$

训练 GAN 网络相当于动态博弈过程，通过交替训练 GAN 的生成模型与判别模型不断地调整参数，最终使判别器无法判别生成器的输出结果是否为真，达到使生成器生成以假乱真数据样本的目的。

10.3.3 强化学习

2016 年，DeepMind 公司主要基于强化学习算法研发的 AlphaGo 程序击败人类顶尖的职业围棋选手这一消息震惊了全世界。强化学习方法起源于动物心理学的相关原理，模仿人类和动物学习的试错机制，是一种通过与环境交互，从学习状态到行为的映射关系，以获得最大累积期望回报的方法。

状态到行为的映射关系也即策略，表示在各个状态下智能体采取的行为或行为概率。强化学习最大的特点是在与环境的交互中进行学习。在与环境的互动中，智能体根据它们获得的奖励和惩罚不断学习，以更好地适应环境。这与人类学习知识的过程非常相似，在未知采取何种行为的情况下，智能体必须通过不断尝试才能发现采取哪种行为能够产生最大回报。因此，强化学习被视为实现通用人工智能的重要途径。

强化学习的核心思想是试错机制，即让智能体在与环境的交互过程中不断学习和反馈，以获得最大的累计奖励。通常可以使用马尔可夫决策过程对 RL 问题建模，表示为一个五

元组($S,\boldsymbol{P},A,R,\gamma$),其中 S 代表一个有限的状态集合,A 代表一个动作集合,$\boldsymbol{P}$ 代表一个状态转移概率矩阵,R 代表一个回报函数,γ 代表一个折扣因子,具体的学习过程如图 10.7 所示。

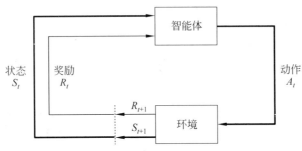

图 10.7　强化学习模型

为了获得环境反馈给智能体的最大奖励,智能体根据环境的即时状态 S_t 选择并执行它认为的最优动作 A_t。环境接受动作 A_t 后,以一定概率转移到下一状态 S_{t+1},并把一个奖励 R_t 反馈给智能体,智能体根据奖励 R_t 和当前状态 S_{t+1} 选择下一个动作。而 t 时刻的累计奖励 R 就是即时奖励 R_t 与后续所有可能采取的动作和导致的环境状态的价值之和。由于距离当前状态越远,不确定性越高,需要乘以一个折扣因子 γ 来调整未来的每个即时奖励对于累计奖励的影响。累计奖励公式 R 表示如下:

$$R = R_t + \gamma R_{t+1} + \gamma^2 R_{t+2} + \cdots + \gamma^{k-1} R_{t+k-1} = \sum_{k=0} \gamma^k R_{t+k} \tag{10.3}$$

如果 Agent 的某个行为策略导致环境对 Agent 正的奖赏(reward),则 Agent 以后采取这个行为策略的趋势会加强。反之,若某个行为策略导致了负的奖赏,那么 Agent 此后采取这个动作的趋势会减弱。

如图 10.8 所示,Agent 在环境那里得到观测值,看到一杯水,接着 Agent 采取了一个动作,然后把水打翻,环境就会将这个负向的奖励值传输给 Agent,告诉它不要这样做,Agent 就得到一个负向的奖励值。

在强化学习中,这些动作都是连续的,如图 10.9 所示,因为水被打翻了,接下来 Agent 得到的观测值就是水被打翻的状态,它会采取另外一个动作,这个动作把打翻的水擦干净,环境觉得这个动作做得是对的,就给 Agent 一个正向的奖励值。Agent 通过不断的试错和选择得到最大的奖励值,从而学习到最优的策略。

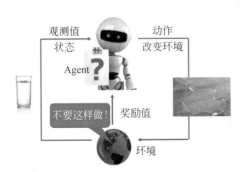

图 10.8　强化学习的应用场景 1

图 10.9　强化学习的应用场景 2

人工智能的目标是赋予机器像人一样思考的能力。更进一步,希望创造出像人类一样具有自我意识和思考的人工智能。强化学习与监督学习的不同之处在于,监督学习涉及以执行任务的正确动作集的形式向代理提供反馈。相比之下,强化学习使用奖励和惩罚作为积极和消极行为的信号,它可以从自己的经验和行为中学习,对机器人自己创建一个高效的自适应控制系统至关重要。

10.3.4　迁移学习

在机器学习、深度学习和数据挖掘的大多数任务中,都会假设训练集和测试集的数据服从相同的分布,具有相同的特征空间。但在现实应用中,这个假设很难成立,往往会遇到训练样本和测试样本数据分布不一致、带标记的训练样本数量有限等问题。

迁移学习(transfer learning,TL)方法成为解决上述问题的有效途径。它主要是运用已有的知识对不同但相关领域的问题进行求解,从根本上放宽了传统机器学习的基本假设。它打破了传统机器学习对测试数据与训练数据必须同分布的要求,是一种跨领域、跨任务的学习方法。迁移学习可以使训练过程中的时间成本和计算资源大大降低,获得了广泛的关注和应用。

迁移学习的基本思路是从一个或多个源领域(source domain)任务中抽取知识和经验,然后应用到一个目标领域(target domain)中去。假设一个有标签的数据集为

$$\{X,Y\} = \{x_i, y_i\}_{i=1}^{n} \tag{10.4}$$

其中,x_i 为数据集中的第 i 个样本,y_i 为其标签。

定义 χ 为描述样本 X 的特征空间,$P(X)$ 为 X 的边缘概率分布,X 的特征空间表示为

$$X = \{x_i\}_{i=1}^{n} \in \chi \tag{10.5}$$

定义 γ 为描述标签 Y 的标签空间,$f(X) = P(Y|X)$ 为条件概率分布,Y 的标签空间表示为

$$Y = \{y_i\}_{i=1}^{n} \in \gamma \tag{10.6}$$

在迁移学习中,定义域 D 被定义为由样本的特征空间及其边缘概率分布的集合,即 $D = \{\chi, P(X)\}$;任务 T 被定义为由标签的标签空间及目标预测函数的集合,即 $T = \{\gamma, f_t(\cdot)\}$。对于给定源域 D_s 和对应的任务 T_s,给定目标域 D_t 和对应任务 T_t,迁移学习旨在在 $D_s \neq D_t$ 或 $T_s \neq T_t$ 的条件下,通过在源域 D_s 和源任务 T_s 获得的知识来帮助模型解决在目标域 D_t 上的目标任务 T_t 的预测函数 $f_t(\cdot)$,使得 $f_t(\cdot)$ 在目标域 D_t 上拥有最小的预测误差。迁移学习的过程如图 10.10 所示。

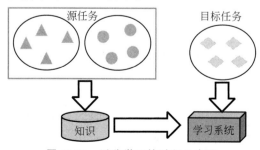

图 10.10　迁移学习的过程示意图

根据领域、任务及数据监督性的不同,迁移学习可以划分为 4 个不同的类别。

1. 基于实例的迁移学习

现有的迁移学习研究大多都建立在源域和目标域相似度较高的全局约束下。尽管整个源域数据不能直接被用到目标域数据里,但还是可能在源域中找到一些可以重新被用到目标域中的数据。基于实例的迁移学习方法根据一定的权重生成规则,对相同或相似的数据样本调整权重,进行重用,迁移学习后的预测效果更准确。

2. 基于特征的迁移学习

基于特征的迁移学习方法是指通过特征变换的方式进行迁移,来减少源域和目标域之间的差距。在机器学习的训练过程中,筛选出一些好的有代表性的特征,通过特征变换把源域和目标域的特征变换到同样的空间,使这个空间中源域和目标域的数据具有相同的分布,然后利用传统的机器学习进行分类和预测研究。

3. 基于模型的迁移学习

假设源域任务模型和目标域任务模型之间可以共享一些参数,或者共享模型超参数的先验分布,基于模型的迁移学习方法就是将源域任务模型可以共享的参数迁移到新的目标域任务的模型上。在机器学习训练中,这种方法可以节省大量的时间成本和计算资源,使训练过程更高效、更快捷。

4. 基于关系的迁移学习

基于关系的迁移学习方法重点关注源域和目标域样本之间的关系,利用源域中的逻辑网络将相似的关系进行迁移,比如生物病毒传播到计算机病毒传播的迁移,师生关系到上司下属关系的迁移。统计关系学习是基于关系的迁移学习方法的主要技术。

目前,机器人的人工智能能力需要使用大量数据进行学习,数据量对它来说无比重要。但对于很多机器人来说,特定任务的标记数据并不足以支持系统建构。因此,迁移学习能够把大数据得到的模型迁移到小数据上,让机器人摆脱对大数据的严重依赖,使机器人学会举一反三。对于数据量较少的特定垂直领域而言,迁移学习可能是其实现智能化的最佳途径。

10.4 智能交互技术

智能交互是人与机器之间使用某种对话语言,以一定的交互方式,为完成确定任务的人与机器之间的交换过程。整个交互系统中从接入用户的输入信息开始,包括语音、表情、手势等多模态信息。我们在对话系统中对输入的信息进行理解,通过这个对话部分以后产生输出,最后用文字、合成语音或行为展现出来。

目前,新型的人机交互方式主要有语音交互、姿势交互、触摸交互、视线跟踪与输入、脑机交互、肌电交互、表情交互、虚拟现实和增强现实以及多通道交互等。

10.4.1 语音交互

语音交互是让机器能够听懂人说话,并根据人的话语执行相应的命令。语言是人类最重要的交流方式,如果机器能与人进行语音交互,将使人们享受到更加轻松、自然的交互体验。

语音交互的关键技术主要包括语音识别、语音合成和语义理解。语音识别对用户的语言进行特征分析，将其转换为相应的文本或计算机系统可识别的命令；语音合成将文本转换成机器合成的语音；语义理解技术是从语音识别输出的文本中获取语义信息，从而理解用户的意图。

10.4.2　姿势交互

姿势交互是通过穿戴/移动式传感技术或计算机视觉技术对人体各个部位的状态和动作进行检测和识别。穿戴/移动式传感技术通过各种传感设备主要感知以下 3 类信息：形状变化、平移及旋转运动、方位与距离。计算机视觉技术则是通过各种波长的电磁波来感知躯体动作。利用穿戴/移动式传感技术实现姿势交互是一种主动感知，其精度较高，但附属感、侵入性较强。利用计算机视觉技术实现姿势交互是一种被动感知，不需要穿戴额外的设备，交互体验更加自然，但对动作和姿势的识别精度略逊一筹。

姿势交互方式利用人的姿势行为主要分为以下几类。

（1）手部与手臂姿势交互。五指和手臂的运动最精细复杂。可以用手指动作来完成点选、绘画等操作；用手部动作来合成乐声，操控虚拟物品；用手持设备来进行球类、驾驶等种种运动游戏。

（2）头部姿势交互。头部姿势包括"空间姿势"和"移动姿势"。头部的空间姿势能提供空间参照和方向指示，进而实现对系统的操控，尤其是当人们因自身、任务、环境或其他因素而无法使用键盘、鼠标或手势操控时，头部运动及姿势的追踪与识别可以满足用户诉求；空间姿势也能指示人的视野与注意力状态，由此判断人是否分心或疲劳，甚至可以预测人的意图，在人和机器人交互、辅助驾驶等方面大有可为。头部姿势在交谈中往往具有明确的语义值，比如，点头表示呼应或同意，摇头表示不解或不同意等，这些移动姿势可以控制交谈进程，也能表示人的心理状态，有利于系统进行对话分析、手势识别。

（3）全身姿势交互。当人们主动地输入时，可以用全身动作来操控游戏角色，进行美术创作、音乐合成、舞蹈交互等；当人们没有主动与系统交互时，系统也乐意主动感知人们的全身姿态，以分析人们当下的状态，如家庭护理的检测系统能够主动探知人们是否摔倒，故事类游戏的智能环境系统能根据玩家动作来推进故事情节，这种交互方式让人们无形中与系统进行交互，大大提升了人机交互的自然性。

10.4.3　触摸交互

触觉是人们感知物理世界的重要方式。人全身的皮肤上处处有能感知温度、湿度、压力、震动、痛觉等多种感觉的触觉感觉细胞，它们在指尖上的分布尤为密集，所以人们的手指触觉非常敏感，在很多情况下几乎可以替代视觉和听觉。因此触摸式交互界面在人机交互领域大有可为。

触摸界面是一种"能把数字信息结合于日常的实体物件与物理环境中，从而实现对真实物理世界的增强"的用户界面。具体而言，就是用户通过物理操控（如倾斜、挤压、摇晃等）进行输入，系统感知到用户输入后，以改变某物件物理形态（如显示、收缩、震动等）的方式为用户提供反馈。

表 10.1 给出了不同种类触摸屏的性能对比。其中,相比其他触摸屏技术,电容触摸屏(capacitive touch panel,CTP)在透光率、分辨率、耐用性、成本、多重触摸性与输入方式等方面具有明显优势。

表 10.1 不同种类触摸屏的性能对比

性质	种类							
	电阻式	投射电容式	表面电容式	红外式	表面声波式	弯曲波式	数字式	光学成像式
透光率	一般	好	好	优	优	优	差	优
分辨率	优	一般	好	差	好	好	优	好
耐久性	一般	优	优	优	优	优	优	优
成本	低	中等	中等	高	中	中	中	中
手写	优	差	好	差	一般	差	优	好
多重触摸	不支持	支持	不支持	支持	支持	不支持	不支持	支持
主要显示尺寸	1~20in	2~10in	10~20in	<3in, 20~50in	10~36in	10~42in	10~19in	19~100in

10.4.4 视线跟踪与输入

人们观察外部世界时,眼睛总是与其他人体活动自然协调地工作,并且眼动所需的认知负荷很低,人眼的注视包含着当前的任务状况以及人的内部状态等信息,因此眼注视是一种非常好的能使人机对话变得简便、自然的候选输入通道。眼动测量方法经历了早期的直接观察法、主观感知法,后来发展为瞳孔—角膜反射向量法、眼电图法、虹膜—巩膜边缘法、角膜反射法、双普金野象法、接触镜法等。

目前,根据用户眼动信息发挥的不同作用和特点,眼动交互技术可分为视线反馈技术、视线点击技术和视线输入技术。

(1)基于自然眼动信息的视线反馈技术。视线反馈技术指的是一种基于视线眼动信息,通过反馈来促进视觉操作绩效的交互技术。这种技术在人机交互过程中由眼动系统收集用户的自然眼动信息,对眼动信息进行分析,利用用户的眼动频率信息来显示必要的附加信息以及关联的信息,或者在保持全局信息呈现的前提下,利用用户的眼动注视时间信息来局部显示放大用户的感兴趣区域,从而帮助用户更有效地完成视觉搜索作业。

(2)基于视线操作的视线点击技术。用于点击操作的眼控技术主要是通过收集显示屏上用户注视点的坐标,再结合其他用户行为来代替传统鼠标部分功能的交互技术。

(3)利用视线行为进行输入的视线输入技术。眼控技术的另一种重要用途是视线输入技术,它在用户对特定输入规则进行学习的基础上,结合计算机的识别和编码,将视线移动的轨迹序列或一定的停留时间编译为输入特定字符的指令,即利用视线动作完成数字字母等字符的输入任务。

10.4.5 脑机交互

脑机交互是人机交互的重要方向,依靠人的脑波信号直接识别翻译成为机器的指令。显然,这是一种直接的人机交互方式,将会对人机交互方式产生革命性的影响。

脑机交互的实现有赖于脑功能的研究。脑功能的研究手段可分为以下几类。

(1)侵入式脑功能研究。就是把电极植入到脑内,形成皮质脑电图。

(2)非侵入式脑功能研究。一种非侵入式 MEG(脑磁信号)设备,体量通常较大。另一种非侵入式设备是利用 EEG(脑电)信号,特点是设备非常小,非常便宜,可以做成便携式装置,实用性很好。

通过脑电识别,人们可以探索人脑,发现感知认知机理,解释逻辑推理过程,提供有效的人工智能研究手段和技术途径。脑电信号分析是人工智能研究的一个重要部分。近年来,脑电信号处理研究的飞速发展,脑机接口技术使得脑机交互这一设想成为可能。如图 10.11所示,脑机接口技术使用在头皮或皮层神经元记录的脑电活动,并把它转换为对外界的控制信号。通过脑机接口,人可以直接通过脑来表达想法或操纵设备,而不需要通过语言和肢体动作。

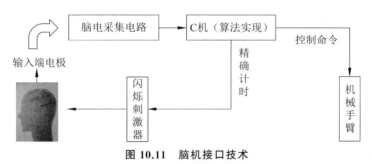

图 10.11 脑机接口技术

脑电信号直接反映人脑的活动和认知特性,可以做情绪、疾病的监测和脑机交互。它的应用领域和前景非常广阔,比如在人工智能领域,它可以探索人脑活动和认知规律,在脑机交互上也可以帮助残疾人来控制轮椅等设备。在情绪监测上可以感知人的工作状态、压力和焦虑等。

另外,脑电信号分析研究目前仍存在不少问题。主要包括以下几点。

(1)脑电信号的识别性能。脑电信号的信噪比非常低,因此识别准确率和计算复杂度通常难以满足实际应用需求。在研究中需要发现新的视觉驱动与脑电信号的相关性,即低信噪比脑电信号下的高准确识别理论。

(2)脑电信号的降噪方法。目前,针对脑电信号多通道、强噪声特点的有效降噪方法和分类理论尚不完善。

(3)脑电信号的多通道鉴别分析。针对脑电信号的多通道鉴别分析,现有分类模型和相关通道选择问题的思路尚不十分有效,缺乏理论性支持。在研究中,需要寻找和探索更有效的基于思维的脑机交互范式,探索基于人视觉感知机理的计算模型。

(4)脑机接口系统模式相对单一。研究中需要解决面向多种范式的思维脑控技术。

脑机接口技术是智能机器人的有力补充,有效的人机交互方式会提高智能机器人的智

能化与灵活性,随着对人脑结构与功能的认识愈加清晰,提取脑电信号技术手段不断提高,以及高效率、低成本计算机的出现,BCI 研究人员将研究出"更快、更准、更易"的 BCI 技术。

脑机接口机器人采用 BCI 进行人机交互,由人的思维控制机器人从事各种工作。脑机接口机器人不仅在残疾人康复、老年人护理方面具有显著的优势,而且在军事、人工智能、娱乐等方面也具有广阔的应用前景。

10.4.6　肌电交互

人体的任何一个动作都是由多组肌群在神经系统的支配下相互协调、共同完成的。肌肉组织运动时会产生微弱的(mV 级)电位变化,肌肉的活动信息不但能反映关节的伸屈状态和伸屈强度,还能反映动作过程中肢体的形状和位置等信息。可见,获取肌电信号变化是感知人体动作的重要方式,这可以由安装在相应肌群皮肤表面的表面肌电传感器来完成。

生肌电一体化是近年来快速发展的前沿科学技术,它通过生物体运动执行系统、感知系统、控制系统等与机电装置(机构、传感器、控制器等)的功能集成,使生物体或机电装备的功能得到延伸。该技术的发展可促进生肌电系统功能交互、神经信息学与神经工程、人机信息通道重建等新原理的发掘,带动康复工程领域的学术创新和康复医疗装备的技术进步。相关的理论和技术可辐射应用到智能机器人、特种环境作业装备、国防装备等有关国计民生的重大领域,具有重要的科学和战略意义。

生肌电一体化机器人与普通机器人相比,最大的特点就是将"固定在人体上的机器"发展为神经系统直接控制的运动功能替代装置,由人的神经电生理信号来控制假肢的行动。简单来说,就是你想什么,它就可以按照你的意愿做什么,等于恢复了正常的肌体功能,使机器人更加智能化。

10.4.7　表情交互

表情交互是指从给定的人脸静态图像或动态视频序列中分离出特定的表情状态,从而确定被识别对象的心理情绪,实现对表情的理解与识别,实现更优的人机交互。这种技术的重要性在于,人类在日常交流中,人脸表情可传递高达 55% 的信息。计算机对人类表情的识别和分析能够改善人际交流,尤其对残障人士的信息表达与理解具有重要意义。表情交互通常需要对面部表情进行追踪、编码、识别。其中,面部表情的识别是最关键的一步。

1872 年,著名生物学家达尔文首先提出面部表情与国家、种族和性别没有直接联系这一观点。1971 年,艾克曼和弗里森提出 6 种基本表情,即恐惧、悲伤、生气、惊讶、高兴和厌恶,并获得大部分研究学者认可,成为目前大部分表情识别研究工作的基础。1976 年,国际著名心理学家保罗·艾克曼描绘出了不同的脸部肌肉动作和不同表情的对应关系,创制了面部表情编码系统(facial action coding system,FACS),采用运动单元(action units,AUs)描述面部表情,对其进行分类与量化定义,成为如今面部表情的肌肉运动的权威参照标准。20 世纪 90 年代初,肯吉等对脸部的光流值进行了计算测量,并将其作为表情识别的特征,然后使用提取的特征向量实现面部表情的识别。1992 年,木村昭正提出了一种基于神经网络的表情识别方法,可以对 6 种基本的表情以及简单混合的表情进行识别,识别准确率达到70% 左右。2003 年,卡普尔等设计出一种更新的人脸动作分析系统,首先用红外相机跟踪到瞳孔位置,然后利用主成分分析(principle component analysis,PCA)方法提取表情特征,最后将支持向量机(support vector machine,SVM)作为分类器完成表情识别。2009 年,朴等利用主动表观模型(active appearance model,AAM)方法提取脸部特征点,进而测量特征点的移动,并采用动作放大技术完成对精细人脸表情的识别。2011 年,穆罕默德等首先利用局部单调模式(local monotonic pattern,LMP)提取表情的局部微模式信息作为表情特征,然后利用支持向量机实现对表情的分类,可取得较高的识别准确率。2014 年,刘等提出了一种特殊的深度置信网络 BDBN(boosted deep belief network),用于表情识别,首先把每一个图片分成 80 个图片小块,然后对每个小块分别建立深度置信网络,最后把这 80 个置信网络进行强化,建成一个强分类器,最终获得了很好的识别效果。

目前,表情交互研究主要针对静态图像、图像序列或视频中的二维、三维或四维数据提出大量的表情识别算法。除对人脸的 6 种基本表情以及中性表情的分析识别外,还有一些关于疼痛、微表情等的识别,这大大促进了表情识别在医学、心理学及助老助残上的应用。

10.4.8 虚拟现实和增强现实

虚拟现实技术是一种综合应用各种技术制造逼真的人工模拟环境,并有效模拟人在自然环境中的各种感知系统行为的高级人机交互技术。虚拟现实技术利用计算机生成三维视、听、触觉等感觉,使人通过适当装置,以虚拟的方式来体验,并和所虚拟的世界进行交互作用。

虚拟现实技术是 20 世纪末兴起的一门崭新的综合性信息技术,它融合了数字图像处理、计算机图形学、多媒体技术、传感器技术等多个信息技术分支,大大推进了计算机技术的发展。虚拟现实技术有 3 个特性,即沉浸感(immersion)、交互性(interaction)和思维构想性(imagination)。

虚拟现实技术主要包括以下 3 种类型。

(1)桌面式虚拟现实系统(desktop VR)。桌面式虚拟现实系统用电脑屏幕呈现三维虚拟环境,通过鼠标、手柄等进行交互。使用者可能因受到现实环境的干扰而缺乏沉浸体验,但由于成本相对较低,应用广泛。

(2)完全沉浸式虚拟现实系统(fully-immersive VR)。完全沉浸式虚拟现实系统需要佩戴沉浸式的输出设备(如头盔、具有力反馈的机械手臂等),以及头部、身体的追踪装置,从而确保其身体运动和环境反馈之间的精确匹配。可以将使用者的视觉、听觉与外界隔离,排除外界干扰,全身心投入虚拟世界中。目前,沉浸式的输出设备产品主要包括两种。一种是需要与电脑相连的虚拟现实头盔,Oculus Rift 和三星 Gear VR 产品的沉浸体验较好,但价格比较昂贵。另一种是需要配合手机的虚拟现实眼镜,Google Cardboard 和国内的暴风魔镜成本低廉且易于携带。

(3)分布式虚拟现实系统(distributed VR)。分布式虚拟现实系统将分散的虚拟现实系统通过网络联结起来,采用协调一致的结构、标准、协议和数据库,形成一个在时间和空间上互相耦合的虚拟合成环境,参与者之间可以自由交互和协同工作。这类系统最典型的代表是在国外得到广泛使用的多用户虚拟环境(multi-user virtual environments)Second Life 以及 Active World 平台。

增强现实技术是一项高新科技技术,通过立体显示、传感器、二维码、3D建模等技术充分调动用户的参与意识与互动思维,把现实世界与虚拟世界有机结合起来,营造出似真似幻的曼妙时空。增强现实的技术主要包括显示技术、识别技术、立体成像技术、传感技术等。就显示技术而言,则主要分为头盔式和非头盔式两种。就头盔式而言,依据影像呈现方式的不同,又可分为屏幕式与光学反射式。其技术区别如表10.2所示。

表10.2　屏幕式头盔显示和光学反射式显示技术的区别

技 术 选 型	屏幕式头盔显示	光学反射式显示
影像质量	真实世界的影像是计算机采集后的,有一定的数据压缩,质量不高	透过镜片直接可以到真实世界,临场感强,真实自然
虚实结合的融合度	摄像头采集到的画面容易进行调节与处理,技术优化空间宽泛	把虚拟影像投射在镜片上,与真实世界难于实现准确叠加,造成视觉混乱
虚实结合的真实感	人眼看到的是虚拟结合的画面,经处理后焦距一致,真实感较强,但屏幕限制较多	人眼看到的真实世界透视感强,虚拟影像的透视感弱,存在视差,易疲劳

随着移动互联网与智能手机的逐渐普及,人们逐渐把目光聚焦到手持显示设备(hand-held displays)、空间显示设备(spatial displays)以及可穿戴显示设备(wearable displays)上,希望借助最新的3D显示技术带来轻松、便携、愉悦的沉浸感受。在这股技术潮流中,手持显示在商业上最为成功。而裸眼3D技术因无须佩戴眼镜、立体透视感强烈、适应各种光线条件等优势,正逐渐被应用到各种电子屏幕上。空间显示是与环境密切融合的技术,它一般与使用者相分离,并能被多人同时使用,触摸虚拟对象可产生真实感。空间显示设备通常是显示器或投影仪。

与主流的屏幕显示技术相比,另外一个进展迅速的技术类型是全息影像(holography)。它是一种在真正意义上实现360°影像表达的技术,即从任意角度观看都会得到真实的立体效果。这种技术从最初的静态影像呈现,如身份证照片、防伪标志等,进化到如今的实时性、动态性、体积感等多种特性。从技术实现的方式而言,既有大型投影群的参与,也能见到微型投影器的身影。前者可在大型广场等户外举行虚拟展示、艺术表演等活动,而后者应用于智能手机、平板电脑、智能手表等可穿戴设备上,开发互动性体验、立体投影等新媒体功能,则更具有技术优势与发展潜力。此外,透明面板的发明也带给人们极大的想象空间,即把屏幕的光学折射特性应用到极致,透过屏幕可以看清后边的真实世界,使裸眼3D产生的虚拟空间与真实世界更容易叠合,而不借助摄像头进行影像的捕捉。这避免了光学反射式投影影像的对焦虚化,更避免了头盔式屏幕显示的影像质量的画质损失,因而是一种极具前景的增强现实技术。

10.4.9　多通道交互

从生物意义上说,人体在生活场景中的经历可以归结为各种生理器官的相互协作,主要有耳朵、皮肤、眼睛、鼻子、舌头等,与此对应便产生了多通道。多通道人机交互是指利用两种或多种通道的感知方式来进行交互,包括听觉、触觉、视觉、嗅觉、味觉等;多通道交互技术综合使用三维交互技术、语音识别与合成技术、自然语言理解技术、视线跟踪技术、姿势输入技术、触觉、力显示等新的交互通道、设备和交互技术,使用户可通过多通道,以自然、并行、协作的方式进行人机对话,融合来自不同通道的精确的和不精确的输入,以捕捉用户的交互意图,提高人机交互的自然性和高效性,最终达到以人为中心的交互方式。

第11章 家庭智能空间服务机器人系统

家庭服务机器人的研究历来主要关注机器人的定位、环境识别、运动规划等自身功能和智能。然而,由于软硬件发展的限制,这些机器人的能力有限,只能完成简单的任务,难以应对复杂应用。目前,市场上的家庭服务机器人多用于清洁、教育娱乐、草坪修剪等特定任务。随着智能空间技术和家庭服务机器人技术的交叉融合,产生了家庭智能空间服务机器人这一个新兴研究领域。

11.1 家庭智能空间服务机器人系统介绍

11.1.1 家庭服务机器人

随着机器人技术的不断发展,机器人的用途也在逐渐拓展,已经从传统的工业领域向军事、医疗、服务等领域渗透。国际机器人联合会关于服务机器人有一个初步的定义:服务机器人是一种半自主或全自主工作的机器人,能完成有益于人类的服务工作,但不包括从事生产的设备。从广义上说,服务机器人是指除工业机器人之外的各种机器人,主要应用于服务业,如家庭服务机器人、娱乐教育机器人、康复机器人、老年及残疾人护理机器人等。虽然服务机器人分类广泛,但一个完整的服务机器人系统通常由3个基本部分构成:移动机构、感知机构和控制系统。因此,与之对应的自主移动技术(包括环境建图、路径规划、定位与导航),感知技术,人—机交互技术就成为各类服务机器人的关键技术基础。

当前的家庭服务机器人研究和应用远远没有达到人类的期望,这其中一部分原因是当前对服务机器人本身,包括智能、自主等方面的研究还不成熟:首先,机器人的智能程度较为低下,目前机器人的服务功能往往是通过使用者预先对机器人设置定时启动,或通过遥控等设备发出指令为绝对前提,机器人缺乏主动智能;其次,机器人感知和自主运动能力尚待提高,为机器人本体配备更多的感知设备,难以从根本上解决机器人全局范围内有效信息的感知问题,反而导致了成本和计算开销的增加。因此,机器人进入家庭作业仍受到很大的限制,其基本功能如定位、导航和物体识别等仍是最具有挑战性的课题。

除了对机器人自身技术的研究尚不成熟,机器人不能胜任家庭服务工作的另一个关键因素在于家庭服务机器人所在工作环境的复杂性。其复杂性具体表现为以下几方面。

(1) 机器人的工作环境为较为拥挤、混杂的家庭环境,且动态性较高。

(2) 家庭目标种类繁多、特征各异,部分目标具有较强的移动性,并在家庭环境进出。

(3) 家庭环境和目标相辅相成,融为一体,并无明确的界限可分。

由于上述因素的影响,造成了家庭环境及其中目标的多而混杂、异质性和动态性,在此情况下,传统的只适合在特定条件、特定场合下完成简单任务的工作模式和处理方法将不能满足家庭服务机器人任务的需要。

11.1.2　智能空间

由于家庭环境的复杂性以及机器人自身能力的局限性,仅依靠服务机器人自身难以构建出实时更新的家庭环境地图,因此需要借助其他技术手段,智能空间作为一种新的技术思想,恰好满足了这种需要。近年来,伴随计算机、信息和网络技术的飞速发展,出现了基于普适计算理论的智能空间技术,它是一种新的复杂系统,通过普适传感器网络把大量多模态传感器安装在室内的多个位置,并将其与带有嵌入式处理器的计算设备进行互联,从而将计算智能分布和嵌入附有唯一识别标签的环境与日常目标中,以实现对环境及其中目标的随时、随地感知,满足各种特定任务的需要。可见,智能空间既可以提供对其所在环境的精确观测信息,又具备高效快速的信息处理能力。

智能空间的概念是由日本东京大学的桥本实验室于 1996 年率先提出来的,他们通过网络连接计算主机、摄像机、麦克风、显示器等设备,构建出最早的智能空间原型系统。截止到目前,国内外众多高校和企业研究机构已经对智能空间理论及其关键技术展开了广泛研究,如美国国家标准和技术研究院的 Smart Space、麻省理工学院的 Intelligent Room、斯坦福大学的 Interactive Workspace、佐治亚技术理工学院的 Aware Home、微软研究院的 Easy Living,日本东京大学的 Intelligent Space,德国信息技术国家研究中心的 iLand。在国内,2007 年,国家 863 计划正式立项开始支持智能空间的关键技术和原型系统的研究工作,清华大学承担了支持远程教学的 Smart Classroom 项目,山东大学主持并开展了"智能敏捷家庭助理机器人综合平台"的研究。

智能空间技术旨在建立一个以人为中心的充满计算和通信能力的空间,让计算机参与到日常活动中,使用户能像与其他人一样与计算机系统发生交互,从而随时随地、透明地获得人性化的服务。从普适计算的角度来看,智能空间是普适计算理论研究的理想实验平台,同时作为一种集成化系统,智能空间也具有十分重要的应用价值,在智能交通、应急反应、机器人等领域显示出广泛的应用前景。

11.1.3　家庭智能空间服务机器人系统构建背景

应用于家庭服务领域的智能空间机器人,核心思想是将感知器件、处理器件分布地安装在空间中的相应方位,实现对于家庭环境中人和物品的位置、形状乃至动作行为等的全面感知和理解,进而通过机器人执行器提供相应的服务。

可见,智能空间作为一种新的技术手段,能够有效地解决许多机器人依靠自身能力无法解决或难以解决的问题,使服务机器人进入家庭变得轻松可行。通过与智能空间的交互,机器人能够获得更加丰富的环境信息,减少对自身携带感知器件的依赖,在降低成本的同时做到轻装上阵,实现更加快捷、稳定的家庭服务工作。

家庭智能空间服务机器人系统的建立主要是通过在室内环境布撒各种信息检测传感器、用于数据处理和信息服务的计算主机、人—机交互的触摸显示器界面、网络系统以及数

据库等软硬件设施,从而将室内家庭环境改造为遍布观测和处理能力的信息空间,为服务机器人提供海量信息的环境信息,并通过无线传输方式与机器人交互,辅助机器人实现准确导航、精确定位等工作,进而完成抓取、运送、整理家具和物品等各种家庭服务任务。图 11.1 给出了一种以摄像机为节点构建智能空间传感器网络的家庭智能空间服务机器人系统示意图。本书的研究同样是基于摄像机节点来构建智能空间传感器网络。

图 11.1　家庭智能空间服务机器人的系统构成

在家庭智能空间服务机器人的相关理论研究中,构建适于机器理解的包含环境及目标信息的家庭环境地图是一个基本问题,也是一个较为复杂的问题。可以说,一个成功的环境地图表示、构建和更新过程基本涉及了智能空间机器人的每一个关键问题:感知、定位、规划、运动控制、硬件、计算效率等。目前对这种有效的环境地图尚未开展系统而深入的研究,相关研究只是分别针对其中的关键技术独立展开。

11.2　机器人同步定位、传感器网络标定与环境建图

众所周知,自身定位和环境地图构建是智能机器人进行环境认知及路径规划,并最终提供高效智能服务的基础。对家庭智能空间服务机器人系统而言,传感器网络标定同样是保证其高效工作的重要一环,已标定传感器网络能够实时定位机器人和环境动态目标,并据此动态更新环境地图。

事实上,不知道传感器节点位置而采集的数据在实际应用中并没有太大意义。在将智能空间服务机器人系统引入某一服务环境伊始,机器人定位、传感器网络标定和环境建图就成为其面临的 3 个基础问题。其中定位贯穿于机器人工作的始终,而传感器网络标定和环境地图构建则在智能空间服务机器人系统正常工作之初完成,并在工作过程中随网络节点或环境变化而实时更新。此外,分析可知,家庭智能空间服务机器人系统中的机器人定位、传感器网络标定和环境建图 3 个问题相对独立而又互相耦合:一方面,传感器网络提供全局观测,能辅助机器人完成动态环境下的定位;另一方面,传感器网络的精确标定是其辅助机器人定位的前提。更进一步地,对已建地图的观测将有助于提高传感器网络标定精度和机器人定位精度。若仅探讨机器人定位、环境建图二者之间的耦合关系,则退化为目前国内外学者广泛研究的同步定位与地图构建问题。

11.2.1　问题简化

作为人们日常生活和工作的重要场所,家庭或办公室环境的布局结构往往较为复杂,且其中的目标种类繁多、特征各异,并具有不同程度的动态特性。为方便分析,不妨将家庭智能空间服务机器人系统进行合理简化。首先建立机器人坐标系:以标识色块的中心为坐标系原点,z 轴方向垂直标识色块向上,x 轴方向为机器人前进方,y 轴方向由右手法则确定。假定机械手基座坐标系、PTZ 云台坐标系在机器人坐标系下的位姿均已离线标定。以初始建图时刻的机器人坐标系作为世界坐标系,由于机器人运行在平行于地面的二维平面,不妨假设任意时刻机器人在世界坐标系 z 轴的投影始终为零。此外,环境目标往往分布在三维空间中,故本节将整个环境描述为世界坐标系下包含环境布局及其中目标的三维特征地图,并通过机器人和传感器网络的实时交互来联合构建并共同维护该地图。

11.2.2　模型求解

考虑到家庭智能空间服务机器人系统同步定位、传感器网络标定与地图构建问题的耦合关系,为充分融合定位、标定和建图过程中涉及的多类信息来源,并避免烦琐的传感器网络离线标定环节,本节提出了家庭智能空间服务机器人系统同步定位、标定与建图的概念。

从概率的观点看,家庭智能空间服务机器人系统同步定位、标定与建图问题可以用概率密度表示,即在已知机器人控制输入序列、机器人对 N 个环境目标的观测序列、传感器网络 M 个节点对机器人的观测序列,以及传感器网络 M 个节点对 N 个环境特征的观测序列的条件下,求解传感器网络 M 个节点的参数、机器人路径以及 N 个目标所构成地图的联合后验概率估计问题。

进行三者的联合求解时,从概率的角度进行理论分析,将联合条件概率分解为若干可解项分别求解。基于 Rao-Blackwellized 粒子滤波思想,联合机器人控制信息、传感器网络对机器人的观测,以及机器人对已建环境地图的观测估计机器人位姿粒子及其权值分布,进而根据传感器网络对机器人和已建环境地图的观测来标定传感器网络的参数,最后联合机器人和传感器网络对环境的观测构建家庭环境的特征地图。

11.2.3　算法描述

通过前面的分解,并采用 Rao-Blackwellized 粒子滤波思想,在算法运行的任一时刻,家庭智能空间服务机器人系统同步定位、标定与建图问题的求解算法如下。

步骤 1:基于粒子滤波的机器人定位算法如下。

① 机器人位姿估计:采样机器人位姿粒子。

② 位姿粒子权值计算:计算各位姿粒子的权值,并归一化。

③ 计算有效粒子数,进行粒子重采样。

步骤 2:传感器节点标定,基于 EKF 估计传感器节点的位姿参数算法如下。

① 预测更新。

② 根据传感器节点对机器人观测的观测更新。

③ 根据传感器节点对已定位环境特征观测的观测更新。

步骤 3：环境特征建图，基于 EKF 估计环境特征的位置算法如下。

① 预测更新。

② 根据机器人对环境特征观测的观测更新。

③ 根据传感器节点对环境特征观测的观测更新。

同步定位、标定与建图问题的本质是多传感器信息融合意义下的状态估计问题。本章采用序贯方式融合两类观测信息，进行状态的观测更新，针对每一类观测，当同时存在多个该类观测时，仍然采用序贯方式加以融合，如对于步骤 2 中的②的观测更新，当存在多个传感器节点对机器人的观测时，采用序贯方式融合多传感器节点的观测信息，该策略同样应用于步骤 2 中的③、步骤 3 中的②和步骤 3 中的③中存在多个同类观测的情形。假定家庭智能空间服务机器人系统中包含一个智能机器人和一个由 M 个节点构成的传感器网络，且环境中包含 N 个特征点，粒子个数选为 K。在极端情形下，即各传感器节点始终可以观测到机器人和所有环境特征点，且机器人在任意时刻也都可以观测到所有环境特征点时，本章算法所要融合的数据量最大，通过算法分析可知此情况下算法循环次数为 $K(M(N+1)+N(M+1))$，或者说，本算法在最坏情况下的时间复杂度为 $O(KMN)$。

11.2.4　实验测试

蒂姆·贝利提供了 SLAM 的 MATLAB 仿真程序和一个 $200\text{m} \times 200\text{m}$ 的数据集，在此基础上作如下改动：在地图中随机添加地标和航点数据，其位置如图 11.2 所示；机器人初始位置在原点处，方向朝左；控制周期 $t_c = 0.025\text{s}$；机器人能够得到距离和方位的观测信息，观测范围为其前方半径为 30m 的半球区域，观测采样周期 $\Delta T = 0.2\text{s}$，观测噪声的协方差矩阵 $\boldsymbol{R}_t = \text{diag}\{0.1^2, 0.1^2\}$，运动速率 $u = 3\text{m/s}$，运动噪声的协方差矩阵为 $\boldsymbol{P}_t = \text{diag}\{0.3^2, (3°)^2\}$，实验中用到粒子滤波的采样粒子数均取为 $K = 100$。

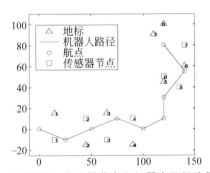

图 11.2　环境特征、传感器节点和机器人运行路径示意图

在机器人运动平面上布撒传感器节点，构成覆盖整个机器人工作空间的传感器网络。不妨假定传感器节点同样能够得到距离和方位的观测信息，观测范围为以节点为中心、30m 为半径的圆形区域，观测采样周期 $\Delta T = 0.05\text{s}$，传感器节点对环境特征的观测噪声协方差矩阵 $\boldsymbol{T}_t = \text{diag}\{0.1^2, 0.1^2, 0.1^2\}$，传感器节点对机器人状态的观测噪声协方差矩阵 $\boldsymbol{Q}_t = \text{diag}\{0.1^2, 0.1^2, (3°)2\}$。

第一组仿真实验进行机器人定位精度对比，分别采用 EKF-SLAM、FastSLAM 2.0 与本章的物联网机器人系统（ubiquitous robot system SLAM，U-SLAM）方法进行对比，3 类方法各运行 50 次,得到的机器人位置误差的数学期望和方差如图 11.3 所示,角度误差的数学期望和方差如图 11.4 所示。可以看出,在传统的 SLAM 方法中,EKF-SLAM 算法仅利用机器人运动模型进行位姿估计,而没有考虑对环境的观测信息,得到的定位误差较大;FastSLAM2.0 算法由于充分考虑机器人的观测信息,定位精度较高,但由于传感器随机器人运动,导致这两种传统 SLAM 方法都存在定位误差随运动时间明显增大的缺陷。而对于本章的 U-SLAM,由于传感器网络各节点独立于机器人,解除了观测与机器人运动之间的数据耦合,在明显提高机器人位姿估计精度的同时,估计的稳定性也有大幅改善。

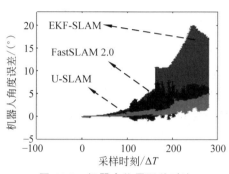

图 11.3　机器人位置误差对比

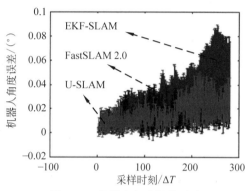

图 11.4　机器人角度误差对比

第二组仿真实验进行传感器网络标定精度对比,分别对仅依据运动方程的机器人位姿、依据 FastSLAM 2.0 的机器人位姿,以及本章的 U-SLAM 中联合机器人的位姿与环境特征这 3 类传感器网络标定方法进行对比,3 类方法各运行 50 次,得到的传感器网络标定误差的数学期望和方差如图 11.5 所示。可以看出,仅依据运动方程的方法,机器人位姿估计误差随运动距离增加迅速,得到的标定结果误差很大,难以满足要求;依据 FastSLAM 2.0 算法能够有效减少机器人的位姿估计误差,从而提高节点标定的精度,但由于仅考虑了节点对机器人的观测,产生的标定误差仍然较高。而对于本章的 U-SLAM,传感器网络各节点标定、机器人位姿估计相对独立,解除了观测与机器人运动之间的数据耦合,在明显提高机器人位姿估计精度的同时,传感器节点标定的精度和稳定性也有了大幅改善。

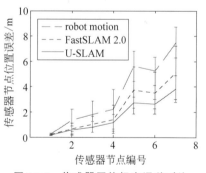

图 11.5　传感器网络标定误差对比

第三组仿真实验进行环境建图精度对比,分别对仅依据运动方程的机器人位姿、FastSLAM 2.0 的机器人位姿,以及本章的 U-SLAM 中联合机器人的位姿与环境特征这 3 类环境建图方法进行对比,3 类方法各运行 50 次,得到的传感器网络标定误差的数学期望和方差如图 11.6 所示。可以看出,仅依据运动方程的方法,机器人位姿估计误差随运动距离增加迅速,导致建图误差很大,难以满足要求;依据 FastSLAM 2.0 算法能够有效减少机器人位姿估计误差,从而提高了建图的精度,但由于仅考虑了节点对机器人的观测,产生的标定误差仍然较高。而对于本章的 U-SLAM,机器人位姿估计、传感器网络各节点标定和环境建图相对独立,环境建图的精度和稳定性有了大幅提高。

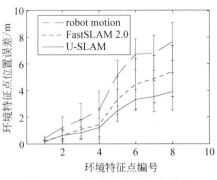

图 11.6　环境特征建图误差对比

第四组仿真实验进行动态环境下的机器人定位精度对比。在第 $30\Delta T$ 时,将经过机器人定位的目标 L_m 从 $\boldsymbol{L}_2 = [45, -15]^\mathrm{T}$ 处移动到未建图区域 $\boldsymbol{L}_2' = [23, 21]^\mathrm{T}$ 处,机器人在第 $36\Delta T$ 时刻重新发现该目标。假定机器人并未发现目标 L_m 的变动,利用传统的 SLAM 算法进行目标 L_m 数据关联,并根据先前获取的 L_m 信息自定位,得到的位置和角度误差分别如图 11.7 和图 11.8 所示。可以看出,采用 EKF-SLAM、UKF-SLAM 和 FastSLAM 2.0 算法得到错误定位,其原因在于此 3 种算法在定位环节中融合了机器人的观测信息,但机器人感知范围有限,而未察觉目标变动,仍以先前获取 L_m 的位置和当前观测来推算当前位姿,从而导致定位错误。对于 FastSLAM 1.0 算法,机器人定位只根据自身控制信息完成,未融合观测信息,从而避免受动态环境的影响。而对于本章的 U-SLAM,通过传感器网络监测动态环境特征的变化,并将其告知智能机器人,避免了动态路标对机器人定位的影响,并获得了比 FastSLAM 1.0 更高的定位精度。

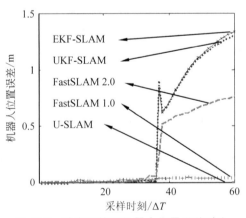

图 11.7　动态环境下机器人位置误差对比

上述实验均在 Windows XP 系统下进行,计算主机的 CPU 采用 Pentium 4 2.4GHz,内存为 1G。在该配置下运行 EKF-SLAM 的平均耗时为 12.3s,UKF-SLAM 的平均耗时为 15.4s,FastSLAM 1.0 平均耗时为 80.7s,FastSLAM 2.0 的平均耗时为 135.4s。本章 U-SLAM方法运行的平均耗时为 280.8s,虽然实时性较差,但仍能满足实际系统的需要,并且重要的是,能够在定位和建图过程中在线完成传感器网络标定。实验中没有进行本章方

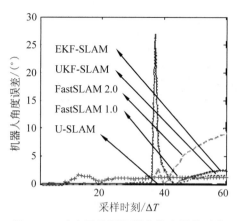

图 11.8　动态环境下机器人姿态误差对比

法与传统先离线标定后在线定位建图的对比,主要原因是定位和建图的精度很大程度上取决于标定的精度,而在传统方法中,离线标定的精度本身随标定方法和策略的差异很大。

第 12 章　家庭智能空间服务机器人环境功能区认知

  室内功能区是指根据房屋的使用功能和各共有建筑部位的服务范围而划分的区域。服务机器人室内功能区认知旨在建立一种人机共融式的功能区认知框架,机器人通过视觉系统将室内功能区场景图像捕捉到大脑,经由预先学习的认知框架加以分析,得到该场景图像的深层功能属性,这一过程与人类场景认知机理类似。本章介绍一种基于无码本模型(codebook-less model,CLM)的家庭服务机器人室内功能区分类方法。首先,采用加速鲁棒特征提取算法(speed up robast features,SURF)获得底层特征;其次,考虑到现实场景下室内功能区数据集背景噪声的特点,去除背景杂波的滤除过程,提高运算效率;最后,采用改进的 SVM 作为分类器,较现有 CLM 方法更加简洁高效,适用于较低配置的机器人。

12.1　功能区认知的系统框架

  不同于词袋模型通过学习码本统计局部特征分布,并对描述符进行编码的方法(图 12.1),CLM 模型直接用描述符表示图像,无须预先训练码本和随后的编码,具有规避词袋模型上述限制的优势。此外,本章从底层特征与分类器两方面进行了优化改进。

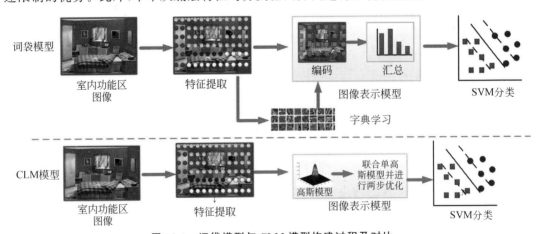

图 12.1　词袋模型与 CLM 模型构建过程及对比

  本章基于 CLM 的家庭智能空间服务机器人室内服务环境的分类方法,主要分为特征提取、离线构建图像表示模型和在线分类检测 3 个阶段。

特征提取阶段：以室内环境的灰度图像作为输入，计算 SURF 特征描述因子，获得不同场景类别的特征描述。

离线构建图像表示模型阶段：考虑到构建码本的局限性，本章采用无码本的 CLM 替代词袋模型构建室内功能区的表示模型。首先，构建单高斯模型的图像表示；然后，使用一个有效的两步度量方法匹配高斯模型，并引入 2 个重要参数改进所使用的距离度量公式；最后，采用改进的 SVM 学习方法进行室内功能区的分类。

在线检测阶段：将一组新的图像作为测试集，通过与训练的图像模型匹配，对测试集图像进行分类，通过分类精度判断模型的有效性和实用性。

12.2　功能区图像模型构建

12.2.1　提取图像特征描述符

即使同类别的两张室内功能区图像之间也会存在拍摄角度、光照变化、尺度大小等方面的差异，影响分类判别的精度。SURF 算法是一种图像局部特征计算方法，基于物体上的一些局部外观的兴趣点而生成，对方向旋转、亮度变化、尺度缩放具有不变性，对视角偏移、仿射变换、噪声杂波也具有一定的稳定性。SURF 算法在保留了 SIFT 算法优良性能的基础上，特征更为精简，在降低算法复杂度的同时提高了计算效率。鉴于此，本章使用 SURF 算法计算功能区场景图像特征。

基于 SURF 算法的功能区特征提取算法如下。

输入：室内功能区的灰度图像。

输出：室内功能区的 64 维 SURF 特征矩阵。

步骤 1：对输入图像 I 进行高斯滤波，得到滤波后的图像 $F(\phi)$，其中 ϕ 为尺度因子。对 $F(\phi)$ 分别求各个方向上的二阶导数，记为 D_{xx}、D_{xy}、D_{yy}。

步骤 2：构造图像 I 的哈斯（Hessian）矩阵。

步骤 3：通过对每个像素的哈斯矩阵求行列式的值，得到每个像素点的近似表示，记为 f'，遍历每个像素的哈斯矩阵，得到图像 I 的响应图像 $F'(\phi)$。

步骤 4：改变 ϕ 的值，得到不同尺度下的高斯平滑图像，形成高斯金字塔。

步骤 5：对某一像素点 f'，得到邻域内的极值，记为邻域内的特征点。

步骤 6：选取主方向，然后把正方形框分为 16 个子区域，在每个子区域内统计水平方向和垂直方向（相对主方向而言）的哈尔（Haar）小波特征，得到 64 维的图像特征向量。

12.2.2　分类器的选择

本章通过采用对数—欧氏计算框架，得到了基于线性空间的高斯模型匹配度量公式，故可以采用线性分类器对数据进行分类。常见的线性分类器有逻辑回归、SVM、感知机、K 均值法等。将 SVM 分类器用于本章中功能区分类具有如下优势：①SVM 以结构化风险最小为优化目标，相较于其他几种分类器具有更强的泛化能力；②家庭服务机器人的应用场景主要为室内，功能区样本集种类有限，而 SVM 在少量支持向量的基础上确定的分类超平面受样本数量的影响较小，具有很好的鲁棒性；③本章采用 CLM 构建的室内功能区表示模

型,相较于传统基于码本的表示方法维度较高,SVM 提供了一种规避高维空间复杂性问题的思路,即直接用此空间的内积函数(核函数),结合在线性可分情况下的求解方法,直接求解高维空间的决策问题。基于上述考虑,故此处采用 SVM 作为最终的分类器。

12.2.3 室内功能区建模算法描述

输入:5 种室内功能区的灰度级图像。

输出:室内功能区表示模型。

步骤 1:在 5 种室内功能区的灰度级图像上计算 SURF 特征描述因子。

步骤 2:运用空间金字塔匹配方法,将功能区图像分成一些规则的区域,金字塔层数记为 L,N_l 为第 l 层的区域。

步骤 3:在每个区域上运用最大似然法,联合平均向量和协方差矩阵构建一个单高斯模型,并引入参数 β 和 ρ 作为平均向量和协方差矩阵平衡因子。

步骤 4:连接各区域得到的单高斯模型,每个高斯模型由 $\dfrac{1/N_l}{\sum\limits_{l=1}^{L} 1/N_l}$ 加权,由连接后的混合高斯模型表示整体的功能区图像。

步骤 5:由混合高斯模型表示的整体功能区图像数据,联合 SVM 训练用于功能区图像的分类器。

12.3 在线检测算法

为了验证本章基于 CLM 的家庭智能空间服务机器人室内服务环境分类方法的可靠性和实用性,选取新的图片作为测试集,对模型进行匹配检验。

输入:5 种室内功能区的灰度级图像。

输出:室内功能区分类精度及其分类混淆矩阵。

步骤 1:选取不同于训练集的 5 种室内功能区图像各 20 张组成测试集,并在功能区灰度级图像上计算 SURF 特征描述因子,为了确保协方差矩阵是正定的,设置图像宽度和高度的最小尺寸为 64。

步骤 2:在室内功能区图像上,依照离线训练阶段基于 CLM 模型的建模方法,构建测试集中是室内功能区的图像表示模型。

步骤 3:将室内功能区的图像表示模型分别送入 SVM 分类器进行分类检验,得到各自的分类精度、分类效率以及分类混淆矩阵。

12.4 实　　验

12.4.1 实验数据集

采用 Scene 15 数据集,针对家庭智能空间服务机器人室内服务环境分类问题验证所提出的模型的性能。该数据集收集了室内和室外共 15 种场景,室内场景有卧室、厨房、客厅、办公室、商店 5 种场景。考虑到家庭服务机器人工作于室内环境,故本章在该数据集中的 5 种室内场景上检验本章提出的模型的性能。在该数据集的 5 种室内场景数据中,每种场景都包含 200 多张不同格局布置的图像,是目前研究室内场景分类判别问题比较理想的数据集。本章的每种场景分别选取 40 张图像作为训练集,20 张图像组成测试集,5 种场景的示例图片如图 12.2 所示。

图 12.2　5 种室内场景示例

12.4.2　实验结果及分析

采用 SURF 特征提取算法计算图像的特征描述符。将 SURF 特征与图像的位置信息、尺度信息、梯度信息和熵进行联合,构建了图像的高斯模型表示。所有算法都用 MATLAB 编写,运行在配备 i5-4590 CPU 和 8GB 内存的 PC 上。

从表 12.1 的实验结果中可分析得出以下结论:对于 5 种场景的分类情况,本章使用的 CLM 模型对每类场景的分类精度与分类效率都高于拉泽布尼克和王的方法。对比拉泽布尼克的方法,由于本章的方法省去了视觉词典的构建以及码本的编码过程,因此模型的构建速度大幅度提升,且降低了对计算设备的配置要求,更具有实用性和推广性。王首先采用 SIFT 特征提取算法计算图像的多尺度特征,其次加入了背景滤波的方法,对图像特征加以筛选,然后基于 CLM 模型表示图像,最后采用低秩变换 SVM 进行分类。对比王的方法,首先采用 SURF 算法计算图像底层特征,在很大程度上降低了特征的维度计算,此外,鉴于采用低秩变换后的 SVM 会丢失图像信息,降低分类精确率,故本章并未采用低秩变换。

图 12.3 给出了一次实验的分类混淆矩阵。图(a)是词袋模型与 SVM 相结合的分类结果,图(b)是 CLM 模型与 SVM 相结合的分类结果。可以看出,使用词袋模型时,室内场景的分类混淆情况是比较严重的,而本章采用的方法具有很好的鲁棒性。

表 12.1　本章算法与其他算法的性能对比分析

方　　法	单类分类正确率/%					平均正确率/%	样本分类平均时间/s
	卧室	厨房	客厅	办公室	商店		
拉泽布尼克方法	65.00	60.00	70.00	65.00	95.00	71.00	0.36
王的方法	95.00	75.00	98.33	73.33	93.33	87.00	0.51
本章方法	95.00	80.00	95.00	86.67	98.33	91.04	0.36

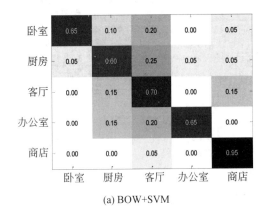

(a) BOW+SVM

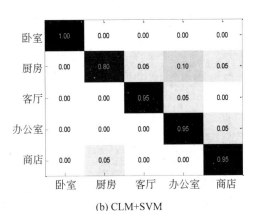

(b) CLM+SVM

图 12.3　不同模型下的分类混淆情况对比

　　分类器的选择与分类结果是相互耦合的关系,为了验证本章采用的分类器的合理性,本章做了进一步的验证实验,分别对比了 AdaBoost 分类器、随机森林分类器和本章所用 SVM 分类器的性能。从表 12.2 的实验结果来看,无论是在基于词袋模型的场景分类实验中,还是在本章的模型实验中,分类器的不同会对分类精度和分类效率产生明显的影响。本章使用的分类方法分类精度理想,分类效率高,满足了服务机器人实时自主作业的要求。

表 12.2　不同分类器下的分类结果对比分析

方　　法	单类分类正确率/%					平均正确率/%	样本分类平均时间/s
	卧室	厨房	客厅	办公室	商店		
拉泽布尼克方法	65.00	60.00	70.00	65.00	95.00	71.00	0.36
拉泽布尼克方法 + AdaBoost 分类器	45.00	30.00	60.00	60.00	70.00	53.00	0.40
本章方法	95.00	80.00	95.00	86.67	98.33	91.04	0.36
本章方法 + AdaBoost 分类器	96.67	83.33	83.33	66.67	91.67	84.33	142.27
本章方法 + 随机森林分类器	90.00	68.33	93.33	80.00	93.33	85.00	668.80

第 13 章 家庭智能空间服务机器人日常工具功用性认知

在日常生活中,人们用刀削苹果,用锤子敲击钉子,选择不同工具完成不同任务的依据是工具本身的特性决定的。如果选择时去除这种依据,相应的任务就不能很好地完成,因为人类在发明工具的同时赋予其不同特性,以更好地完成某一类任务。这种工具赋有的特性称为功用性(affordance)。功用性是工具价值的体现,了解工具功用性是发掘其价值的有效途径。

机器人的抓取—放置技能是指机器人抓取目标并移动到指定位置,最后放置目标的一系列操作。抓取—放置技能自学习作为一种基本功能,在非结构化和不可预测的环境中发挥着重要作用。近年来,一些机器学习方法已经被用于机器人抓取—放置技能学习,在一定程度上弥补了传统方法的缺点,提高了机器人对环境的适应性。但如何有效地学习控制策略来实现机器人的自主操作仍然是一个很大的挑战,其中一个重要原因是没有足够的信息来学习控制策略。

13.1 家庭日常工具的功用性部件检测的系统框架

本章介绍的工具部件功用性快速检测方法分为离线学习和在线检测两个阶段。

(1)离线学习阶段:首先,分别构建工具部件功用性边缘检测器和工具部件功用性检测器,然后利用功用性边缘检测器对训练数据集进行检测,得到对应概率图,在概率图中用一系列阈值筛选出可能区域,利用工具部件功用性检测器对可能区域进行检测,评估检测结果,以确定 coarse-to-fine 阈值。

(2)在线检测阶段:根据待检测功用性及图像深度信息计算相应特征矩阵,利用工具部件功用性边缘检测器检测功用性区域边缘;利用工具部件功用性对应的 coarse-to-fine 阈值筛选出较精确的功用性区域;计算选出区域对应的特征矩阵,利用工具部件功用性检测器进行功用性检测。

本章方法的整体流程如图 13.1 所示。

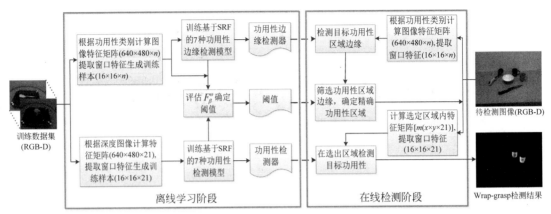

图 13.1　基于 SRF 的工具部件功用性快速检测整体流程图

13.2　功用性部件检测模型离线训练

13.2.1　功用性部件边缘检测器构建

与根据过完备的几何特征对所有功用性统一建模相比,根据某种功用性的几何特征分别对其建模,并据此从场景中识别该种功用性的方法容错性更强。另外,考虑到不同的功用性部件具有不同的几何结构特性,且在边缘处目标区域与背景形成鲜明对比,故在确定目标功用性形态和位置时,边缘特征的鲁棒性最好。基于上述考虑,本章提出了功用性边缘检测的思想,并针对不同功用性选择不同特征构建功用性边缘检测模型,各功用性边缘检测模型联合构成功用性边缘检测器。

1. 特征描述

由于家庭日常工具在不同角度下的某些几何特征可能不同,所以数据采集及特征提取应考虑对视角变化的鲁棒性。借鉴何等从图像多通道中提取特征的方式,本章用到的特征有方向梯度直方图(oriented gradient histograms)、梯度幅值(gradient magnitude)、平均曲率(mean curvatures)、形状指数(shape index)和曲度(curvedness),每个特征通道按照图像原始尺度和 1/2 原始尺度各取一次得到。本章从 16×16 大小的局部特征块提取的特征矢量为 $x\in\mathbf{R}^{16\times16\times\alpha}$,其中 α 为通道数,即为表征某功用性所采用特征在两个尺度下的维度之和,其值与功用性类别有关,表 13.1 中列出了不同功用性模型选取的特征及其维度。这里,不同功用性边缘检测选用的特征不尽相同,选取依据是该特征对表征该功用性区域边缘有效且显著。

本章根据深度图像计算功用性边缘检测模型对应的几何特征,其中平均曲率为微分几何中反映曲面弯曲程度的内蕴几何量,记为 f_{MC},主曲率为 $(k_1,k_2),k_1>k_2$,则 $f_{MC}=(k_1+k_2)/2$。梯度幅值和方向梯度直方图特征是用来进行物体边缘检测的有效特征描述因子。形状指数和曲度表征表面在不同方向的弯曲,体现人对形状的感知。

工具部件各种功用性边缘检测模型学习用到的特征对应如表 13.1 所示,表中"√"表示在训练对应功用性检测器时选取了相应的几何特征。

表 13.1　工具部件各功用性边缘检测模型特征选取

几何特征/维度	客观功用性						
	握持	容纳	切割	敲击	舀取	支撑	包住—抓取
方向梯度直方图/4D	✓	✓	✓	✓	✓	✓	✓
梯度幅值/1D							
平均曲率/1D	✓	✓	✓	✓		✓	
形状指数/1D	✓	✓	✓	✓		✓	✓
曲率度/1D		✓	✓		✓		✓

2. 功用性部件边缘检测器构建算法

功用性边缘检测模型基于结构随机森林离线学习得到。训练数据集由 n 幅 RGB-D 图像及其标记图像组成,其中深度图像用于计算特征矩阵,标记图像保存对应图像中各工具部件功用性区域边缘标记结果。训练样本由以 $16 \times 16 \times \alpha$($\alpha$ 为特征通道数)为单位的特征集及相应的 16×16 为单位的标记集组成,标记块中每个像素的值(0 或 1)对应图像中的像素分类结果。用于边缘检测器学习的正样本从功用性区域边缘提取,负样本从背景区域及其他功用性区域边缘提取。

由于学习功用性边缘检测模型的训练数据是目标区域的边缘,这种用局部特征来对整体建模时存在信息不完备和不同功用性特征局部信息交叉的现象,导致在检测几何特征相似的功用性区域边缘时产生一定的误差,对此本章中边缘检测器借鉴迈尔斯等的方法的投票机制抑制此类误差。

步骤 1:由训练数据集中的深度图像计算各通道特征值,以 16×16 为单位在各个特征通道中采用滑动窗口机制随机提取一定数量的特征块及标记图中相应的标记块,分别加入特征集 S_f 和标记集 S_l。

步骤 2:对所有标记块进行主成分分析,判定其对应样本为正样本或负样本。

步骤 3:随机选择 R 维特征($R = M/2$,M 为特征块维度,$M = 16 \times 16 \times \alpha$)参与构建决策树。

步骤 4:利用样本集 S 构建决策树。在每个分裂节点处,从 R 维特征中随机选择 $[\sqrt{R}]$ 维特征作为样本集分裂阈值,选取对应信息增益最大的特征值为该节点阈值,相应的输入样本集被分裂成两个子样本集作为子节点的输入。

步骤 5:在样本集分裂过程中,当输入样本集取得的最大信息增益小于预设值 T 或样本个数不超过 8 个时停止分裂,这个节点就成为叶子节点,所有样本停止分裂。

步骤 6:分析步骤 5 中叶子节点的输入样本集所对应的标记集,得到 16×16 大小的标记块作为此叶子节点的内容,所有样本都到达叶子节点,则此决策树构建完成,不需要剪枝。

步骤 7:从步骤 1 到步骤 6 重复 8 次,生成 8 棵决策树,这 8 棵决策树组合形成一个 SRF,即为该种功用性边缘检测模型。

步骤 8:重复以上步骤,训练其他功用性边缘检测模型,将 7 种功用性边缘检测模型联合构成工具部件功用性边缘检测器。

需要指出的是,由于步骤1、步骤3和步骤4包含3处随机选择过程,使构建决策树的训练集、参与训练决策树和决定决策树非叶子节点阈值的样本特征属性存在差异,在节点分裂时引入随机机制得到的模型更精确,这种方法被证明更加有效。如此保证8棵决策树的差异性,类似做法亦可见迈尔斯等的方法。

13.2.2 功用性部件内部检测器构建

1. 特征描述

与功用性边缘检测器的构建方法类似,功用性检测器的构建同样基于SRF,并针对每种功用性训练相应的检测模型。不同之处在于,这里所选的特征,除上节的方向梯度直方图、平均曲率、梯度幅值、形状指数和曲度外,为精确描述工具部件功用性,还选择三维表面法向量(surface normals)和一维高斯曲率(Gaussian curvatures)。

表面法向量是几何体表面的重要属性。本章从深度数据恢复3D点云,再从中估计出3D表面法向量,并去除样本块均值,使得视角变化时表面法向量特征的鲁棒性更强。

高斯曲率同平均曲率一样,是曲面论中重要的内蕴几何量,记为f_{GC},则$f_{GC}=k_1k_2$(k_1和k_2为曲面上一个点的两个主曲率)。联合高斯曲率和平均曲率,可以确定8种曲面类型:峰、脊、鞍形脊、最小面、平面、阱、谷和鞍形谷,有助于识别不同功用性的内部结构。

本章的训练工具部件功用性检测模型主要基于上述7类特征,提取的16×16大小的局部特征块矢量为$x\in \boldsymbol{R}^{16\times16\times a}$,其中$a$代表21个特征通道:表面法向量3个、梯度幅值2个、高斯曲率2个、平均曲率2个、方向梯度直方图8个、形状指数2个和曲度2个,除表面法向量外,其余特征均在图像原始尺度和1/2原始尺度下各取一次得到。

2. 功用性部件内部检测器构建算法

与训练工具部件功用性边缘检测模型方式类似,功用性检测模型同样基于结构随机森林离线学习得到,且训练数据集由RGB-D图像和标记图像组成,训练样本包含特征集和标记集两部分。与训练功用性边缘检测模型的标记图像不同,训练功用性检测模型的标记图像是对整个功用性区域作标记,目的在于对整个功用性区域进行检测。

算法输入为由特征集S'_f和标记集S'_i共同组成的样本集S',输出为工具部件功用性检测器。由于功用性检测模型与功用性边缘检测模型都是基于结构随机森林构建,其SRF学习过程相同,这里不再赘述。其中,样本特征维数为$M=16\times16\times21$。在完成7种功用性检测模型的训练后,将其联合起来构成工具部件功用性检测器。

13.2.3 coarse-to-fine 阈值选取

本章的coarse-to-fine阈值是指边缘检测器对图像检测得到的概率图中目标区域与干扰性区域的临界值,用以从概率图中筛选出目标区域。阈值过低,检测过程易受到图片噪声影响,而多选中非目标区域;反之,阈值过高,处理复杂场景时则会误滤除部分目标区域。鉴于此,本章提出coarse-to-fine阈值,对功用性边缘检测结果区域进行阈值滤波,旨在尽可能准确得到目标功用性区域。

对功用性检测结果进行评估,可以区分不同阈值的筛选质量。这里采用迈尔斯等介绍

的 F_β^ω-measure 评估方法,它综合考虑噪声点的概率值大小和到正确目标功用性区域的距离,对筛选出目标区域(功用性检测结果区域)的质量评估更为客观,有助于找到更为准确的阈值。

如前所述,每种功用性分别对应一个功用性边缘检测模型,同样地,针对不同的边缘检测模型选取不同的 coarse-to-fine 阈值,其算法描述如下。

输入:训练数据集中的 m 幅 RGB-D 图像。

输出:阈值 $t = (t_1, t_2, \cdots, t_7)$。

步骤 1:利用功用性边缘检测器,依次对 m 幅图像进行某种功用性的边缘检测,得到其概率图,在一系列阈值(取值从 0 到 1,每次增量为 0.01)下获取目标区域。

步骤 2:用工具部件功用性检测器对步骤 1 得到的区域进行功用性检测。

步骤 3:对步骤 2 的检测结果进行 F_β^ω-measure 评估,取 m 幅图像 F_β^ω-measure 评估平均值记为 F_β^ω,这样得到不同阈值与 F_β^ω 值的对应关系,取最大 F_β^ω 值所对应的阈值,即为此种功用性区域检测的阈值 t_i。

步骤 4:重复步骤 1 到步骤 3,完成其他功用性区域检测的阈值选取。

13.3　工具功用性部件在线检测

如图 13.1 所示,离线阶段训练得到工具部件功用性边缘检测器、coarse-to-fine 阈值及工具部件功用性检测器。在在线阶段,将其分别应用于检测目标功用性区域、筛选精确目标功用性区域和在选出区域检测目标功用性。

在线检测过程算法描述如下。

输入:待检测 RGB-D 图像,待检测功用性类别。

输出:概率图 P,其中每个像素的值代表该像素点属于目标功用性区域的概率。

步骤 1:根据待检测功用性种类选用相应边缘检测模型,继而确定对应几何特征种类,根据深度图像计算得到特征矩阵。

步骤 2:从特征矩阵读入检测样本,检测样本只包含特征集,并且记录样本在图像中的位置信息。

步骤 3:功用性边缘检测模型中对待检测样本分类,利用叶子节点中的内容信息对样本在图像中的相应像素位置点进行投票,综合所有决策树结果,得到功用性边缘检测的概率图 P'。

步骤 4:选择目标功用性对应的 coarse-to-fine 阈值,对步骤 3 得到的概率图 P' 进行处理,滤除噪声,筛选出精确功用性区域边界,确定目标功用性矩形区域。

步骤 5:计算步骤 4 选定区域对应的特征矩阵,采用滑动窗口机制读入检测样本,并记录样本在图像中的位置信息。

步骤 6:功用性检测模型对所有检测样本进行分类,利用叶子节点中的内容信息对样本在图像中的相应像素位置点进行投票,综合所有决策树结果得到最终功用性检测的概率图 P。

13.4　工具功用性部件实验

13.4.1　实验数据集

本章实验选用迈尔斯等的方法中的数据集,该数据集是目前比较完备的工具部件功用性数据集,采集了厨房、园艺等 17 大类 105 种家庭日常工具的 RGB-D 信息,涵盖了握持、切割、舀取、容纳、敲击、支撑和包住—抓取共 7 类功用性。每种工具在近 300 个不同视角下采集,产生了超过 30000 组的 RGB-D 数据,其中有 1/3 的数据进行了功用性标记。在实验过程中,利用标记的数据完成离线训练和在线测试,相应训练数据和测试数据比例约为 4∶1。图 13.2(a)中列举了部分工具及其最主要功用性语义描述,图 13.2(b)列举了不同工具的不同部件所对应的功用性标记,表 13.2 给出了 7 种工具部件功用性的描述及其举例。除了单一的物品数据信息,此数据集还提供了 3 个系列的多种物品随意摆放的复杂场景各 1000 多组数据。

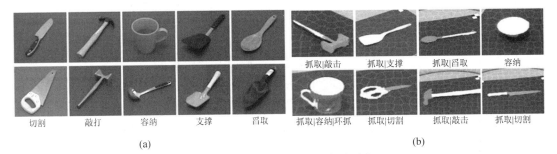

图 13.2　RGB-D 数据集中的部分对象

表 13.2　工具部件功用性描述及举例

功能性	描　　述	举　　例
握持	可以被手部包围以进行操控	工具的把手
容纳	具有深凹槽以容纳液体	碗的内部
切割	用于分离另一个物体	刀的刀刃
敲击	用于打击其他物体	锤子的头部
舀取	具有弯曲的表面和用于收集和容纳软材料的口	泥刀
支持	可以容纳散材料的平坦部分	翻面铲
包住—抓取	可以用手和手掌握持	杯子的外壁

13.4.2　评价方法

本章采用精度 P_r、召回率 R_c 和 F_β 值 3 个指标对本章方法和迈尔斯等的方法的功用性检测结果进行评价。

13.4.3　实验结果分析

本章依次对表 13.2 中的 7 种功用性进行实验。

在离线训练阶段,学习得到某功用性的边缘检测模型及其功用性检测模型(均为由 8 棵决策树构成的随机森林),继而由这两个模型学习该功用性的 coarse-to-fine 阈值。依次训练得到各功用性的 coarse-to-fine 阈值,分别为握持 0.57、切割 0.38、舀取 0.43、容纳 0.51、敲击 0.72、支撑 0.59、包住—抓取 0.53。

在在线检测阶段,工具部件边缘检测器对各种工具功用性区域边缘进行检测,效果如图 13.3(b)所示;利用离线学习得到的各类工具相应的 coarse-to-fine 阈值加以滤波,筛选出精确功用性区域,效果如图 13.3(c)所示;工具部件功用性检测器对筛选出区域进行功用性检测,效果如图 13.3(d)所示。图 13.3(e)是迈尔斯等的方法基于 SRF 方法的功用性检测模型对相同图像的功用性检测结果。对比可见,本章方法在背景滤除方面效果显著。

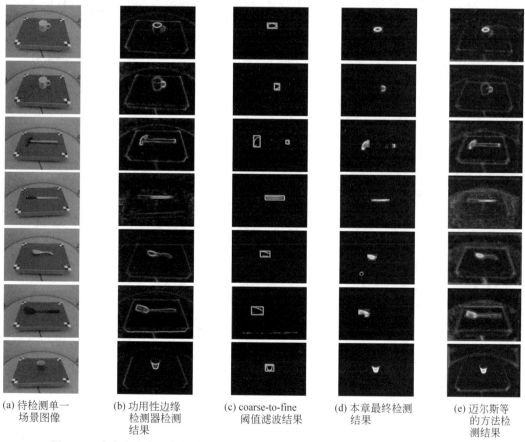

(a) 待检测单一　　(b) 功用性边缘　　(c) coarse-to-fine　　(d) 本章最终检测　　(e) 迈尔斯等
　　场景图像　　　　检测器检测　　　　阈值滤波结果　　　结果　　　　　　　的方法检
　　　　　　　　　　结果　　　　　　　　　　　　　　　　　　　　　　　　　测结果

图 13.3　本章方法和迈尔斯等的方法在单一场景下对不同工具 7 种功用性检测效果

图 13.4 给出了复杂场景下本章方法和迈尔斯等的方法对不同功用性的检测效果。对比图(d)和图(e)可以看出,图(d)过滤掉了噪声干扰,可以直接找到目标功用性部件。在抓取检测中,本章方法和迈尔斯等的方法均未有效地检测出杯子把手,原因主要在于近距离观察物体可以清晰地分辨物体的轮廓结构,而距离较远时,物体轮廓结构甚至整个物体都变得

模糊,导致边缘检测及功用性检测效果不佳。总体而言,针对复杂场景,本章所提方法具有更好的功用性检测效果。

图 13.5 是使用传统方法对本章提出的方法和迈尔斯使用的 SRF 方法进行功用性检测的评价统计结果。从图中可以看出,在精度和召回率方面,本章所提方法较迈尔斯等的方法中的 SRF 方法均有不同程度的提高,在 F_β 值的对比上,本章方法的优势更加明显。

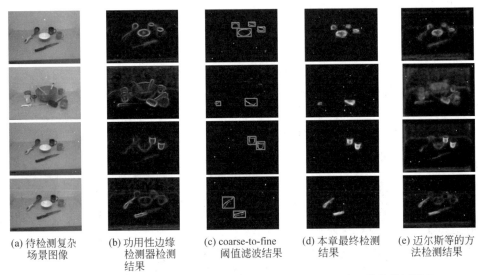

(a) 待检测复杂场景图像   (b) 功用性边缘检测器检测结果   (c) coarse-to-fine 阈值滤波结果   (d) 本章最终检测结果   (e) 迈尔斯等的方法检测结果

图 13.4 本章方法和迈尔斯等的方法在复杂场景下对不同功用性的检测效果

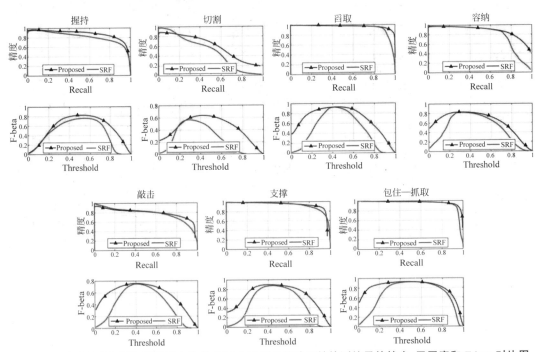

图 13.5 本章方法和迈尔斯等的方法的 SRF 方法对各种功用性检测结果的精度、召回率和 F-beta 对比图

第 14 章　杂乱场景下智能空间服务机器人推抓技能学习

近年来,机器学习方法的快速发展使得机器人对于未知物体的自主抓取操作成为可能,但杂乱场景下机器人面向目标物体抓取操作仍面临不小的挑战。针对杂乱环境下机械臂的推动—抓取技能学习任务,本章介绍一种基于生成对抗网络与模型泛化的深度强化学习算法 GARL-DQN(Deep Q-Network),将生成对抗网络嵌入传统 DQN 中,将推动网络作为生成器来辅助抓取,抓取网络作为判别器,判断当前状态是否可以抓取,训练推动与抓取之间的协同算法。此外,使用优先级经验回放机制(HER)思想提高经验池样本利用率。通过引入扰动输入图像状态的随机(卷积)神经网络来提高 GARL-DQN 算法的泛化能力。

14.1　系 统 框 架

本章将生成对抗思想和模型、泛化思想与基于值函数的 DQN 强化学习算法相结合,提出一种机器人自监督学习方法 GARL-DQN,训练杂乱场景中机器人推动与抓取之间的协同性。首先,将两个 RGB-D 摄像头采集到当前环境中的图像状态信息 s_t 送入经验池 B 中,并通过重力方向正投影图像来构建视觉高度图和掩码高度图。其次,将机器人推动与抓取技能学习问题重新抽象为一个面向目标的马尔可夫决策过程(MDP),RGB 高度图、depth 高度图以及 mask 高度图经过特征提取网络进行特征提取后输入推动与抓取网络中,用于生成推动与抓取的功用性图(affordance map)。然后,将抓取网络 ϕ_g 作为一个鉴别器,推动网络作为生成器 ϕ_p,评估该系统是否已经准备好对目标物体进行抓取,以便在推动与抓取之间进行选择。在训练过程中,使用推动网络与抓取网络的交替训练提高训练速度。最后,使用自监督学习框架之前,将提取到的特征经过一个随机网络层(random layer),以提高该算法的泛化性,使其可以迁移到其他未见过的实验场景中。基于 GARL-DQN 的深度强化学习机器人操作技能框架如图 14.1 所示。

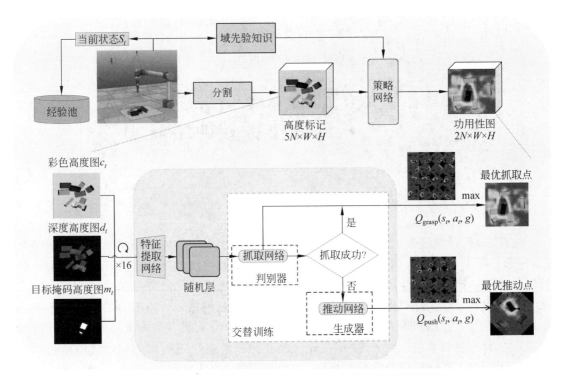

图 14.1　基于 GARL-DQN 的深度强化学习机器人操作技能框架

14.2　推动与抓取任务描述与建模

强化学习的目标是在给定的环境中,在推动与抓取动作等多个任务中找到最优行为,故将该问题建模为一个条件化的马尔可夫决策过程(MDP),即解决强化学习问题。此 MDP 由元组 $(S,A,R,P,\gamma,p(s_0))$ 构成,S 为工作环境中 RGB-D 相机采集到的当前时刻图像状态构成的集合,A 为包含推动与抓取动作的有限动作集,R 是为针对执行动作设计的奖励函数集合:$S\times A\rightarrow R$,$P(s_{t+1}|s_t,a_t)$ 为当前状态转移到下一时刻状态的转移概率构成的矩阵,$\gamma\in(0,1]$ 是折扣因子。由于强化学习计算的是当前与未来的延时奖励,γ 为未来奖励的折扣系数,所以 $p(s_0)$ 是一个与初始状态有关的分布函数。由于是面向目标的抓取任务,本章将目标对象表示为 g,将公式中的决策、奖励以及 Q 值分别表示为基于目标 g:$\pi(s_t|g)$,$R(s_t,a_t,g)$,$Q_\pi(s_t,a_t,g)$。

为了构建推动—抓取任务的模型,首先,建立机器人运动模型。以世界坐标系 x-y 平面上的刚体轮式机器人为研究对象,假设 t 时刻机器人的位姿向量为 s_t,其中包含了世界坐标系下机器人的横轴、纵轴坐标及朝向角 3 个分量。实际中,机器人运动往往因各种因素干扰而产生不可避免的偏差,考虑这些误差的存在,则机器人的运动模型和观测模型可表示为如下的概率形式

$$p(s_t\mid s_{t-1},u_t)=h(s_{t-1},u_t)+\varepsilon_{h,t} \tag{14.1}$$

其中,u_t 为 t 时刻机器人的输入控制量,$h(s_{t-1},u_t)$ 为理想运动方程,$\varepsilon_{h,t}$ 为服从 $N(0,P_t)$ 分

布的高斯白噪声。

其次，建立机器人的观测模型。本章假定环境中共有 N 个特征点，不妨将第 n 个特征点的位置记为 $\boldsymbol{\theta}_n$，t 时刻机器人对该特征点的观测为 $\boldsymbol{y}_t^n$，考虑到机器人传感器观测误差的存在，则机器人对环境特征的观测模型表示为

$$p(\boldsymbol{y}_t^n \mid \boldsymbol{\theta}_n, \boldsymbol{s}_t) = g(\boldsymbol{\theta}_n, \boldsymbol{s}_t) + \varepsilon_{g,t} \tag{14.2}$$

其中，$g(\boldsymbol{\theta}_n, \boldsymbol{s}_t)$ 表示理想观测方程，$\varepsilon_{g,t}$ 为服从 $N(0, \boldsymbol{R}_t)$ 分布的高斯白噪声，则从初始时刻到 t 时刻，机器人对环境中 N 个环境特征点的观测可用 $\boldsymbol{y}^{t,N} = \{\boldsymbol{y}_i^n\}_{i=1,2,\cdots,t;n=1,2,\cdots,N}$ 表示。

然后，建立传感器网络节点对环境特征点的观测模型。本章假定传感器网络由 M 个传感器节点构成，不妨将第 m 个节点在世界坐标系下的位姿参数记为 $\boldsymbol{\psi}_m$，t 时刻其对 $\boldsymbol{\theta}_n$ 的观测记为 $\boldsymbol{x}_{t,n}^m$，考虑到传感器网络节点观测误差的存在，$\boldsymbol{\psi}_m$ 对环境特征点的观测模型可表示为

$$p(\boldsymbol{x}_{t,n}^m \mid \boldsymbol{\theta}_n, \boldsymbol{\psi}_m) = d(\boldsymbol{\theta}_n, \boldsymbol{\psi}_m) + \varepsilon_{d,t} \tag{14.3}$$

其中，$d(\boldsymbol{\theta}_n, \boldsymbol{\psi}_m)$ 表示理想观测方程，$\varepsilon_{d,t}$ 为满足 $N(0, T_t)$ 分布的高斯白噪声，则 t 时刻 M 个传感器网络节点对 N 个环境特征点的观测用 $\boldsymbol{x}_t^{M,N} = \{\boldsymbol{x}_{t,n}^m\}_{m=1,2,\cdots,M;n=1,2,\cdots,N}$ 表示；从初始时刻到 t 时刻，M 个节点对 N 个特征点的观测用 $\boldsymbol{x}^{t,M,N} = \{\boldsymbol{x}_i^{M,N}\}_{i=1,2,\cdots,t}$ 表示。

最后，建立传感器网络对机器人的观测模型。考虑以家庭服务机器人作为传感器网络的观测对象，机器人的状态包括位置和朝向角度信息，该状态往往可由机器人自身携带的某种标识，如标识色块来表征。不失一般性，假定 $\boldsymbol{z}_t^m$ 为传感器节点 $\boldsymbol{\psi}_m$ 对机器人状态 $\boldsymbol{s}_t$ 的观测，考虑到观测误差的存在，$\boldsymbol{\psi}_m$ 对机器人的观测模型表示为

$$p(\boldsymbol{z}_t^m \mid \boldsymbol{s}_t, \boldsymbol{\psi}_m) = f(\boldsymbol{s}_t, \boldsymbol{\psi}_m) + \varepsilon_{f,t} \tag{14.4}$$

其中，$f(\boldsymbol{s}_t, \boldsymbol{\psi}_m)$ 为理想的观测方程，$\varepsilon_{f,t}$ 为服从 $N(0, \boldsymbol{Q}_t)$ 分布的高斯白噪声，则从初始时刻到 t 时刻，M 个传感器网络节点对机器人运动路径的观测用 $\boldsymbol{z}^{t,M} = \{\boldsymbol{z}_i^m\}_{i=1,2,\cdots,t;m=1,2,\cdots,M}$ 表示。

为描述方便，不妨假定在某一时刻机器人仅观测到第 n 个环境特征点，该假设可容易地扩展到多个观测的情形，不影响对问题的讨论。同样道理，假定某一时刻仅有第 m 个传感器节点能观测到机器人和第 n 个环境特征点。

14.2.1　GARL-DQN 泛化模型建模

本章将生成对抗思想和模型泛化思想与基于值函数的 DQN 强化学习算法相结合形成 GARL-DQN 算法，旨在提高推动与抓取动作之间的协同性，实现二者的零和博弈。其中，将推动网络作为生成器，不断优化网络，使得推动后的状态达到抓取阈值；同时，将抓取网络作为判别器，不断优化网络，以提高抓取阈值的准确率，即采取尽可能少的推动动作辅助抓取，减少平均移动次数。将当前时刻状态进行特征提取之前，该算法将其送入随机网络中，进行轻微扰动，以提高强化学习算法的泛化能力。

模型泛化与迁移学习密切相关，用于从源任务转移知识来提高目标任务的性能。然而，强化学习与监督学习不同的是，将源任务上预先训练的模型进行微调，以适应目标任务往往是无益的。因此，本小节构建了一种随机卷积网络来增强网络泛化能力。

本章在动作网络算法之前引入一个随机网络 f 提取特征。将其先验参数初始化为 φ，

初始状态不是传统的 s_0，而是训练强化模型使用一个随机的输入状态 $\hat{s}_0 = f(s_0;\varphi)$。即将视觉特征提取网路生成的功用性图输入一个 CNN 中，然后用 CNN 给出的特征作为后续强化学习算法的输入，同时保证输入与输出特征维度相同。每一轮迭代之后，该网络都会重新初始化 CNN 的权重，从而使得网络可以在有噪声的特征空间上学习。网络参数的选取由式（14.5）中的混合分布表示：

$$P(\varphi) = \alpha \bigcup (\varphi = I) + (1-\alpha)N\left(0;\sqrt{\frac{2}{n_{\text{in}} + n_{\text{out}}}}\right) \tag{14.5}$$

其中，I 为卷积核，$\alpha \in [0,1]$ 为常数，n_{in} 与 n_{out} 为输入输出维度，N 表示正态分布。

机器人抓取任务的目标是获得一个最优动作价值函数（action value function），通过最小化 TD 损失目标函数来优化价值网络 Q 的参数 θ，将随机化后的当前时刻状态与下一时刻状态分别表示为 $\hat{s}_t = f(s_t;\varphi)$，$\hat{s}_{t+1} = f(s_{t+1};\varphi)$，可得损失函数计算公式如式（14.6）所示。

$$L_{\text{value}}^{\text{random}}(\theta_t) = E_{(s_t,a_t,r_t,s_{t+1},g) \sim \boldsymbol{B}}\left[\frac{1}{2}(R(\hat{s}_{t+1}) + \right.$$
$$\left. \gamma \max_{a_{t+1}} Q_{\text{target}}(\hat{s}_{t+1},a_{t+1};\theta_{t-1}) - Q_{\text{predict}}(\hat{s}_t,a_t;\theta_t))^2\right] \tag{14.6}$$

本章将不同时刻状态分布之间的特征匹配损失（feature matching loss，FM）作为额外损失，用来限制值网络对于原始特征图以及随机化处理后的特征图采取的动作相似性，计算方式如式（14.7）所示。

$$L_{\text{FM}}^{\text{random}} = E_{(s_t,a_t,r_t,s_{t+1},g) \sim \boldsymbol{B}}\left[\|Q(f(s_t;\varphi),a_t;\theta) - Q(s_t,a_t;\theta)\|^2\right] \tag{14.7}$$

将总损失定义为二者之和，其中 $\beta > 0$ 是超参数，计算公式如式（14.8）所示。

$$L^{\text{random}} = L_{\text{value}}^{\text{random}} + \beta L_{\text{FM}}^{\text{random}} \tag{14.8}$$

14.2.2　GARL-DQN 抓取网络建模

GARL-DQN 是一种利用深度强化学习思想实现机器人在杂乱场景中推动与抓取技能的协同算法。在训练环境中，机器人通过 RGB-D 相机采集到当前时刻的图像状态信息，经过视觉特征提取网络与泛化卷积神经网络后保留特征，作为强化学习动作网络算法的输入。GARL-DQN 算法是异策略算法，将目标策略与行为策略分开训练，可以保证探索的同时求得全局最优解。

对于面向目标的抓取网络 φ_g 的训练，本章在训练场景中随机指定目标物体 g，并将抓取奖励表示为 R_g，R_g 的定义方式如下：

$$R_g = \begin{cases} 1, & \text{成功抓取目标物体} \\ 0, & \text{未成功抓取目标物体} \end{cases} \tag{14.9}$$

抓取奖励 $R_g = 0$ 的情况又分为两种：若机器人没有抓取到任何物体，则认为是失败的回合，不存入经验池中；若机器人抓取到非目标物体，或者为移动遮挡物所做的抓取动作（图 14.2），则基于"重新标记目标"策略来提高样本效率，将非目标物体重新标记为 g'，并将样本元组 (s_t,a_t,r_t,s_{t+1},g) 转换为 $(s_t,a_t,r_t',s_{t+1},g')$，存储到经验池中，其中 $r_t' = R(s_t,a_t,g')$。对于环境中的目标物体是否可以抓取的判断，经过足够次数的训练，该框架会将抓取 Q_g 值稳定在一个特定值 Q_g^* 上，以此作为抓取判定阈值。

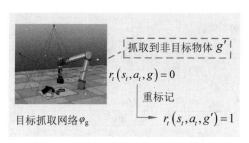

图 14.2　抓取网络目标重标记策略

14.2.3　GARL-DQN 推动网络建模

本章将推动动作作为抓取动作的辅助动作,前期使用推动动作减小目标物体周围的"空间占有率"。但在二者的协同作用下,本章的目标是尽可能地减少推动动作采取的次数,以减少机器人的总运动次数。考虑到机器人推动与抓取之间的相互作用是复杂且耦合度较高的,故将基于目标的推动网络 φ_p 作为生成器,改变目标物体周围的物体位置,使得动作价值函数 Q 值不断逼近抓取网络学习到的阈值 Q_g^*,再由抓取网络作为判别器来判断当前状态是否适合抓取。基于目标的推动网络的训练目标为

$$\min_{\varphi_p} V(D_g, G_p) = E\big[\log(1 - D_g(G_p(\hat{s}_t, g)))\big] \tag{14.10}$$

$$\hat{s}_{t+1} = G_p(\hat{s}_t, g) = T(\hat{s}_t, \arg\max_{a_t} \varphi_p(\hat{s}_t, a_t, g)) \tag{14.11}$$

$$D_g(\hat{s}_t) = \begin{cases} 1, & \eta > 0 \\ -\eta, & \eta < 0 \end{cases} \tag{14.12}$$

$$\eta = \max_{a_t} \varphi_g(\hat{s}_t, a_t, g) - Q_g^* \tag{14.13}$$

其中,T 为状态转移函数,即 $\hat{s}_{t+1} = T(\hat{s}_t, a_t)$。从以上公式可以看出,每次推动动作的目标是使得目标物体的抓取 Q 值最大化,以达到阈值 Q_g^*。基于以上分析,本章将推动奖励函数设置为

$$R_p = \begin{cases} 0.5, & Q_g^{\text{improved}} > 0.1 \text{ 并检测到环境变化} \\ -0.5, & \text{环境未变化} \\ 0, & \text{其他情况} \end{cases} \tag{14.14}$$

其中,$Q_g^{\text{improved}} = Q_g^{\text{after pushing}} - Q_g^{\text{before pushing}}$,检测到环境变化是指目标物体周围环境发生变化,并且目标物体的空间占有率 $o_g^{\text{decreased}} > 0.1$,$o_g^{\text{decreased}}$ 表示由高度图计算的目标物体周围其他非目标物体占有像素的减少量。同时,为了提高样本利用率,在推动网络训练的同时也引入目标重标记机制。如果在目标物体被其他物体遮挡的情况下机器人抓取了非目标物体,则将整个回合中一系列推动动作的目标设置为被抓取的物体,这样设置意味着这样的推动序列有利于该非目标物体的抓取。目标推动网络建模如图 14.3 所示。

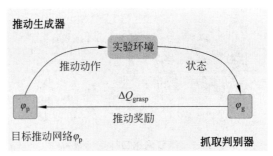

图 14.3　目标推动网络建模

14.2.4　GARL-DQN 生成对抗网络建模

本节给出抓取网络 φ_g 与推动网络 φ_p 之间的生成对抗网络模型,使得该算法可以更好地拟合出机器人的动作决策参数,学习到最优推动与抓取位置参数 $p(x,y,z)$ 与角度参数 ω。利用两个网络之间的零和博弈,将目标设置为一个状态的收益分布,而不是收益的均值,将平均回报向量转化为回报分布函数。将动作价值函数 $Q_\pi(\hat{s},a)$ 表示为 $Z_\pi(\hat{s},a)$ 随机变量,将期望值与期望分布之间的关系表示为 $Q_\pi(\hat{s},a)=E(Z_\pi(\hat{s},a))$,将定义在分布上的贝尔曼算子表示为 f^π,最终得到贝尔曼方程为

$$f^\pi Z_\pi(\hat{s},a)=R(\hat{s},a)+\gamma Z_\pi(S',A') \tag{14.15}$$

$$Z_\pi(\hat{s},a)=R(\hat{s},a)+\gamma Z_\pi(S',A'),\quad \forall\,\hat{s}\in S\quad \forall a\in A \tag{14.16}$$

生成器即推动网络 $PN:Z\to X$ 为一种映射,从高维噪声空间 $Z=\mathbb{R}^{d_z}$ 找到状态特征,并转化为一个输入状态空间 X,且目标分布 f_X 定义在状态空间 X 上,任务为拟合观测数据与 f_X 之间的潜在分布。

$$f_X(x)=r(\hat{s},a)+\gamma \max_a G(z\mid(\hat{s}',a)) \tag{14.17}$$

判别器即抓取网络 $GN:X\to\{0,1\}$ 为该时刻输入的状态打分,以此来判断当前状态来自真实数据分布 f_X 或生成器 PN,本章为对当前状态是否达到抓取标准进行打分。两个网络交替梯度下降来更新参数。

我们的目标为最小化输出与真实分布之间的距离。推动网络(PN)的目标为产生最优状态—动作值分布的现实样本,即 $Z_{\pi^*}(\hat{s},a)$ 的估计值。另外,抓取网络(GN)旨在将真实样本 $f(Z(\hat{s},a))$ 与从推动网络输出的样本 $Z(\hat{s},a)$ 进行对比,判断当前时刻状态能否被抓取。在每个时间步长中,推动网络接收当前时刻状态 $\hat{s}$ 作为输入,对分布 $Z(\hat{s},a)$ 的当前估计中的每个动作返回一个样本 $PN(z\mid(\hat{s},a))$,选取最优动作 $a^*=\max_a PN(z\mid(\hat{s},a))$。然后,机器人应用所选择的动作,接收回报并转换到状态 $\hat{s}'$。元组 $(\hat{s},a,r,\hat{s}')$ 被保存到在经验回放池 B 中。每次更新时从缓冲器中均匀地采样一个元组 $(\hat{s},a,r,\hat{s}')$,并根据公式更新抓取网络和判别网络。

$$\min_{PN}\max_{GN}\ \underset{x\sim f_X(x)}{E}\big[GN(x)\big]+\underset{x\sim PN(x)}{E}\big[-GN(x)\big] \tag{14.18}$$

将 $x=r+\gamma \max_a G(z\mid(s',a))$ 计算值定义为真实分布。鉴别网络 GN 的目标是区分上述真实分布值与生成网络 PN 所产生的输出之间的差异,即判断当前状态是否适合抓取。

目标函数为

$$
L(\omega_{\text{GN}},\omega_{\text{PN}})=\begin{cases}
\underset{\substack{(\hat{s},a,r,\hat{s}')\sim B}}{E}\left[\text{GN}_{\omega_{\text{GN}}}(x\mid(\hat{s},a))\right]-\underset{\substack{(\hat{s},a)\sim B\\x\sim\text{PN}_{\omega_{\text{PN}}}(z\mid(\hat{s},a))\\z\sim N(0,1)}}{E}\left[\text{GN}_{\omega_{\text{GN}}}(X\mid(\hat{s},a))\right]\\[2em]
\underset{\substack{(\hat{s},a)\sim B\\x\sim\text{PN}_{\omega_{\text{PN}}}(z\mid(\hat{s},a))\\z\sim N(0,1)}}{E}\left[-\text{GN}_{\omega_{\text{GN}}}(X\mid(\hat{s},a))\right]
\end{cases}
$$

$$(14.19)$$

式中，ω_{GN}、ω_{PN}是抓取判别网络与推动生成网络的权重，分别根据 $\omega^{(t+1)}\leftarrow\omega^{(t)}-\alpha_t\ \nabla_{\omega^{(t)}}L(\omega^{(t)})$ 更新。

　　本节从推动网络与抓取网络之间的零和博弈展现 GAN 思想在传统强化学习算法 DQN 上的运用，并在算法中加入模型泛化思想。表 14.1 展示了 GARL-DQN 操作技能学习伪代码算法流程。

表 14.1　GARL-DQN 操作技能学习算法流程

GARL-DQN 操作技能学习算法流程

输入：MDP 回合次数 M、Discriminator 网络 Grasp-Net（GN）和更新次数 n_{g}、Generator 网络 Push-Net（PN）和更新次数 n_{p}、学习率 α、梯度惩罚系数 λ、批量大小 m、先验分布 $P(\varphi)$。

输出：执行动作 a_t，Q_{t+1}^*

初始化容量为 N 的经验池 B，GN、PN 网络参数，初始分布 z，初始状态 $\hat{s}_0$ 及动作 a_0。

t$\leftarrow$0

For episode=1 to M do

　　从先验分布 $P(\varphi)$ 抽取随机网络参数 φ

For time=1 to $T_{\max}$ do

　　采样 $z\sim N(0,1)$

　　　　$a_t\leftarrow\underset{a}{\max}\text{PN}(z\mid(\hat{s},a))$

　　采样 $\hat{s}_{t+1}\sim P(\,\cdot\mid(\hat{s}_t,a))$

　　将样本元组 $(\hat{s},a_t,r_t,\hat{s}_{t+1})$ 放在经验池 B 中

　　{更新 Discriminator 网络 Grasp-Net（GN）}

　　For step=1 to n_{g} do

　　　　在经验池 B 中进行最小批次采样 $\{\hat{s},a,r,\hat{s}',g\}_{i=1}^m$

　　　　采样 $\{z\}_{i=1}^m\sim N(0,1)$

　　　　定义 $y_i=\begin{cases}r_i, & \hat{s}'\text{为结束状态}\\r_i+\gamma\underset{a_i}{\max}\text{PN}(z_i\mid(\hat{s}_i',a_i)), & \text{其他情况}\end{cases}$

　　　　随机抽取一批样本 $\{\varepsilon\}_{i=1}^m\sim N(0,1)$

　　　　$\tilde{x}_i\leftarrow\varepsilon_i y_i+(1-\varepsilon_i)\underset{a_t}{\max}\text{PN}(z_i\mid(\hat{s}_i',a_i))$

　　　　$L^{(i)}\leftarrow\text{GN}(\text{PN}(z_i\mid(\hat{s}_i,a_i^*))\mid(\hat{s}_i,a_i^*))-\text{GN}(y_i\mid(\hat{s}_i,a_i^*))+\lambda(\mid\nabla_{\tilde{x}}\text{GN}(\tilde{x}_i\mid(\hat{s}_i,a_i^*))\mid-1)^2$

　　　　$w_{\text{GN}}\leftarrow\text{Adam}\left(-\nabla_{w_{\text{GN}}}\dfrac{1}{m}\overset{m}{\underset{i=1}{\sum}}L^{(i)},\alpha\right)$

　　　　在时间步长 T 内更新动作价值网络 $Q(f(s_i;\varphi),(a_i;\theta))$

计算置信度 Q 值 $Q_{t+1}^* = R_{a_t}(s_t, s_{t+1}) + \gamma \max_a(s_{t+1}, a; \omega)$

    计算误差期望值

End For

〈更新 Generator 网络 Push-Net(PN)〉

For step＝1 to n_p do

    采样 $\{z^{(i)}\}_{i=1}^m \sim N(0,1)$

    $w_{PN} \leftarrow \text{Adam}\left(-\nabla_{w_{PN}} \dfrac{1}{m} \sum\limits_{i=1}^m L^{(i)}, \alpha\right)$

    在时间步长 T 内更新动作价值网络 $Q(f(s_t; \varphi), a_i; \theta)$

    计算误差期望值

End For

优化关于 θ 的损失函数 $L^{\text{random}} = L_{\text{value}}^{\text{random}} + \beta L_{\text{FM}}^{\text{random}}$

End For

End For

14.3　实　　验

14.3.1　实验环境搭建

本章在仿真平台 V-REP 3.5.0 中搭建了训练与测试场景,用于模拟机器人在随机环境中对于目标物体的抓取。该软件内部逆运动学模块可模拟真实场景中机械臂的运动路径,还具备重力等物理引擎,可用于模拟真实物体属性。使用 RGB-D 相机采集工作空间的状态信息,可根据每个像素点的深度值快速转化为点云信息,用于 3D 感知。图 14.4 展示了搭建的仿真环境场景。

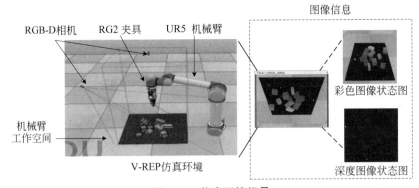

图 14.4　仿真环境场景

本章的仿真环境使用与物理机械臂属性相同的 UR5 机械臂以及 RG2 夹具模拟二指抓取器,其夹爪张开可以实现抓取,夹爪闭合可以推动物体,使用在正上方以及侧上方 45° 的 RGB-D 相机进行图像采集,得到大小为 640×480 的图像状态信息。

本章的配置环境为 2.60GHz Inter Core i5-11400 和 GeForce GTX TITAN X GPU,操作系统为 Ubuntu 18.04LTS,V-REP 版本为 3.5.0 教育版,采用 0.4 版本 PyTorch 框架来训

练网络模型。

将该算法与以下基线方法在平均抓取成功率角度进行比较。

RAND：是一种不需要任何学习即对目标物体进行随机抓取的方法。

Grasp-Only：是一种贪婪的确定性抓取策略，使用单个 FCN 网络进行抓取，该网络使用二分类（来自试错）的监督。在此策略下的机器人仅执行抓取动作。

VPG-Target：通过添加目标掩码作为输入来学习面向目标的推动与抓取策略，VPG 是一种使用并行结构作为目标不可知任务预测推动与抓取的功用性图的方法，将在目标掩码中以最大 Q 值执行推动或抓取动作。

GIT：是一种面向目标的方法，根据二元分类器来选择推动或抓取动作，并应用 DQN 来训练推动与抓取策略，使用一种分割机制来检测目标是否可见，以便在探索与协调之间转换。也就是说，如果目标是不可见的，机器人会执行推动动作来进行探索，当目标可见时，推动将与抓取协同来实现抓取。

14.3.2 训练实验

本节设计了一系列的实验来验证算法的有效性，实验的目的是验证推动与抓取操作之间的协同性，即提高推动动作的效率。在训练过程中，工作空间中被随机初始化为 m 个随机目标块和 n 个不同形状的基本块（灰色物体块），其中目标块的形状与颜色随机给出，在训练前 1000 回合中，基本块的个数为 3，后 1500 回合训练中的个数为 8。某一时刻的实验场景如图 14.4 所示。

训练阶段将机器人执行动作的最大阈值设置为 30，即当动作数超过阈值或所有目标物体均被成功抓取时重置环境，计算在每 50 次迭代中的平均成功抓取率。该过程中的目标物体被随机指定，使用不同算法训练 2500 次后绘制训练性能曲线如图 14.5 所示。

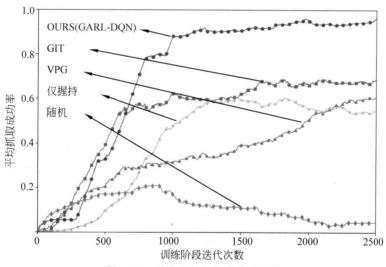

图 14.5　训练阶段抓取成功率对比

从图 14.5 可以看出，本章的方法在训练阶段的平均抓取成功率是优于其他基线的。随机算法面对目标抓取任务时，忽略环境而采取随机策略选择动作，使得该算法抓取成功率极

低。仅握持算法即使能够完成任务,但没有采取辅助抓取动作,忽略了杂乱环境对目标掩码的影响,进而导致抓取成功率较低。增加目标的 VPG 方法采用 DQN 强化学习训练推动动作改变环境结构,从而使目标更好地暴露在工作空间中,便于视觉感知,实现对目标的抓取操作。但 VPG 对推动动作的训练效率比较低,仅为了改变环境结构而去推动,没有考虑推抓之间的协同,故抓取成功率在 60% 左右。GIT 使用简单的二分类器对动作进行拟合,预测提高动作协同效率,同时简化协同训练网络,使得训练耗时有所减少,抓取成功率在60%～70%。

本章使用基于 GARL-DQN 的深度强化学习算法,在传统的 DQN 算法框架的基础上引入生成对抗思想,将推动网络作为生成器,而抓取网络作为判别器来评判推动动作的好坏,相较于其他基线方法可以更好地训练推动动作与抓取动作之间的协同,提高了抓取成功率,使其稳定在 90% 左右。

14.3.3　测试实验

为了验证本章算法的有效性,本章与随机、仅握持、VPG、GIT 4 种方法进行对比,主要设计了两种实验场景,一种场景是规则物体块堆积的杂乱场景,场景中目标物体被其他基本块紧紧包围,其物体块与机器人训练时相同,用于验证推动与抓取之间的协同效率;另一种场景是日常工具场景物体堆积的杂乱场景,该场景中的物体为机器人训练过程中从未见过的物体,用于验证本章算法的迁移性。

本章为了验证算法在规则物体块被紧紧包围的场景中的推动与抓取之间的协同效率,设计了 8 个不同形状目标物的抓取实验案例,每个测试案例设置一个带颜色的目标物体。机器人通过动作集合 $a = \{a_p, a_g\}$ 执行有限次动作,a_p 为推动动作,通过改变环境为抓取动作 a_g 提供足够空间,对于其他对比方法也使用同样的测试场景,8 种测试案例如图 14.6 所示。

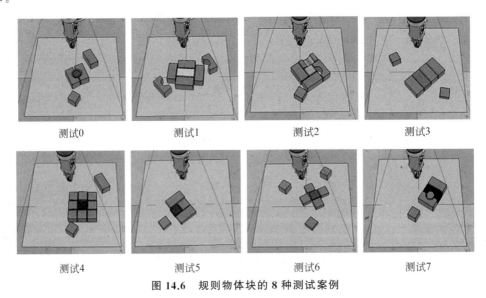

图 14.6　规则物体块的 8 种测试案例

对于每个测试案例,设置 30 轮实验,若机器人在 5 次内实现了对目标物体的成功抓取,则记为一轮成功的抓取案例。将抓取成功率定义为 $\dfrac{n_{\text{succ}}}{n_{\text{total}}}$，将平均移动次数定义为

$$\dfrac{\sum\limits_{1}^{n}（推＋抓）成功次数}{n（重复实验次数）}$$，本算法旨在保证抓取成功率的同时减少平均移动次数。实验结果

对比如图 14.7 和图 14.8 所示。

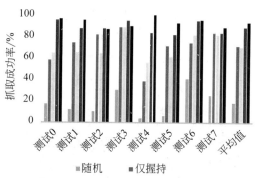

图 14.7　测试阶段抓取成功率对比

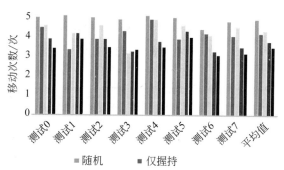

图 14.8　平均移动次数对比图

图 14.7 与图 14.8 分别展示了本方法和其他 4 种方法在 8 种不同的测试场景中的表现。由于每个测试场景中目标物体分布不同，故本章的改进方法表现略显不同。表 14.2 展示了在机器人推抓规则物体块场景下，本方法与其他 4 种方法的平均抓取成功率与平均移动次数的对比结果。

表 14.2　规则物体块案例平均表现

方　　法	平均成功率/%	平均移动次数/次
随机	17.5	4.775±0.60
仅握持	35.0	4.325±0.98
VPG	70.0	4.025±0.83
GIT	87.5	3.675±0.90
GARL-DQN	91.5	3.406±0.50

14.3.4　日常工具场景下的模型泛化能力验证

除了验证本章算法在推动与抓取动作之间的协同性,本章还设置训练过程中从未见过的新型对象构成的 4 个测试场景,以测试本章方法在不同测试集上的泛化性。每个测试场景都包含不同高度和形状更复杂的对象,机器人通过有限次的推动与抓取动作实现对目标物体的成功抓取。4 种测试案例如图 14.9 所示,场景中的物体被依次设置为目标物体,利用在训练阶段训练好的模型直接应用于测试场景,计算抓取所有物体使用的平均移动次数作为对比指标,来验证算法的泛化能力。表 14.3 展示了在机器人推抓日常工具场景下,本方法与其他 4 种方法的平均抓取成功率与平均移动次数的对比结果。

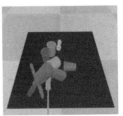

图 14.9　日常工具的 4 种测试案例

表 14.3　日常工具案例平均表现

方　　法	平均成功率/%	平均移动次数/次
随机	15.5	15.14
仅握持	34.2	12.63
VPG	52.4	10.81
GIT	61.3	9.85
GARL-DQN	85.2	8.60

第15章 室内环境自适应智能商用服务机器人系统

服务机器人是用于非制造业、以服务为核心的自主或半自主机器人。服务机器人是人工智能技术的重要载体，其技术与应用水平是一个国家智慧建设的重要表现。目前，送餐机器人、迎宾机器人、银行柜台机器人、导购机器人和巡检机器人等不同种类的服务机器人已用于餐厅、银行、商场和医院等场合。将智能服务机器人现有产品技术应用到室内复杂环境中，智能性与适应性不足仍是当前亟须解决的难点和热点。

本章以北京云迹科技有限公司设计开发的智能商用服务机器人为例，对室内环境自适应智能商用服务机器人系统相关核心算法、关键技术和产业化应用等内容进行介绍。

15.1 服务机器人研究概况

15.1.1 服务机器人的核心技术

随着 AI、5G、物联网和云计算技术的快速发展，在感知、决策、执行等狭义机器人技术基础上，先进传感、AI 芯片、机器视觉、语音识别、NLP、知识图谱及深度学习等新兴技术与服务机器人开始逐步深度融合，成为服务机器人的核心技术，如图 15.1 所示。

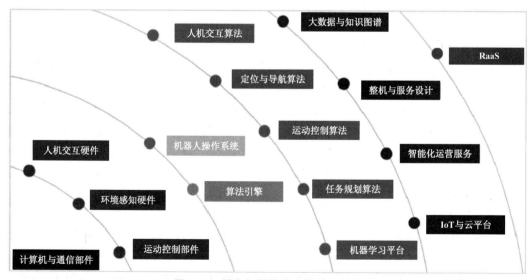

图 15.1 服务机器人核心模块和技术

当前,服务机器人的核心模块和技术主要包括以下几部分。

（1）硬件层面：计算、通信部件与特定功能性部件。计算、通信部件主要包括主机模块、专用芯片、蓝牙/WiFi/UWB/4G/5G网络、存储、电池和电源；特定功能性部件主要包括人机交互硬件、环境感知硬件和运动控制部件。人机交互硬件包括麦克风阵列、视觉传感器、触觉传感器和指纹，环境感知硬件主要包括激光雷达、超声波雷达、深度相机、RGB相机、红外传感器和温湿度传感器，运动控制部件主要包括舵机、电动机、减速器、末端执行器和一体化关节。

（2）软件层面：机器人操作系统和算法引擎。机器人操作系统包括机器人操作系统ROS、底层系统Linux和应用层系统Android；算法引擎主要包括计算加速引擎和深度学习框架。

（3）基础算法层面：服务机器人操作基础算法。基础性算法主要包括人机交互算法、定位导航算法、运动控制算法、任务规划算法和机器学习算法。人机交互算法包括视觉识别、语音识别、语音合成、情感识别、NLP和多模态交互；定位导航算法包括SLAM、定位导航、目标检测、动态避障、场景识别和语义地图；运动控制算法包括行为决策、路径规划、伺服驱动和运动控制；任务规划算法包括自主协同、集群协作、任务调度和故障诊断；机器学习主要包括数据处理、模型训练、模型评估和模型部署。

（4）智能算法层面：服务机器人智能决策算法。智能化算法主要包括IoT与云平台、智能化运营服务、整机与服务设计和大数据与知识图谱。IoT与云平台包括智能物联、智能控制、云—边端技术和机器人集群技术；智能化运营服务包括智能化部署、自动化运维和智能化运营调控；整机与服务设计包括轻量化/模块化设计、底盘设计、整机设计、场景化服务方案设计、场景化应用系统开发；大数据与知识图谱包括数据挖掘、图谱设计、知识提取和图谱构建。

（5）场景应用层面：个性化定制优化部件。主要包括RaaS，RaaS实现按需定义、按需服务和效率优化，实现服务机器人的高度场景化和个性化。

15.1.2 服务机器人的运行流程

服务机器人的具体运行流程如图15.2所示。首先,个体用户或业务逻辑触发服务需求,其次,机器人通过语言/动作/屏幕指令/APP程序等多种人机交互形式实现对用户意图的理解或环境感知。进一步地,机器人根据用户需求和环境感知结果依据智能算法给出合适的任务和调度规划,最后,机器人有序执行相应任务,完成所需服务,根据用户的反馈信息确定服务完成情况。若已完成此次服务,则进入休息状态,否则再一次执行上面的服务运行流程。机器人云服务将贯穿整个服务机器人的运行流程,用于用户服务云端管理、机器人资源优化调度和服务大数据分析,以实现机器人服务的网络化、数据化和智能化。

具体环节描述如下。

（1）需求触发：通过如语音识别、自然语言处理和图像识别等技术,从用户的语音、文字、图片等信息中提取出用户的需求。

（2）人机交互：用户通过屏幕、语音、手势视觉、Web后台等方式来控制机器人,按照其意图执行任务。

图 15.2　服务机器人的具体运行流程

（3）感知理解：通过传感器和图像处理算法、语音识别算法及语义识别等人工智能算法实现对用户意图和服务机器人作业环境的感知。

（4）任务规划：通过任务的分解、分配和调度等过程生成动作序列。

（5）调度执行：根据所得的任务序列进行路径动静态规划、操作动作规划等，针对复杂的服务任务，还需要进行多台服务机器人的分配调度。

（6）服务反馈：服务机器人是否完成用户需求，需要运行流程形成闭环。服务机器人可根据用户对服务的满意度数据分析服务完成情况决定下一步动作。同时，服务机器人可以通过多次服务任务的运行情况进行算法的迭代和更新。

15.1.3　服务机器人的系统构成

服务机器人的系统构成与工业机器人系统类似。如图 15.3 所示，服务机器人由感知系统、人机交互系统、控制系统、驱动系统、机械结构系统和机器人环境交互系统构成。但是二者的应用场景及用途不同，相应的构成需求迥异，具体介绍如下。

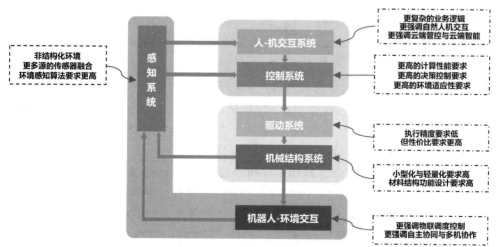

图 15.3　服务机器人的系统构成

（1）服务机器人作业常常处于非结构化环境中，具有较大的不确定性，往往需要更多源的传感器组合，具有更高的环境感知与运动控制算法要求。

（2）服务机器人具有更复杂的业务逻辑，强调人机交互的智能性、友好性、及时性以及机器人云平台的应用，以实现云端管控与智能。

（3）由于运行复杂算法和适应复杂环境的需要，服务机器人具有更高的计算性能、决策控制要求。

（4）服务机器人对感知系统和机械结构的精度要求低于工业机器人，但是性价比要求更高。

（5）服务机器人普遍在室内场景下运行，小型化与轻量化要求高，材料结构功能设计要求高。

（6）服务机器人对环境中其他设备有更多的物联与调度需求，强调自主协同与多机协作。

服务机器人虽然功能各异，但基本技术架构仍存在共性，服务机器人的技术框架如图 15.4 所示。服务机器人的技术框架主要由五大核心技术组成，分别是底层硬件、基础软件、智能算法、技术中台和业务应用，具体描述如下。

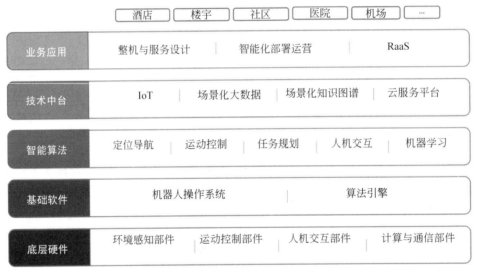

图 15.4　服务机器人技术架构

（1）底层硬件主要包括环境感知部件、运动控制部件、人机交互部件和计算与通信部件。环境感知部件由激光雷达、深度相机、RGB 相机、超声传感器、红外传感器、压力传感器构成；运动控制由舵机、电动机、减速器、末端执行器、一体化关节构成；人机交互部件由麦克风阵列、视觉传感器、触摸传感器等构成。

（2）基础软件主要包括机器人操作系统和算法引擎。机器人操作系统有机器人操作系统 ROS、底层系统 Linux、应用层系统 Android；算法引擎有计算加速引擎、深度学习框架。

（3）智能算法主要包括定位导航、运动控制、任务规划、人机交互和机器学习技术。定位导航实现地图构建、定位导航、动态避障、场景识别；运动控制实现行为决策、路径规划、伺服驱动、运动控制；任务规划实现自主协同、多机协作、任务调度、故障诊断；人机交互实现视觉识别、自然语言处理、自然交互、多模态融合;机器学习实现数据处理、模型训练模型评估、模型部署。

（4）技术中台主要包括 IoT、场景化大数据、场景化知识图谱和云服务平台技术。IoT 包括智能物联、智能控制;场景化大数据包括数据收集、数据分析、模型训练;场景化知识图谱包括图谱设计、知识提取、图数据库;云服务平台包括云端管理、优化调度。

（5）业务应用主要包括整机与服务设计、智能化部署运营和机器人即服务（Robot as a Service,RaaS）技术。整机与服务技术提供整机优化设计、服务方案设计、场景应用开发;智能化部署运营完成智能化部署、自动化运维、智能化运营调控;RaaS 实现按需提供机器人服务。

在服务机器人五大核心架构中,底层硬件与基础软件是机器人的重要基础,智能算法是机器人的关键核心,技术中台是提升智能算法和实现业务应用的必要条件,业务应用则是针对场景和用户提供高效机器人服务的重要途径。

15.1.4　服务机器人的发展

服务机器人的发展始于 20 世纪 80 年代,由于涉及技术太过复杂,传感器和计算机等技术相对落后,当时的服务机器人仅仅应用于医疗服务和清洗,并没有普及。

随着计算机、传感器、机器人控制和数据处理算法等技术的飞速进步,近几年,智能服务机器人在医疗和餐饮等行业发展迅猛。如图迈医疗辅助机器人是一款腔镜手术机器人,其腕式手术器械高度灵活,3D 腔镜系统提供立体真实的手术视野,缩短手术时间,可用于辅助医生对病人进行诊断和手术治疗。普渡贝拉机器人餐饮机器人具有无轨道配送、通过率高、最优路径规划以及动态避障等能力。这类智能服务机器人借助物联网、大数据等技术支持,在一定程度上超越了固定编程、人机互动和操作设置等限制,能够对人类的语言进行理解,并进行对话,自主分析周边的场景以及出现的情况,动态调整自身动作,从而达到操作者提出的要求或下达的指令。处于室内环境的智能机器人已经得到相应的运用,但大多数智能化程度偏低,尚处于初级阶段。

云迹科技公司开发推出应用于酒店、楼宇等室内环境的多款智能服务机器人产品及配套智慧化服务系统,其自主研发的智能服务系统——酒店数字运营系统（hotel digital operation system,HDOS）。图 15.5 给出 HDOS 的系统框架图,它由 AI 语音客服、住中服务小程序、送物机器人、智能前置仓和辅助通知硬件组成。

| AI语音客服 | 住中服务小程序 | 送物机器人 | 前置仓 | 辅助通知设备 |

图 15.5　酒店数字运营系统框架图

如图 15.6 所示,在酒店场景中,HDOS 的应用能够分担酒店总机电话接听任务量,实现

AI自主应答电话问询、智能分配服务任务、调动机器人和前置仓自主完成接送物等功能,实现对酒店住客的全数字化服务。HDOS将住客、员工、管理者、机器人和AI语音客服连接起来,通过将住客需求端进行数字化实现任务分发和任务执行,避免客户服务过程中的冗余信息传递和错漏,提高服务效率,减轻人力负担。

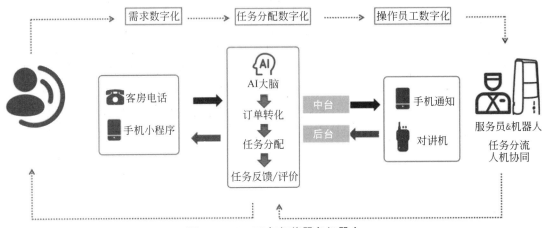

图 15.6　HDOS 与智能服务机器人

15.2　室内环境自适应智能服务机器人的技术需求

　　智能服务机器人现有产品在室内复杂环境下仍然面临智能性与适应性不足的问题,亟须在核心算法、关键技术和应用系统实现新的突破,以推动智能服务机器人的技术进步与产业发展。但目前大数据、云计算、物联网等技术的发展与服务机器人产业进一步深度融合,促进服务机器人产业化、商业化落地。智能服务机器人已有许多产品,如"百度"商用服务机器人、"云迹科技"智能服务机器人等。本章以云迹科技智能服务机器人为例,其在室内环境下可实现较高程度上的智能自主,极大地提高了服务效率。下面将从实际应用角度分析室内环境下智能服务机器人的技术需求。

1. 高精度定位导航

　　高精度定位导航是服务机器人实现自主性和智能的主要指标。目前,智能机器人主要通过惯性导航、视觉导航、激光雷达导航等技术实现高精度定位和导航。但酒店与楼宇等跨楼层室内复杂环境常常存在空间特征稀疏、动态扰动、地面扰动等问题,给机器人环境感知、定位精度、定位速度、定位稳定性等方面增加了难度。

　　(1) 不同楼层客房走廊、电梯厅等区域相似度高,部分区域环境特征不明显,影响定位与导航的精度。

　　(2) 人员、推车等不确定性物体在场景中的移动带来动态扰动,影响定位与导航的稳定性。

　　(3) 局部地面的坡坎、坑洼及材质差异带来地面扰动,影响定位与导航的准确性。

2. 机器视觉与动态避障

　　机器视觉和动态避障为服务机器人提供更高的自主性和灵活性。机器人通过机器视觉技术感知周围环境,识别障碍物、人和物体等,更好地规划路径和避免障碍物。机器人通过动态避障技术在运动中避免障碍物,从而更好地完成任务。

酒店、楼宇等室内场景中动静态目标的多样性、动态性、不确定性,以及环境的光照变化,在机器人本体算力和能耗受限的条件下,如何在复杂环境中实现高精度的目标检测和跟踪,在动态环境中实现高效的路径规划和避障,室内环境目标的多样性、动态性、不确定性以及光照变化给机器人带来的场景理解与动态避障等困难需要解决。

3. 伺服驱动控制

机器人伺服控制系统由伺服电动机、伺服驱动器、指令机构三大部分构成,通过位置、速度和转矩三种方式对机器人伺服电动机进行闭环控制。酒店、楼宇等室内应用场景要求机器人能够适应多种复杂地形,具有高度的适应性和鲁棒稳定性,这对室内服务机器人的伺服控制提出较高的实时性和自适应性要求。

(1) 酒店、楼宇的地面普遍存在瓷砖、地板、地胶、地毯(长毛/短毛)等多种地面材质,以及局部坡坎、沟槽(线槽、电梯门)等多种复杂地形。

(2) 走廊过道狭窄要求机器人底盘尺寸尽可能小(高通过性),一定的仓体容积要求导致机器人本体质心高,搭载物品后质心进一步上移,机器人移动过程中质心发生动态变化。

4. 模块化与轻量化

模块化设计使得机器人的部件更加标准化,提高服务机器人的可维护性和可扩展性。轻量化设计使机器人更加灵活,提高机器人的运动能力和适应性。实现面向复杂环境的机器人模块化、轻量化问题亟待解决。

5. 智能物联与协同调度

在酒店、楼宇等室内场景中,常常需要服务机器人跨楼层配送物品。机器人及配套设备资源有限,任务不确定且高并发,给实现人工干预少、用户满意度高的服务效果带来极大挑战。智能物联通过物联网技术,机器人与云端进行数据传输,协同调度技术完成对多机器人协同工作的任务调度、拥塞控制、实时监控、历史数据挖掘等功能。实现多机器人协同,在人机共存环境中应用机器人群组通过跨楼层自主乘梯完成智能导引、物品配送等多样化任务,达到"少人工干预、高用户满意度"服务指标,是室内服务机器人不可避免的技术难题。

6. 人机交互

人机交互通过输入包括语音、文本、图像和触控等多种模态信号输出给用户相关信息。在服务机器人的人机交互场景中,由于用户人员多种多样,口语化、口音以及用语习惯差异大,导致用户语音识别不准确、意图表达个性化与多样性、新词汇与新说法等诸多问题,加大了用户意图理解的难度,给室内服务机器人智能化服务带来技术挑战。

15.3 云迹室内环境自适应智能服务机器人关键技术及实现

针对上节提到的技术需求,本节将以云迹室内环境自适应智能服务机器人为例,具体介绍云迹室内环境自适应智能服务机器人的多个核心功能以及其中的关键技术及其实现,技术框架如图 15.7 所示。云迹室内环境自适应智能服务机器人核心技术框架主要包括高精度定位导航、机器视觉与动态避障、伺服驱动控制、模块化与轻量化设计、智能物联协同调度

以及人机交互。

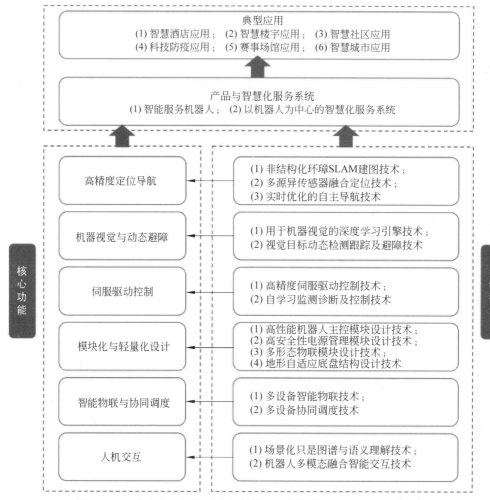

图15.7 云迹室内环境自适应智能服务机器人核心功能与关键技术框架

15.3.1 高精度定位导航

在室内环境中,受限于建筑物对信号的遮挡,GPS信号减弱甚至消失,因此GPS技术不能用于室内智能服务机器人的定位。目前,室内环境自适应智能服务机器人的定位主要是通过融合惯性导航和激光雷达来实现,但是在复杂的环境中,这种定位方法由于传感器自身感知能力的局限性,并不能解决所有的定位问题。导航主要涉及构建地图技术和路径规划技术,目前主流的建图技术是SLAM。

云迹室内环境自适应智能服务机器人采用基于多源异构信息的高精度混合定位建图及导航、定位与建图数据动态修正、回环检测优化及数据存储压缩技术,能够显著提升机器人定位导航的精度、速度及可靠性。这种方法定位精度能够达到厘米级别,具有高达99.95%的定位成功率。该技术具有建图运行速度快、建图闭环耗时短的优点,同时能有效降低对场景地图数据的存储需求。

1. 非结构化环境 SLAM 建图

针对室内场景下机器人感知场景的建图精度要求,云迹室内环境自适应智能服务机器人采用视觉特征结合 3D 点云的建图方式,可以有效提升机器人建图的稳定性和准确性,以及对环境的感知和理解能力。3D 点云的建图方式是利用视觉传感器和激光雷达等设备采集的数据提取场景中的视觉特征,并与三维点云数据相结合,构建场景的三维模型。

传统的 SLAM 系统主要通过激光雷达、摄像头等传感器获取环境信息,然后通过算法进行建图和定位。但是,这种方法缺少对场景语义化认知,即无法理解场景中物体的语义信息。针对传统 SLAM 系统缺少对场景语义化认知的问题,云迹室内环境自适应智能服务机器人结合视觉语义识别和场景 SLAM 数据,形成针对关键场景信息识别并储存的地图构建技术,即在同步定位和建图 SLAM 的过程中利用视觉或其他传感器获取场景中的特征点或物体,并将其作为关键信息存储在地图中,便于后续定位和导航。该方法能够提高地图的精度,增强机器人对环境的理解和交互能力,更多维度地认知环境。

针对机器人运行环境不稳定的情况,云迹室内环境自适应智能服务机器人使用环境地图的增量修正方式,通过其模型训练,优化机器人对场景的认知,结合 SLAM 技术与视觉语义识别,对动态场景即非结构化环境精确的构建地图模型,并对环境地图进行修正。图 15.8 是 SLAM 建图与地图修正示例,通过视觉识别,检测到有障碍物,在地图上动态更新出来,再通过动态避障技术解决动态干扰问题。

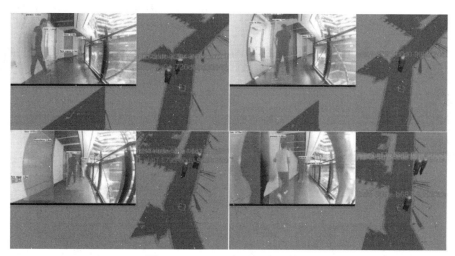

图 15.8　SLAM 建图与地图修正

针对场景内 SLAM 数据与机器人间同步的要求,云迹室内环境自适应智能服务机器人使用自组网进行 SLAM 数据分享和同步,以实现场景内的机器人间地图认知的一致和历史数据共享。

2. 多源异构传感器融合定位

云迹室内环境自适应智能服务机器人融合蓝牙、超带宽、WiFi 结合激光、视觉特征等多源异构数据定位机器人位置,结合 SLAM 地图的场景语义信息实时纠正机器人在运行中的定位累计误差,并采用多源数据环境特征建模方法自动生成环境指纹特征(环境指纹特征指在不同的环境中无线信号或其他环境特征的空间差异性)。环境指纹特征用来描述和识别

特定位置,建立位置—指纹关系数据库,实现对用户位置的定位,有效提升环境特征密度与重定位准确度。

云迹室内环境自适应智能服务机器人在空间定位系统中加入模拟人类决策算法,即利用机器学习的方法,根据已知的数据和特征,构建能够模拟和预测人类决策过程的算法。该算法使用卷积神经网络模型进行环境可视区域的划分,提升定位系统自优化能力,使得机器人依据所处区域类型调整移动决策,提升移动效率。

3. 实时优化的自主导航

云迹室内环境自适应智能服务机器人通过在机器人导航的地图图层之外叠加障碍物态势、任务和人类活动频繁度图层,使机器人快速定位有效路径和进行其他物联决策,实现自主导航。借助此技术实现实时调取群体历史数据,使机器人借助群体智能在移动过程中优化导航决策,提前规避拥堵路段和危险区域,提高机器人自主协同和优化决策能力。

如图 15.9 所示,云迹室内环境自适应智能服务机器人导航定位框架构成主要分为感知、认知和行动 3 部分。感知部分主要由无线定位、姿态与里程计、摄像头、3D 深度视觉、超声波雷达和 2D 激光雷达构成。认知部分主要由 SLAM 生成混杂 3D 地图、全局路径规划、各类规则库和认知决策组成。行动部分主要由控制算法 PID 等组成。云感知最终产生具有机器人位置姿态、障碍物分布、路标分布、路面情况和可行区域地图信息的移动感知态势图,移动感知态势图是根据分析机器人随时间变化的位置、速度、姿态、虚拟里程、物体/标志、立体障碍物、路面特征、近距离/远距离障碍物和静止与运动障碍物等传感器信息形成的。移

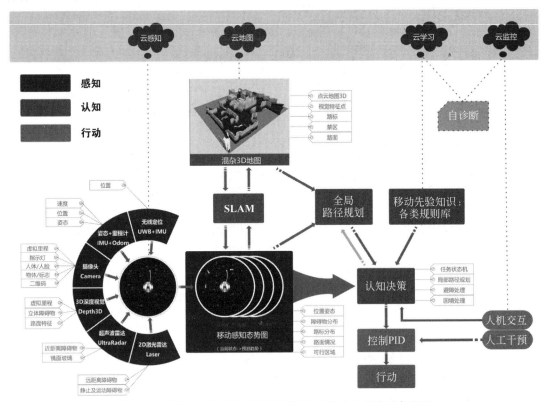

图 15.9　云迹室内环境自适应智能服务机器人导航定位框架图

动感知态势图结合 SLAM 方法形成具有点云地图 3D、视觉特征点、路标、禁区和路面信息的混杂 3D 地图,并与生成的 3D 地图结合做出全局路径规划。机器人根据移动感知姿态图、人机交互、各类规则库和全局路径规划等认知信息分析出任务状态机,做出局部路径规划、避障处理和困境处理等决策,并通过 PID 等控制算法行动。这些大量的数据处理借助云计算来完成,例如云感知、云地图、云学习和云监控。

15.3.2　机器视觉与动态避障

机器视觉是机器人获取工作环境信息、模拟环境的关键。动态避障的目的是解决如何使智能机器人从起始目标到给定目标的问题。常见避障算法有模糊逻辑算法、人工势场法、向量场直方图法、遗传算法、蚁群算法和神经网络避障算法等。云迹室内环境自适应智能服务机器人采用包括面向移动终端的轻量化深度学习引擎框架,面向酒店场景的小型化视觉目标识别算法集,深度学习框架快速优化升级目标识别算法,实现服务机器人在低成本移动硬件平台上的精准识别目标与灵活避障。

1. 用于机器视觉的深度学习引擎

针对机器视觉的要求,云迹室内环境自适应智能服务机器人采用支持业界主流的多种深度学习网络结构的轻量化深度学习模型训练及推理引擎,可以快速适用于不同业务场景的视觉感知优化算法,降低对硬件性能的依赖。

2. 视觉目标动态检测跟踪及避障

云迹室内环境自适应智能服务机器人应用多种类型视觉传感器,对真实业务场景下的危险区域、禁行区域及人群、路标等数百类常见目标,以及机器人舱内物品、货柜商品等变化目标进行检测,并进一步进行在线采集与高质量标注,为视觉算法设计提供大量的训练样本。

云迹室内环境自适应智能服务机器人采用基于深度学习引擎、量化加速、模型压缩技术和自主构建的视觉样本数据集,实现可在线优化升级的机器人视觉避障、人体检测与重识别、人体关节与行为分析及特定物体识别等一系列目标检测跟踪与场景理解算法,持续提升机器人的场景理解与灵活避障能力。图 15.10 是云迹室内环境自适应智能服务机器人的视觉目标检测与动态避障示例,搭载机器视觉与动态避障技术的服务机器人能够实时对环境做出感知,检测前方有无行人通过,从而安全避让。

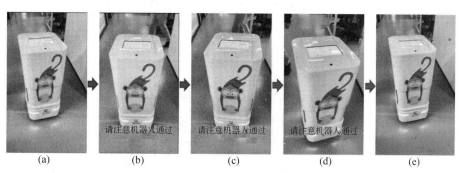

図 15.10　环境感知和动态避障

15.3.3 伺服驱动控制

目前应用于交流伺服调速控制系统的控制策略主要有直接转矩控制和矢量控制两种。在此基础上,传统的 PID 控制算法原理简单、计算方便、适应性强,在一般的伺服控制中能获得较高的性价比。然而,在科技高速发展的今天,伺服驱动产品对于控制性能的要求越来越高,传统的 PID 算法局限性愈发明显。而在近代控制理论不断发展的浪潮中,一些具有高控制性能的算法正不断地成熟,逐渐替代 PID 算法运用到产品中,其中,具有代表性的主要有模型优化控制、预测控制、神经网络控制、模糊控制、滑模变结构控制等。

室内服务机器人采用基于优化控制的高精度磁场定向控制(field oriented control,FOC)电动机驱动技术,搭建基于低算力 ARM 处理器的多轮协同驱动控制系统,能够降低成本,有效提升机器人的运动控制能力。FOC 也被称作矢量控制,借助于微控制器所提供的数学处理能力,在永磁同步电动机中实现转矩生成和磁化功能去耦合(二者通常被称为转子磁通定向控制),可以执行基于数学变换的高级控制策略。FOC 是目前无刷直流电动机和永磁同步电动机高效控制的最优方法之一,通过精确控制磁场大小与方向,电动机运动转矩平稳,噪声小,效率高,并且具有较好的动态响应能力。

1. 高精度伺服驱动控制

在酒店场景下,云迹室内环境自适应智能服务机器人采用基于优化控制的高精度磁场定向控制电动机驱动技术,搭建基于可替代性强的 ARM 处理器的多轮协同驱动控制系统,可以提高机器人的安全性、操纵性和移动能力。图 15.11 是云迹室内环境自适应智能服务机器人伺服驱动控制模块的示意图。云迹室内环境自适应智能服务机器人主要基于预测控制和模糊控制自适应运动控制参数模型,利用预测控制和模糊控制的优势实现运动控制参数的自适应调节。通过 CAN 总线通信,可精准调控底盘的运动方向与速度,针对不同地形自动调整悬挂,实现更强的爬坡越障能力和窄道通过性,提升底盘的稳定性和响应度。通过

图 15.11 云迹室内环境自适应智能服务机器人伺服驱动控制模块

高稳定性的轮毂电动机控制电路,云迹室内环境自适应智能服务机器人支持过压、欠压、过流、堵转、编码器故障等保护功能。

2. 自学习监测诊断及控制

云迹室内环境自适应智能服务机器人主要基于多传感器融合的电动机异常诊断和整机运行状态监测模型实现自动识别被控过程参数,自动调整控制参数,自动适应被控过程参数变化;基于数万台机器人大量真实运行数据的特征自学习实现云端协同计算和异常处理策略共享,优化伺服驱动的控制效果。

15.3.4　模块化与轻量化

在酒店场景中,云迹室内环境自适应智能服务机器人采用高性能机器人主控模块、高安全性机器人电源管理模块、多形态物联模块及地形自适应底盘相结合的机器人结构,尤其是低成本、稳定性、高通过性轮式智能机器人底盘可以有效提升机器人模块化、轻量化及地形自适应能力,能够克服一定坡度,越过小障碍物。

1. 高性能机器人主控模块

如图 15.12(a)所示,高性能机器人主控模块具有支撑机器人处理复杂环境下任务的高性能、高扩展性的特点,满足复杂算法对硬件资源性能的要求,具备 CPU、GPU 和 NPU 资源,具有以下功能:集成 4G、5G 通信功能,同 WiFi 等本地上网模式,实现各种通信之间的快速切换;具备丰富的外设及传感器接口,集成超声、红外传感的功能模块接口处理,支持音频阵列接口的扩展;对 USB 等接口设备可自动保护和可控的异常断电保护重启;支持 TPM、安全启动、独立加密芯片、板间和内部的安全通信加密,增加智能机器人的身份认证功能。

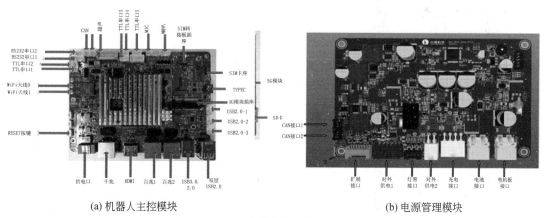

(a) 机器人主控模块　　　　　　　　　　　(b) 电源管理模块

图 15.12　主控与电源管理模块

2. 高安全性机器人电源管理模块

如图 15.12(b)所示,高安全性机器人电源管理模块适用于机器人的高安全性电源管理模块,具体功能包括:各路电压、电流检查保护功能;软起动功能模块,适配对各种电流启动的需求;电池 CAN 通信接口,电池内部多种参数实时监控;对电池接入防反接、过流、欠压、过冲等各方面的安全管理;软硬件浮充保护,避免因长期充电引入导致的安全风险。

3. 多形态物联模块设计

针对不同类型的物联网设备,集成多种芯片和功能的通信模块设计技术,通过多形态物联模块设计实现机器人与电梯、闸机、门禁、电话、货柜等多种形态设备在软硬件模块的物联,其技术特点包括多链路,支持 4G、LoRa 和蓝牙等多种通信,自动故障诊断,故障类型明细分析,提前预警,自带 UPS 功能,断电报警,先进的 AES 加密方案,防破解,防重放以及具备物联网云平台接口。图 15.13 给出了电梯物联模块、电话物联模块、闸机物联模块和货柜主控与物联模块电路板的示意图。

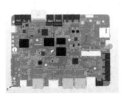

(a) 电梯物联模块　　　　(b) 电话物联模块　　　　(c) 闸机物联模块　　　(d) 货柜主控与物联模块

图 15.13　多形态物联模块

4. 地形自适应底盘结构

云迹室内环境自适应智能服务机器人采用低重心、缓冲击和高稳定的多轮底盘结构设计,4 脚轮可以保证底盘的稳定性,并辅助 2 个带悬挂机械结构的驱动轮,提供稳定可靠的抓地力。同时利用 2 个导轮辅助增强底盘越障能力,保证对各种地面材质(瓷砖、地板、地胶、地毯等)及局部坡坎,沟槽地形的自适应性。

15.3.5　智能物联与协同调度

机器人智能物联是通过物联网技术将多个机器人与云网络连接,实现机器人之间的协同工作。协同调度是服务机器人系统的"神经中枢",通过对整个系统中资源的配置管理与动态分配实现对各类智能机器人的任务指派、调度协同和交通管制,实现多台机器人的协同作业。

云迹室内环境自适应智能服务机器人采用适用于酒店场景的多机器人自主协同与优化调度框架。在实际场景中,通过云端调度计算,该机器人有着毫秒级快速的自主协同决策速率,支持十万级大规模多种机器人在不同场景的多任务智能调度,实现"资源使用"与"服务质量"两个维度上的综合最优。

1. 多设备智能物联

云迹室内环境自适应智能数字运营系统通过多设备智能物联技术构建机器人物联网云平台,对各种规格、型号的机器人与物联设备进行统一管理,基于可视化的设备接入及调试工具,可实现产品管理、设备管理、实时诊断、在线调试、在线运维以及 OTA 固件升级等功能。

应用该技术支持实时查看设备数量、在线设备、离线设备及异常设备的数据;支持实时查看设备运行状态,对设备进行远程控制;支持设置设备的告警规则,当告警触发时,查看设备告警消息。从不同维度统计应用数据趋势,自动调整设备应用策略,从而提升多设备物联与机器人的服务效率。

2. 多设备协同调度

通过协同调度的酒店服务机器人设备,实现服务机器人间自主协同和云端调度相结合的多设备协同调度,具有交通规则、区域流量和仓体运力三级优化调度策略,能够自动编排任务,动态匹配资源,实现多机器人多任务的优化调度。

在酒店运营系统运行时,通过自组网通信实现多机器人间场景全局与区域态势、任务与运行状态的实时共享,如以群体智能和行为树技术等最优方案指派机器人去执行任务,可实现高效的任务协同与路径规划。如图 15.14 所示,通过协同调度的三个机器人自主完成在电梯处的有序安全进出。

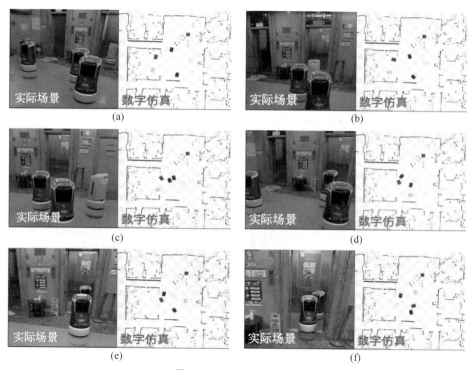

图 **15.14** 多机器人调度

15.3.6 人机交互

在机械时代的人机交互中,人类通过物理操作方式与机器设备进行交互。在信息时代的人机交互中,机器人根据任务场景的感知信息进行计算分析,输出内容完成相应的任务。例如在智慧酒店中,酒店服务机器人可以替代前台客服,直接通过语音识别为用户提供问题回答、配送酒水、打扫卫生、取快递外卖等相应的服务。

云迹室内环境自适应智能服务机器人采用包括基于深度学习的多模态人机交互技术架构、多线索模块深度神经网络的意图理解算法、酒店客户个性化服务知识图谱、集服务机器人与 AI 客服于一体的酒店数字化服务系统等方法,实现对用户的多个意图理解成功率高达

99％。该服务机器人通过记录与用户的对话并完善知识库,随着使用次数的增加,意图理解成功率有进一步的提升。

1. 机器人多模态融合智能交互

机器人多模态融合是指通过语音、视觉、触屏、遥控等多通道多模态的输入,用统一语义表示这些输入信息。输入模态的单一会影响机器人的业务范围,采用基于深度学习的多模态人机交互技术架构可以融入多维度、全方位的环境信息,丰富人机交互能力。人机交互的响应结果也通过语音、图像等多模态反馈,提升机器人人机交互的用户体验。

2. 场景化知识图谱与语义理解

知识图谱用于表示实体、概念、关系等多维度语义信息的结构化数据模型。用户个性化语义理解知识图谱应用于文本、视频等多模态数据的深度分析。结合机器人多模态融合输入,通过建立面向服务场景的用户个性化语义理解知识图谱提高机器人对用户的语义理解能力,为用户提供更准确和更便捷的服务。

云迹室内环境自适应智能服务机器人语义理解流程如图 15.15 所示。用户需求常以多模态信息形式输入,而后机器人根据场景化知识图谱完成对用户意图的识别。交互形式具体可以分为常见问题问答(问答型)、任务助理(任务型)、情感陪护(语聊型)几大类。根据不同的会话目标,云迹室内环境自适应智能服务机器人采用不同的交互策略模型解答用户问题,大幅提升非特定人群语义理解的效果。

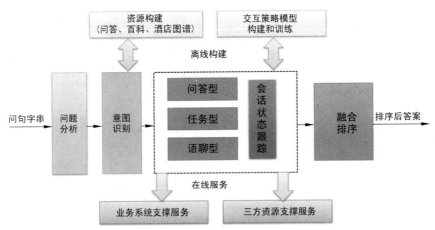

智能机器人在具体的场景中,会有常见问题问答(问答型)、任务助理(任务型)、情感陪护(语聊型)几大类的区分。这些机器人,由于本身的目标不同,我们先采用分场景的方式进行架构抽象,然后再根据不同的分场景采用不同的机器学习方法进行技术设计。

图 15.15 云迹室内环境自适应智能服务机器人语义理解流程图

早期的机器人与用户对话仅限于单句对话,不具备智能性。目前,云迹室内环境自适应智能服务机器人基于多线索模块的深度学习对话管理方法,使机器人具有融合上下文信息的多轮对话能力,支持截断、复述、补充和追问等多种对话交互模式。图 15.16 是云迹室内环境自适应智能服务机器人人机交互示例,示例中的语音助手根据记录的用户对话分析出用户意图,并为用户提供相应服务。

[开启通话]	您好，智能管家，请问您需要咨询，送物，还是打扫房间呢
咨询。	请问您要咨询什么信息呢？
早餐的供应时间是几点到几点。	您好，酒店早餐位于一楼西餐厅，每天07:00到10:00为您提供中西自助早餐，住客免费，带带房卡用餐。请问还有其他可以帮您的吗。
嗯，没有了，非常清晰，好拜拜。	好的，感谢您的来电，祝您生活愉快

1/6	[开启通话]	您好，智能管家，请问您需要咨询，送物，还是打扫房间呢
2/6	送物。	请问您需要什么物品呢
3/6	需要充电线手机充电线能听明白吗智能管家。	您要的充电线，本酒店提供安卓充电线、华为充电线和苹果充电线，请问您要哪一个？
4/6	三个都要安卓苹果华为都要。	您要的1根安卓充电线、1根苹果充电线、1根华为充电线稍后为您送到，还有其他可以帮您的么？
5/6	再送三套牙具谢谢	您要的1根安卓充电线、1根苹果充电线、1根华为充电线、3个牙具套装稍后为您送到，请问还有其他可以帮您的吗。
6/6	谢谢你，非常棒，谢谢，再见。	客用品外卖都可由机器人送到门口，扫码预约享优先派送。祝您入住愉快！

图 15.16　客户意图语义理解

15.4　云迹室内环境自适应智能服务机器人案例与智慧化服务系统

基于上一节介绍的关键技术，云迹公司开发了多种类、多功能的室内环境自适应智能服务机器人。本节从机器人设计原理出发，详细介绍图 15.17 所示的几类云迹室内环境自适应智能服务机器人的运行机制、配套开发的智慧化服务系统和具体场景应用。

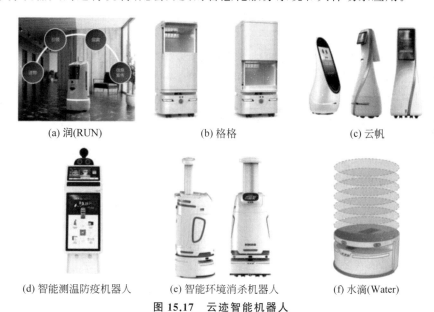

(a) 润(RUN)　　　　　(b) 格格　　　　　(c) 云帆

(d) 智能测温防疫机器人　　(e) 智能环境消杀机器人　　(f) 水滴(Water)

图 15.17　云迹智能机器人

15.4.1　智能服务机器人应用案例

1. 智能送物机器人——润（RUN）

图 15.17（a）为智能送物机器人。该机器人在酒店应用场景中提供安全、便捷的跨楼层送物服务和智能引领服务，具有完整的智能创建地图、自主乘坐电梯、自主通过闸机门禁、自主避障、自动拨打电话及自主回充等基础功能。同时，该机器人具备高精度的定位导航系

统,采用 SLAM 算法进行立体化的自主定位与地图构建;结合激光雷达与视觉传感精准检测周边环境;应用多传感器全方位感知周围环境,灵活避让行人与障碍物;基于实际运行数据的沉淀与学习,定位导航算法可靠性不断提升。

2. 智能双舱配送机器人——格格

图 15.17 (b)为智能双舱配送机器人。该机器人广泛应用于酒店、楼宇、社区、医院及体育场馆等多种场景。它具有上下两个舱体,支持语音交互与多轮对话,可同时配送多种类型的物品,例如文件资料、餐食、药品、工具、外卖和快递等内外部物品。该机器人依托于内外部智能传感器,可以通过识别客房开门自动打开舱内,同时通过识别舱内物品是否取出自动关闭舱门,从而实现无接触取物。

3. 智能迎宾讲解机器人——云帆

图 15.17 (c)为智能迎宾讲解机器人。该机器人主要应用于政府、企业机构和会展行业等多种场景。它依托自主研发的六轮差速驱动、主动悬挂式移动底盘,可实现更高效的人机交互。该机器人具备自主导航、自主避障、自动回充及自主乘梯、自主过闸等智能物联技术。

4. 智能测温防疫机器人

图 15.17 (d)为智能测温防疫机器人。该机器人主要应用于科技防疫、非接触式智能测温与身份识别。该机器人的测温精度为 ± 0.3℃,支持高精度戴口罩人脸识别,以精准确认人员身份。目前该机器人已经广泛应用于人员密集、流动性大的重点场所的出入口,实现科学精准的常态化疫情防控。

5. 智能环境消杀机器人

图 15.17 (e)为智能环境消杀机器人。该机器人采用雾化形式对室内外空间进行消毒,通过干雾雾化的微米级颗粒对空气和物表进行高效、深度、无缝消毒,它具有优越的渗透扩散能力,实现无须人工、定时、定点、24 小时无人的高频效消杀,代替重复烦琐、需注重细节的消杀作业。该机器人能够自主导航,灵活避障,可任意设定路线、轨迹等,对重污染区域进行循环消杀,直至所有区域消杀完成。

6. 通用智能移动平台——水滴(Water)

图 15.17 (f)为通用智能移动平台。该机器人平台具备完整成熟的感知、认知及定位导航能力,主要用于为各行各业中的商用轮式机器人公司提供一站式智能移动平台,该平台具有以下四大核心优势。

(1) 可完全脱离人独立自主工作、充电,实现 7×24 小时连续工作,软件模块和硬件模块支持自诊断和冗余安全。

(2) 适用于室内多种地面环境,例如光滑地板砖、木地板、厚地毯、水泥等地面,特别适用于室内多种复杂、狭小的空间区域,同时支持超大范围移动,最大支持载重 80kg,空载运行支持 12h 以上的连续工作。

(3) 可物联多种品牌和多种型号的电梯、木门、闸机、安全门等设备,支持云平台调度管理,例如远程升级、诊断、监控等。

(4) 具有简洁清晰的机械、电子、通信、软件接口 API 指令集,一站式 SLAM 工具包,易于二次开发。

7. 分体式多功能智能机器人-UP

图 15.18 为分体式多功能智能机器人。该机器人由举升式底盘、标准货架、标准对接模

块、可拆卸式电池及多形态上舱组成,具有以下功能:自由搭配多个不同功能的上舱,环境消杀上舱可进行全方位环境雾化消毒;地面清洁上舱可自主规划分区清洁路线;垃圾收取上舱可支持召唤、巡游两种模式的垃圾收取及回收处理;多格送物上舱可支持一次多点位送达;智能巡防上舱可支持巡防任务后台规划、远程控制、远程通话、异常行为实时分析与告警。

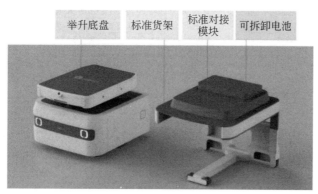

图 15.18　分体式多功能智能机器人-UP

15.4.2　智慧化服务系统

图 15.19 是以机器人为中心的多场景智慧化数字服务系统,该系统实现了信息流、物流、服务流三流贯通和三位一体。

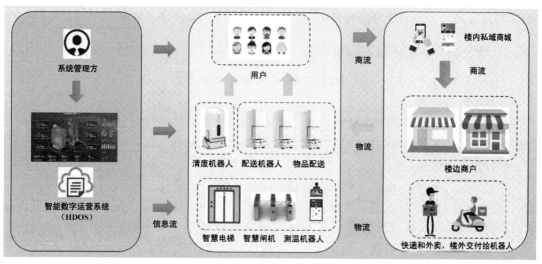

图 15.19　智能数字服务系统

该智慧化服务系统聚焦以下 12 个应用需求。

(1)快递收发。进行高峰期高并发的外卖配送,以及驿站模式下的快递收发业务,帮助企业及用户节约更多的时间。

(2)24 小时零售。通过无人智能舱与机器人的组合实现 24 小时的商品零售服务,机器

人配送至指定位置,方便楼内用户。

(3)楼内商户购物。通过私域电商平台选购附近商户的商品与服务,链接楼宇周边的商业生态,提高交易量和商业租金收入。

(4)回收垃圾。通过机器人进行垃圾分类回收,用户每次可呼叫不同的垃圾桶完成回收,实现节约公司及物业的保洁人力成本的目的。

(5)无接触取物。使用机器人配送,完成快递盒外卖的无接触送物以及实时的防疫消杀,该方法更加安全。

(6)进楼测温检查。每天出入楼宇时,可由机器人进行体温测量,同时自动关联国家健康码接口,获得疫情防控信息,实现快速且准确的通行检查。

(7)环境消杀。机器人可每天定时进行环境病菌消杀,自动规划路线,实现全楼的清洁,给楼内用户一个安心干净的环境。

(8)访客邀约。机器人可进行方便的访客邀约管理,不仅可以快速地进行身份识别,还能记录人员流向,管控更安全。

(9)门禁通行。机器人通过 AI 身份识别,进行门禁通行的管控,可结合测温功能通行权限,公司考勤同时进行,对人员流动信息掌控更加充分。

(10)呼梯乘梯。机器人通过智慧梯控实时获得楼内所有电梯的楼层数量与拥挤程度,可为用户提供乘梯导航,增加乘梯体验。

(11)会议室预定。机器人预定开放空间的会议室,支持 AI 对于人员的识别与门票核销,开放空间的管理更加方便。

(12)食堂就餐。AI 识别员工在食堂的就餐信息,可打通食堂收款系统,实现公对公支付,大幅度提高公司福利管理的精准度。

15.4.3 智慧化服务系统场景应用

下面将介绍以上几类云迹智能服务机器人在具体场景下的应用,如图 15.20 所示。

1. 智慧酒店应用

图 15.20(a)是酒店场景下的云迹智能商用服务机器人。该服务机器人已应用在万豪、雅诗阁、锦江、首旅如家等在内的多家酒店,服务人次超过 1 亿。

2. 智慧楼宇应用

图 15.20(b)是办公楼场景中的云迹智能配送机器人。该机器人累计落地上千栋办公楼宇,配送机器人提供全流程智慧楼宇解决方案,楼中用户可通过手机的微信小程序进行网上购物、取快递外卖、收垃圾等服务,机器人同时联合收发业务 App 流程,组成整套快递配送物联系统,新品分体式机器人具有底盘对多舱体的设计,让任务分配更灵活,效率更高。

3. 智慧社区应用

图 15.20(c)是社区服务场景中的云迹智能服务机器人,可以完成身份识别、配送快递、访客引领等工作。智慧社区是智慧城市的细胞,具有智能化、信息化、可视化、人性化、高度集成化等特点。该机器人能够方便人员、设备及服务的管理调配,降本增效,使生活更加便捷、舒适、安全。通过与 AIOT 应用系统结合,构成运送、迎宾、消毒、巡检机器人及机器人服务系统、人/车智慧通行系统、AI 视频分析监控系统。以人机(机器人+AIOT)协同智能交

互平台为基础,为社区用户提供快递配送、访客引领、上门回收垃圾等服务。

4. 冬(残)奥会应用

图 15.20 (d)是冬(残)奥会场景中的云迹智能服务机器人,可以为运动员、旅客等人员提供简单的引领、帮助服务。在北京冬奥会冬残奥会期间,上百台智能机器人为冬奥会的十几个场景提供了配送、收垃圾、迎宾等服务;在国家会议中心二期冬奥主媒体中心为各国的媒体记者朋友们提供了机器人送餐、机器人收垃圾、机器人引领等服务;在北京冬奥村、延庆冬奥村及各冬奥酒店为各国的运动员提供了机器人配送服务;在首体运动馆、首钢园内的运动场馆内提供了机器人服务。

(a) 酒店场景

(b) 办公楼场景

(c) 社区场景

(d) 冬(残)奥会场景

图 15.20　商用服务机器人智慧场景应用

参 考 文 献

[1]　王耀南. 机器人智能控制工程[M]. 北京：科学出版社，2004.

[2]　Siciliano B，khatib O. 机器人手册[M].《机器人手册》翻译委员会，译. 北京：机械工业出版社，2013.

[3]　日本机器人学会. 机器人技术手册[M]. 宗光华，等译. 北京：科学出版社，2007.

[4]　李邓化，陈雯柏，彭书华. 智能传感技术[M]. 北京：清华大学出版社，2011.

[5]　谭民，王硕，曹志强. 多机器人系统[M]. 北京：清华大学出版社，2005.

[6]　蔡自兴. 多移动机器人协同原理与技术[M]. 北京：国防工业出版社，2011.

[7]　陈雯柏. 无线传感器网络中 MIMO 通信与移动机器人控制的算法研究[D]. 北京：北京邮电大学光研院，2011.

[8]　肖南峰. 智能机器人[M]. 广州：华南理工大学出版社，2008.

[9]　罗志增，蒋静坪. 机器人感觉与多信息融合[M]. 北京：机械工业出版社，2003.

[10]　博创科技公司. "未来之星"实验指导书[R]. 北京：北京博创兴盛机器人技术有限公司，2010.

[11]　李喜孟. 无损检测[M]. 北京：机械工业出版社，2001.

[12]　张毅，罗元，郑太雄，等. 移动机器人技术及其应用[M]. 北京：电子工业出版社，2007.

[13]　徐俊艳，张培仁. 非完整轮式移动机器人轨迹跟踪控制研究[J]. 中国科学技术大学学报，2004(6)：336-380.

[14]　李文锋，张帆. 移动机器人控制系统结构的研究与进展[J]. 中国机械工程，2008，19(1)：114-119.

[15]　梁华为. 基于无线传感器网络的移动机器人导航方法与系统研究[D]. 北京：中国科学技术大学研究生院，2007.

[16]　刘贞. 基于无线传感器网络的机器人分布式导航方法研究[D]. 哈尔滨：哈尔滨工业大学自动化测试与控制系，2009.

[17]　刘海波，顾国昌，张国印. 智能机器人体系结构分类研究[J]. 哈尔滨工程大学学报，2003，24(6)：664-668.

[18]　谭民，王硕. 机器人技术研究进展[J]. 自动化学报，2013，39(7)：963-972.

[19]　钟秋波. 类人机器人运动规划关键技术研究[D]. 哈尔滨：哈尔滨工业大学计算机科学与技术学院，2011.

[20]　李磊，叶涛，谭民. 移动机器人技术研究现状与未来[J]. 机器人，2002，24(5)：475-480.

[21]　李满天，褚彦彦，孙立宁. 小型双足移动机器人控制系统[J]. 特微电动机，2003(4)：17-18.

[22]　徐国华，谭民. 移动机器人的发展现状及其趋势[J]. 机器人技术与应用，2001(3)：7-14.

[23]　吴培良. 家庭智能空间中服务机器人全息建图及相关问题研究[D]. 秦皇岛：燕山大学信息科学与工程学院，2010.

[24]　朴松昊，钟秋波，刘亚奇，等. 智能机器人[M]. 哈尔滨：哈尔滨工业大学出版社，2012.

[25]　谭民，徐德，王硕，等. 先进机器人控制[M]. 北京：高等教育出版社，2007.

[26]　西格沃特 R，诺巴克什 I R，斯卡拉穆扎 D，等. 自主移动机器人导论[M]. 西安：西安交通大学出版社，2013.

[27]　田建创. 基于网络的移动机器人远程控制系统研究[D]. 杭州：浙江大学电气工程学院，2005.

[28]　耿海霞，陈启军，王月娟. 基于 Web 的远程控制机器人研究[J]. 机器人，2002(4)：375-380.

[29]　方勇纯. 机器人视觉伺服研究综述[J]. 智能系统学报，2008，10(2)：109-114.

[30]　赵清杰，连广宇，孙增圻. 机器人视觉伺服综述[J]. 控制与决策，2001(6)：109-114.

［31］ 廖正和.智能机器人的语音技术研究［D］.贵阳：贵州大学，2006.

［32］ 刘旸.面向机器人对话的语音识别关键技术的研究［D］.西安：西安电子科技大学，2009.

［33］ 靳晓强.基于麦克风阵列的移动机器人语音定向技术研究［D］.哈尔滨：哈尔滨工程大学计算机科学与技术学院，2009.

［34］ 李从清,孙立新,戴士杰,等.机器人听觉定位跟踪声源的研究与进展［J］.燕山大学学报，2009，33（3）：199-205.

［35］ 宋艳.基于嵌入式语音识别系统的研究［D］.西安：西安电子科技大学，2011.

［36］ 侯穆.基于OPENCV的运动目标检测与跟踪技术研究［D］.西安：西安电子科技大学，2012.

［37］ 袁国武.智能视频监控中的运动目标检测和跟踪算法研究［D］.昆明：云南大学信息学院，2012.

［38］ 陈晓博.视频监控系统中的运动目标识别匹配及跟踪算法研究［D］.北京：北京邮电大学信息与通信工程学院，2011.

［39］ 陈骏.智能机器人通用底盘设计与研究［D］.杭州：杭州电子科技大学，2012.

［40］ 彭晟远.基于激光测距仪的室内机器人SLAM研究［D］.武汉：武汉科技大学信息科学与工程学院，2012.

［41］ 王升杰.基于三维激光和单目视觉的场景重构与认知［D］.大连：大连理工大学控制科学与工程学院，2010.

［42］ 邹国柱,陈万米,王燕.基于粒子滤波器的移动机器人自定位方法研究［J］.工业控制计算机，2014，27（10）：43-45.

［43］ Smith R，Cheeseman P. On the representation and estimation of spatial uncertainty［J］. The International Journal of Robotics Research，1986，5（4）：56-68.

［44］ 蔡自兴,邹小兵.移动机器人环境认知理论与技术的研究［J］.机器人，2004（1）：87-91.

［45］ 李群明,熊蓉,褚健.室内自主移动机器人定位方法研究综述［J］.机器人，2003（6）：560-573.

［46］ 陈白帆.动态环境下移动机器人同时定位与建图研究［D］.长沙：中南大学信息科学与工程学院，2009.

［47］ 于金霞,蔡自兴,段琢华.基于粒子滤波的移动机器人定位关键技术研究综述［J］.计算机应用研究，2007，193（11）：9-14.

［48］ 曹红玉.基于信息融合的移动机器人定位与地图创建技术研究［D］.北京：北京邮电大学自动化学院，2010.

［49］ 石杏喜.面向智能移动机器人的定位技术研究［D］.南京：南京理工大学，2010.

［50］ 厉茂海,洪炳熔.移动机器人的概率定位方法研究进展［J］.机器人，2005（4）：380-384.

［51］ 赵一路.移动机器人SLAM问题研究［D］.上海：复旦大学电子工程系，2010.

［52］ 刘贞.基于无线传感器网络的机器人分布式导航方法研究［D］.哈尔滨：哈尔滨工业大学自动化测试与控制系，2009.

［53］ 杨璐.基于智能体的多机器人协作研究及仿真［D］.南京：南京理工大学自动化学院，2006.

［54］ 董场斌.多机器人系统的协作研究［D］.杭州：浙江大学电气工程学院，2006.

［55］ 焦平平.多机器人通信与编队问题研究［D］.北京：北京交通大学计算机与信息技术学院，2008.

［56］ 蒋荣欣.多机器人编队导航若干关键技术研究［D］.杭州：浙江大学生物医学工程及仪器科学学院，2008.

［57］ 海丹.移动机器人与无线传感器网络混合系统的协作定位问题研究［D］.长沙：国防科学技术大学机电工程与自动化学院，2010.

［58］ 洪炳熔,韩学东,孟伟.机器人足球比赛研究［J］.机器人，2003（4）：373-374.

［59］ 陈凤东,洪炳镕,朱莹.基于HIS颜色空间的多机器人识别研究［J］.哈尔滨工业大学学报，2004（7）：

928-930.

[60] 周军,申浩,邵世煌. 大场地足球机器人视觉系统优化设计[J]. 微计算机应用,2008,165(1):70-73.

[61] 周跃前. 基于多机并行的大场地机器人足球视觉系统的研究[D]. 北京:中国地质大学信息工程学院,2008.

[62] 王亮. 基于全局视觉的类人型机器人足球系统的设计[D]. 哈尔滨:哈尔滨工业大学计算机科学与技术学院,2007.

[63] 贲可荣,张彦铎. 人工智能[M]. 北京:清华大学出版社,2018.

图书资源支持

感谢您一直以来对清华版图书的支持和爱护。为了配合本书的使用，本书提供配套的资源，有需求的读者请扫描下方的"书圈"微信公众号二维码，在图书专区下载，也可以拨打电话或发送电子邮件咨询。

如果您在使用本书的过程中遇到了什么问题，或者有相关图书出版计划，也请您发邮件告诉我们，以便我们更好地为您服务。

我们的联系方式：

清华大学出版社计算机与信息分社网站：https://www.shuimushuhui.com/

地　　址：北京市海淀区双清路学研大厦 A 座 714

邮　　编：100084

电　　话：010-83470236　010-83470237

客服邮箱：2301891038@qq.com

QQ：2301891038（请写明您的单位和姓名）

资源下载： 关注公众号"书圈"下载配套资源。

资源下载、样书申请

书圈

图书案例

清华计算机学堂

观看课程直播